인구변화 속에서 중국이 나아가야 할 길

인구변화 속에서
중국이 나아가야 할 길

초판 1쇄 인쇄 2017년 5월 15일
초판 1쇄 발행 2017년 5월 18일
지 은 이 양판
옮 긴 이 김승일
발 행 인 김승일
디 자 인 조경미
펴 낸 곳 경지출판사
출판등록 제2015-000026호

판매 및 공급처 도서출판 징검다리
주소 경기도 파주시 산남로 85-8
Tel : 031-957-3890~1 **Fax** : 031-957-3889 **e-mail** : zinggumdari@hanmail.net

ISBN 979-11-86819-55-5 93310

인구변화 속에서 중국이 나아가야 할 길

양판 지음 | 김승일 옮김

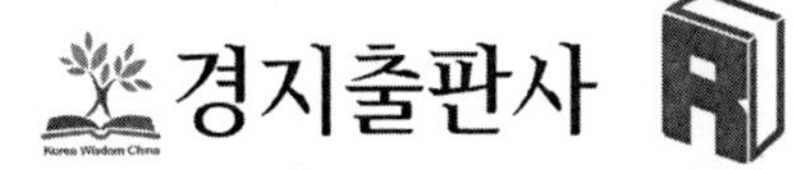

CONTENTS

제3장 세계적 범위 내에서 인구변화의 진화발전 71

제4장 위기 중에서 자각을 통해 명확한 길로 나아가다 117

CONTENTS

서 론

인구변화는 인류발전 과정 중 제일 중대한 역사적 사건 중의 하나이다. 문자기록이 있던 역사시기부터 인류의 성장은 줄곧 '높은 출산, 높은 사망, 낮은 성장'에 처해 있었다. 그 기간 중 전쟁과 재해로 인해 인구감소 현상이 나타나기도 했고, 또한 태평성세로 인해 인구가 빠르게 성장한 적도 있지만, 전반적으로 볼 때 인류의 몇 천 년 동안의 성장은 매우 느렸다. 18세기에 이르러서야 공업혁명의 발전과 경제 · 사회 및 위생기술의 급속한 발전에 따라 인류의 사망률은 천년을 지속해 온 높은 수준에서 마침내 하락하는 추세를 보이며 거대한 인구변화의 대 서막을 열게 되었던 것이다.

사망률의 하락은 먼저 북유럽과 서유럽에서 나타난 후에 전 유럽으로 확산되었다. 그러나 대부분의 개발도상국은 20세기에 이르러서야 인구변화의 과정이 시작되었다. 사망률이 하락하기 시작한 후 부터 아주 오랜 시간동안 출생률은 계속해서 높은 수준에서 유지되어 인구의 갑작스런 성장을 가져왔다. 유럽에서 먼저 '높은 출산, 높은 사망, 높은 성장"의 '인구폭발' 시대를 맞이했다. 맬더스의 『인구론』 이 나타나게

된 것도 다름 아닌 인구변화 현상에 대한 이론적인 응답 차원에서 나타난 것이다. 19세기말 유럽과 북미의 출생률은 하락하기 시작했다. 그러나 개발도상국은 1960년대부터 출생률의 하락과정이 점차적으로 시작되었다. 현재 전 세계 모든 나라는 거의 인구 변화가 끝났거나 인구변화의 과정 중에 있다. 인구변화는 이미 각 나라에서 늦거나 빠르거나 반드시 겪어야 할 역사의 한 과정이 되었다.

인구변화는 인류 집단의 발전 과정 중에서 시대를 나누는 의의를 가진 중대한 사건이다. 이러한 현상의 출현은 인구 재생산의 패러다임을 철저히 바꾸었고, 새로운 인구형태를 만들었다. 또한 경제, 사회. 가정의 모든 면에 큰 영향을 끼쳤다. 그리하여 유럽의 많은 학자들은 인구변화를 '인구혁명'이라고 까지 말했다. 더욱이 유럽과 북미 인구변화의 연구에 관하여 변화원인, 과정, 결과, 경제사회 영향 등 방면의 연구를 포함하여 한순간에 중대한 뜨거운 문제가 되었다. 그렇게 형성된 학술 저서와 논문은 지붕에 닿을 정도라고까지 비유해도 과언이 아니었다.

전 세계인구의 1/5을 차지하는 중국은 1950년대부터 자체적인 인구의 변화과정을 시작했다. 중국은 또한 마찬가지로 사망률 하락부터 시작하여 후에 출생률이 하락했고, 또한 '고 출생, 고 사망, 저 성장'의 전통적 재생산 형식에서 최종적으로 '저 출생, 저 사망, 저 성장'의 현대적 재생산 형식으로 바뀌었다. 세계 첫 번째 인구 대국으로써 40여 년의 짧은 시간에 인구 재생산 형식의 2개 세대를 뛰어 넘어 평균 예상수명이 30 몇 세에서 70 몇 세까지로 향상됐으며 종합 출생률은 급속하게 대체수준 이하로 하락하였는데, 서방국가에서는 이러한 추세가 100~200년의 시간을 거쳐 형성되었다. 중국인구 변화의 빠름은 많은 사람들의 눈을 휘둥그레 하게 했다. 심지어 일부 학자들은 인구변화와 경제발전을 20세기 중국에서 발생한 가장 큰 변화라고 하면서 두 개 '중국의 기적'이라고 했다.

비록 인구 변화의 시작과 결과는 서방국가의 인구변화와 별로 다른

바는 없지만, 중국인구 변화의 과정, 방식, 동력, 환경배경 등은 서방 국가들과는 크게 다르다. 중국의 인구변화는 그중에서도 특히 출생률의 변화는 아주 심각하고 웅대한 사회적 변화였다. 중국인구 변화의 길은 인류발전의 공동규칙에 부합될 뿐만 아니라, 매우 선명한 중국적 특색을 가졌다. 휘황찬란하면서도 비장함이 가득했으며, 성공한 경험도 있었고, 실패의 교훈도 있었다. 험난하고, 굴곡이 있으며, 탐색하고, 창조한 것은 중국의 인구변화 영역에 있어서 주제어가 되었다.

비록 중국의 인구변화가 거의 완성되었다고는 하지만 중국인구 변화의 위대한 의의와 영향은 갈수록 뚜렷해지고 있다. 그러나 이번에 느낀 것은 "인구혁명"에 대한 전면적이고 체계적인 탐구, 웅대한 중국인구 변화의 길과 규칙에 대해 총결하면서 많은 인민이 참가한 위대한 실천에 대한 이론개괄과 발전은 아직 많이 모자라는 것 같다. 유럽과 북미 인구변화에 대한 연구에 비하여 중국인구 변화의 연구는

특히 미약하다는 점을 볼 수 있었다.

실천은 이론의 원천이고 위대한 실천은 위대한 이론을 낳는다. 중국인구 변화의 풍부한 실천은 인구이론의 연구에 지속적인 원천과 우월한 조건을 가진 옥토를 제공했다. 이것은 기회이고 이것은 무대이며 또한 최전선에 서 있다고 할 수 있을 것이다.

인구변화 속에서 중국이 나아가야 할 길은 방대하고 복잡한 주제이다. 양판 박사님은 어려움을 겪으면서 수년간에 걸쳐 심혈을 기울인 끝에 이 연구를 완성했다. 이 책은 수준 높은 이론으로 쓰여 져 있어 깊은 역사적 의의를 가지고 있으며, 풍부하고 구체적인 데이터가 있을 뿐만 아니라 일목요연하게 분석하였다. “넓은 시야”와 “긴 안목”의 결합을 통해 분석하였고, 또한 “역사에서 이론을 찾아냈고,

역사로써 이론을 증명하는 등 역사와 이론을 결합시킨 이 책"은 방대한 주제이면서도 그 연구중점을 잘 나타내주었고 자유자재로 연구맥락을 뚜렷이 제시하였다.

중국인구 변화 속에서 나가야 할 길에 대한 인식과 이론적 종합은 아직도 많은 작업이 필요하고 더욱 깊은 연구가 필요하지만, 이 책의 출판은 인구변화의 이론에 대해, 특히 중국인구 변화의 이론과 나아가야 할 길에 대한 연구에 대해 중대한 보충과 공백을 메우는데 큰 역할을 했다는 것을 의심할 여지가 없다. 앞으로도 더욱 새로운 안목으로 중국의 인구변화에 대한 연구를 많이 하여 세상에 발표될 수 있기를 바라마지 않는다.

자이전우
2014년 3월 16일
베이징에서

제 1장
연구 의의

제1절
연구 의의

1. 중국인구의 변화가 나아갈 길을 연구하게 된 배경

20세기 중기 이후 중국의 인구는 역사 이래 제일 광범위하고 제일 큰 인구변화를 경험했다. 지구상의 많은 국가들이 비슷한 과정을 이미 겪었거나 혹은 겪고 있는 중이지만, 시대의 변천과 국정의 특수성으로 인하여, 중국의 인구변화 상황은 다른 국가와는 다른 특성을 많이 나타냈다.

중국의 인구변화에서 나타났었던 수많은 고난과 좌절을 겪어야 했던 상황은 많은 시행착오를 거쳐야 했지만, 마침내 안정을 이루었고 중화민족의 영광스런 역사에 또 하나의 찬란한 한 획을 그어주었다. 중국의 인구의 변화과정은 전 세계가 놀랄 정도의 대변동이었다. 세계인구의 1/5을 점하는 중국인들이 모두 이 변화 속에 참여하여 세계인구가 급속히 성장하는 추세를 늦추게 하는데 지대한 공헌을 하였던 것이다. 또한 제일 큰 개발도상국으로서 중국의 인구의 변화과정은 개발도상국의 인구발전을 통제하는데 신기원을 열어주었다. 중국의 인구의 변화과정은 다른 개발도상국의 인구변화에서 독특한 규칙을 인식하게 하였고, 서방선진국의 인구의 변화과정과는 또 다른 새로운 방식을 형성케 하였다. 이는 전 세계에 있어서도 역사적인 의의를 갖는 획기적인 사건인 것이다.

오늘 우리는 60여 년에 걸친 중국인구 변화의 역사가 완성되는 시점에서 그 역사를 돌이켜 보면서 체계적인 결론을 이끌어 내는 것은 아주 중요하다. 또한 지금은 그 진행과 결론을 이끌어 내는데 있어서 두 번 다시 오기 힘든 적절한 시기이기도 하다. 왜냐하면 중국의 인구 변화가 진행과정 중에 있을 경우 누구도 발전추세를 명확히 결론 내리지 못할 것이며, 그것의 성패 또한 더더욱 단언할 수 없을 것이다. 이러한 조건에서 변화과정도 결론짓지 못하면서 어떻게 체계적인 종합 결론을 내린다고 운운할 수 있다는 것인가!

그러나 지금 우리는 중국인구의 출생률과 사망률이 비교적 낮은 수준에 도달하였다는 성공적인 서광을 볼 수 있었다. 또 직접적으로 인구의 변화과정을 보아온 많은 인구정책 결정자, 말단집행자와 적용자는 전체 인구의 변화과정이 눈앞에 선하고 생생하게 기억할 수 있음으로 해서, 그들로부터 우리는 풍부하고 소중한 자료들을 얻을 수가 있었다.

만약 지금 이 순간에 이 기간의 역사를 체계적으로 정리하지 않는다면, 이후에는 이 업무가 더욱 어려워질 것이다. 왜냐하면 원래 뚜렷했던 사실들도 시간이 흐름에 따라 흐려질 것이고, 명확했던 주제도 시간의 흐름 속에서 논쟁이 난무해질 수 있다는 사실을 우리는 역사를 통해 많은 교훈을 받아왔기 때문이다.

지난날의 중대한 사건들이 오늘날까지도 해결하지 못한 수수께끼로 남아 있듯이 이는 사람들이 앞으로 나아가는 진행방향에서 자주 뒤를 돌아보아야 방향을 잃지 않을 수 있다는 점을 잘 설명해 주고 있다. 그러므로 이런 중요한 역사시기에 중국인구의 변화가 나아갈 길의 주요내용, 탐구과정, 기본경험, 발전규칙 등을 포함하여 중국의 인구변화가 나아갈 길을 체계적으로 연구하는 것은 시의적절한 일이며 매우 중요한 문제인 것이다.

2. 중국인구 변화의 길을 연구하는 의의

1) 중국인구 변화의 특수한 방식을 개괄하고 총결하는데 도움이 된다

중국인구 변화과정의 특수성은 역대로 인구 학자들이 연구에 열중해 온 문제이다. 중국인구 변화의 특수성을 말할 때 대다수 사람들이 먼저 떠올리는 것은 '정책간섭성'이다. 그러나 만약 중국인구 변화의 특수한 방식에 대한 일종의 개괄이라고 하면 이 대답은 너무 간단하고 너무 거칠다고 할 수 있다. 중국인구 변화는 세계 1/5의 인구에 미치는 위대한 실천이고 60여 년의 탐구를 거쳐 성공을 거두었다.

그렇게 하는 데에는 풍부한 많은 정보의 발굴과 개발이 필요했고, 더욱 풍부하고 함축적인 내용이 있어야 했다. 그것은 더 많은 문제에 대해 대답해야만 하기 때문이었다. 예를 들어 인구변화를 연구하기 위해 어떠한 배경에서 어떠한 이유로 어떠한 방식을 선택했는지?

구체적인 정책과 대책은 무엇이었는지? 효과는 어떠했는지? 성공과 실패의 원인은 무엇이었는지? 어떻게 조정하고 어떤 경험을 얻었는지? 등등이 그것이다.

현재 이미 일부의 연구에서는 이러한 문제에 대한 대답을 했지만 대략적으로만 언급하여 상세하지 않고, 세밀함과 깊이 있는 분석이 부족하고 또는 흩어져 있고 각자의 논리성과 체계성이 부족한 관점으로 점철되어 있다. 그리하여 중국의 60여 년의 인구의 변화과정과 인구의 변화과정을 간섭하는 실천 중에서 중국인구 변화의 실천과정에 대하여 세밀하고 깊이 있는 분석을 하는 것은 중국인구 변화의 특수한 방식을 개괄하고 총결하는데 도움이 되며, 다른 국가와 지역의 인구변화에 새로운 모델을 제공하고 있는 것이다.

2) 중국특색의 인구변화 규칙을 탐구하여 중국인구 변화의 이론체계를 구축하는데 도움이 되었다

현재 중국인구 변화에 대한 이론연구는 대부분 서방 인구변화의 이 론을 응용함으로써 중국 상황에 대한 분석을 정확히 이해하지 못하였기 때 문에 중국특색의 인구변화 규칙에 대한 탐구와 인구변화 이론에 대한 이해가 부족하다고 할 수 있다. 따라서 이와 같은 중국인구 변화의 길에 대한 연구를 통하여 중국특색의 인구변화 규칙을 탐구하고 인구변화의 이론체계를 구축하는데 도움이 될 것이다. 인구변화의 실천에서 나타난 특수성은 이론의 특수성을 결정한다. 중국의 인구변화

규칙 중에는 인류발전의 보편적인 법칙을 포함하고 있을 뿐만 아니라 시대배경과 중국실정의 일반적인 법칙이 결합된 특수한 법칙을 포함한다. 이러한 법칙은 기존에 있던 인구변화 이론의 심화 뿐 만이 아니라 중국의 특수한 인구변화 이론을 포함한 중국화 된 인구변화의 이론체계를 구축하게 해주었다.

중국인구 변화의 실천은 기존의 인구이론에 부합하면서 중국의 인구변화에 대한 실천에 따라 기존에 대한 인식이 더욱 깊어졌음을 의미한다. 중국 특유의 인구변화 이론은 중국의 일부 인구변화 실천이 기존의 전형적인 이론 중에는 없거나 또는 기존의 이론과도 다름을 말한다. 또한 이러한 인구변화의 실천 중에서 중요한 내용과 줄거리를 정리한 고유한 법칙이기도 하다. 중국인구 변화의 길에 대한 정리와 종합은 이론수준에서 중국 특색의 인구의 변화과정을 재 조명하고, 중국특색의 인구변화법칙에 대한 탐구와 이러한 법칙과의 논 리적인 관계를 분명히 함으로써 중국의 인구변화에 대한 이론체계를 구축하는데 도움이 될 것이다.

3) 인구변화 이론을 보강하고 진일보 발전시켜서 인류자체의 발전법칙에 대한 인식을 강화하였다

엥겔스(Engels)는 "역사가 어디에선가 시작했다면 사상발전도 어디에선가 시작되어야 한다"고 했다. 그는 사상발전은 역사과정의 법칙이며 발전 후의 반응이라고 생각했다. 그리하여 어떤 의미에서 보면 전체 인류발전사는 바로 사상발전의 진화사이며, 한 편의 역사법칙에 대한 탐구사이기도 하다. 만약 역사법칙이 사람들이 찾고 발견하고 채취하길 기다리는 인류발전과정에 분포되어 있는 진기한 보물이라면, 인류자체의 발전법칙은 이 중에서 제일 눈부시고 제일 매력적인 한 알의 진주와 같을 것이다.

5000여 년 전에 델포이(그리스) 아폴로 신전에 새겨진 "사람들아, 자신을 알라"라는 한마디는 사람들이 자체법칙의 탐구에 대한 갈망에 대하여 가장 직접적인 해석을 한 것이라고 할 수 있다. 역사법칙 특히 인류자체의 발전법칙에 대한 탐구는 인류발전 과정 중에서 처음부터 끝까지 한결같은 주제였다. 그리하여 인구변화 이론의 탄생은 인류로써 중대한 발견이라고 할 수 있는 것이다. 이는 사람들이 처음으로 사회경제의 발전과정과 인구의 발전과정을 연관시켜 자신의 발전단계와 발전법칙에 대하여 체계적인 종합을 한 것이다. 인구변화 이론의 대가 프랭크 윌러스(FrankW. Notestein)는 초기 연구가 랜드리(A.Landry), 톰프슨(WarrenS. Thompson)등이 연구한 인구발전유형, 발전단계의 구분 등의 관점을 흡수하여 최초의 체계적인 인구변화의 단계, 조건, 원인을 논술하였다. 이것이 인구학 발전에 미친 의의는 뉴턴, 갈릴레이, 케플러(kepler) 등의 연구 성과를 체계적으로 종합하여 만유인력법칙과 뉴턴 운동의 삼원칙을 얻어낸 물리학 발전에 대한 의의에 전혀 뒤지지 않는다.

인구변화 이론은 18~19세기 유럽의 인구발전 과정을 묘사하고 해석하는데 큰 성공을 이루었다. 거기에다 전통의 유럽 민족주의의 영향을 받아 원래 유럽의 역사경험과 실천 자료를 종합하여 얻은 인구변화 이론은 그저 일종의 영향력 있는 '표준해석' 정도로 치부되었다. 사람들은 그것이 유럽 이외의 기타 지역에도 보편적으로 적용가능하다고 생각했다. 인구변화 이론 중에는 한 개의 가정이 내포되어 있는데, 그것은 바로 "세계 기타지역의 인구발전이 언젠가는 유럽의 길을 반드시 따를 것이다"라는 것이다(馬力, 姜爲平, 2010).

기존의 연구 중에서 유럽의 인구변화에 대한 연구는 지붕에 닿을 정도로 많다. 그리고 인구변화의 유형, 발전단계, 구분표준, 영향요소와 발전법칙 등에 대하여 완벽하고 체계적인 논술을 하였다. 또한 연구가들은 유럽의 인구변화는 세계인구 변화의 기준이고 인류가 필연코 유럽과 같은 길을 갈 것이라고 생각했다.

그러나 시간이 흐르고 상황이 변하여 20세기에 들어서자 중국의 인구의 변화과정은 유럽과는 크게 다른 길이었다. 이런 다른 점의 원인에는 두 가지가 있다. 즉 그것은 시대의 특성과 나라 정세의 특색인 것이다. 유럽의 실천에서 종합한 인구변화 이론은 중국의 인구의 변화과정을 완전하게 설명하지 못하였다. 현대화와 현지화라는 두 가지 역량의 영향을 받아 중국인구 변화의 길은 유럽과는 다른 과정과 특징, 그리고 법칙을 나타냈다.

중국에서 인구변화의 과정이 시작될 때의 시대배경과 나라정세는 이미 엄청난 변화가 발생하여 인구의 변화과정은 서방과는 많이 다른 새로운 특징과 법칙이 나타났던 것이다. 이러한 실천과정 중에 중국의 길이 점차적으로 형성되었다. 하지만 현재 연구 중인 중국인구 변화의 길에 대한 전면적인 정리와 종합에 대한 연구는 거의 없었다. 인구변화 이론은 인구발전의 역사와 추세에 대한 과학적인 설명으로써 보편적인 의미를 갖고 있다. 그러나 이것은 영원불변하는 교리는 아니고 인구변화의 실천 중에 앞으로 발전하고 계속 보강해 나아가야 할 것이다. 그것은 바로 중국에는 생명력이라는 게 있기 때문이다. 중국인구 변화의 길은 기본과정, 실천방식과 이론법칙 등을 포함하여 모두 인구이론 발전의 현대화와 현지화의 산물이다.

또한 중국은 세계인구 1/5의 인구대국으로 세계에서 가장 큰 개발도상국이다. 그러므로 인구발전의 길에 대한 연구는 인구발전 이론에 있어서 더욱 의미가 크다고 할 것이다. 중국인구 변화의 길에 대한 연구는 인구변화 이론을 진일보 보충하고 풍부하게 할 것이다. 중국의 실천방식과 이론법칙을 자체 인구이론 발전의 배경에 놓고 보는 것은 인구발전 이론의 영향력 있는 계승과 보충, 그리고 발전인 것이다.

3. 중국인구 변화의 길을 연구하는 철학적 기초

사람들의 실천 중에 형성된 인구변화 이론은 자체인구 발전법칙에 대한 인식의 성과이다. 우리는 시간의 흐름, 실천범위의 이동과 확대와 변화의 실천에 따라 기존의 인식을 부단히 검증하고 수정하고 심화하여 새로운 인식의 성과를 얻어야 한다.

유물변증법에서는 모든 인류발전의 법칙을 모두 역사의 산물이라고 생각했다. 그것의 정확성은 상대적인 의의가 있으며, 그것의 발전성을 정확히 인식하고 인정해야 한다. 이 법칙들은 모든 병을 치료하는 만병통치약도 아니고 영원불변한 진리도 아니다.

마르크스(馬克思)는 현존하는 사물들에 대해서 긍정적인 이해와 부정적인 이해가 동시에 포함되어 있다고 생각했다. 엥겔스(恩格斯)는 절대적인 진리와 절대적인 인류의 상태는 존재하지 않는다고 생각했다. 결국, 절대적으로 신성한 물건은 없다는 것이다. 모든 사물은 일시적인 것이며 항상 기초단계에서 고급단계로 발전하는 상태에 있다. 그러므로 어떠한 이론사고들도 모두 시대의 산물이며, 그 이론의 정확성은 상대적인 의의가 있을 뿐이다.

인구변화의 이론도 마찬가지이다. 역사의 바퀴는 두개의 발전과정 중 서로 다른 시대의 흔적을 남겼는데 유럽의 인구변화와 중국의 인구변화는 이러한 다른 시대배경에서 발생되었다. 예를 들어, 유럽 국가의 사망률 하락은 긴 과정을 거쳤으나, 의학지식기술과 의료 위생 사업이 끊임없이 진보하는 시대상황의 발전에 따라 이후에 인구변화를 겪은 일본이나 한국 등의 선진국이나 중국, 인도 등 개발도상국 같은 나라들의 사망률 하락속도는 대부분의 유럽국가보다 빨랐다. 이것이 바로 시대발전의 특징이며 그 영향을 받아 인구변화는 동일하지 않은 시기에 동일하지 않은 특징을 나타냈다.

20세기 중엽 중국은 비로소 인구변화의 과정을 시작하였는데 이때의 사회, 경제, 정치와 문화환경은 18, 19세기와는 큰 차이가 있었다. 이 차이는 중국인구 변화의 길에 시대발전의 흔적이 포함되어 나타나고 유럽과는 다른 인구변화 길의 특징을 나타내게 되었다.

유물변증법에서는 모든 사물은 공통성과 개성 즉 보편성과 특수성 등 두 가지 방면을 모두 포함하며, 두 방면의 상반된 운동은 사물들의 미래발전을 이루어 낸다고 여겼다. 유럽의 실천에서 총결해낸 권위 있는 인구변화 이론은 인류전체에 적용하는 보편성을 가진 인류발전의 일반적인 규율(이것들은 공통성과 보편성에 속하는 내용)과 당시의 유럽의 국가상황을 나타내는 특수성을 전부 포함하였다(이것들은 시대특징과 현지상황을 반영하는 내용). 중국의 실천은 일반적인 규율과 중국 특색의 사회경제 발전과정, 정책과 문화의 영향을 서로 결합하여 유럽의 길과 다른 새로운 형태를 형성하였다.

그것이 바로 중국인구 변화의 길이다. 이론적으로 말하자면 인구변화 이론의 현대화와 현지화는 유물변증법에서 말하는 개성 또는 특수성에 속한다. 공통성과 개성, 보편성과 특수성을 구별하는 것이 옳거나 틀렸다는 것이 아니고 절대적인 것과 상대적인 것으로 구별하여 설명할 필요가 있다는 것이다.

유럽에서 형성된 인구변화 이론이 옳은 것이 아니라고 얘기하는 것이 아니라 당시의 인구변화 이론에는 중국의 상황이 적용되지 않은 부분이 있다는 것이다. 그리고 공통성은 개성을 떠나 독립적으로 존재할 수 있는 것이 아니라 개성에 깃들어 포함되어 있는 것이다. 그것은 시대의 변천과 각국의 인구발전의 서로 다른 특징으로 인하여 비로소 인구변화 이론은 끊임없이 수정하고 갱신하여 사람들로 하여금 그에 대한 인식을 더욱 풍부하고 더욱 깊고 더욱 완벽하게 하는 것이다.

그러므로 중국의 인구변화 이론을 연구하는 것은 유물변증법의 정신에 부합할 뿐만 아니라 인식의 기본규율에도 부합한다.

유럽의 인구발전 실천에서 총결해낸 인구변화 이론에는 보편적이고 일반적인 규율도 있고 18, 19세기 유럽특징을 반영하는 특수한 규율도 있다. 중국인구 변화의 길에 대하여 연구를 진행하는 것은 기존의 이론에 일반적인 규율과 특수규율에 대하여 구분을 하고 중국의 특수한 규율을 찾아 인구변화 이론을 진일보시키고 보충과 발전을 해야만 하는 것이다.

제2절
기본성격과 구조

1. 기본성격

이 책의 주제는 '중국인구 변화의 길'이다. 주요 관건적인 단어는 '인구변화', '중국'과 '길'이다. 이 세 개의 관건적인 단어 중 '인구변화'는 이론의 기초이고, '중국'은 연구의 범위이며, '길'은 연구의 내용이다.

'인구변화'라는 개념은 인구연구 중에서 광범위하게 사용되고 있다. 18세기 이후의 권위 있는 인구변화 이론은 자주 유럽국가의 사회경제, 기술과 문화의 변화로 인하여 나타난 출생률과 사망률의 하락과정을 묘사하는데 사용되었다. 이 책의 두 번째 장에서는 인구변화 이론에 대한 소개 중에 인구변화의 개념과 이론에 대한 전문적인 내용이 있으므로. 여기서는 다시 중복 서술하지 않겠다. 이 책의 주요연구 범위는 공간의 경계에서 볼 때 중국대륙이므로 홍콩과 대만 그리고 마카오는 포함하지 않았다. 또한 홍콩, 마카오, 대만지역은 역사적 이유로 인하여 사회발전 과정과 각종 정책이 대륙과 현저한 차이를 보였으므로 이 지역의 인구변화 상황은 이 책의 연구주체가 아니다.

하지만 이 책에서는 홍콩, 마카오, 대만지역, 유럽선진국 및 일부 개발도상국에 대한 비교의 필요성이 있어 인구변화 상황에 대해서 분석을 하였다.

시간의 경계에서 봤을 때 이 책의 연구범위는 1949년부터 현재까지이다. 중화인민공화국이 1949년에 성립된 것은 중국역사상 이정표적 의의를 지닌 큰 사건이었다. 이 시기에는 사회, 경제, 정치 등 각 영역의 전환점으로 모든 분야에서 천지개벽하는 변화가 일어났다. 또한 인구영역도 그러하였다. 이 책은 중국인구 변화의 기점 또한 1949년이라고 생각한다(제4장에서 자세히 논술할 것이므로 여기서는 중복해서 서술하지 않으려 한다). 그리하여 이 책은 1949년 이후의 중국인구 변화의 주요 상황을 연구했고 동시에 이 책의 주요 연구범위는 아니지만 비교를 위해 1949년 이전의 중국인구의 발전상황에 대해서도 간략하게 언급할 생각이다.

'길'은 원래 두 곳 사이의 통로를 말한다. 이 책에서는 전의법을 이용하여 사물의 발생 또는 완성의 방법을 설명할 것이다. '길'이라는 개념이 가지고 있는 함의의 추상성은 이 책에서 전반적인 부분을 설정하는 중요한 개념이다. 이 책은 역사과정과 기본경험 그리고 발전법칙 등에 대한 내용을 체계적으로 종합했다. 이 책에서 연구하는 중국인구 변화의 길은 위에서 제시한 세 가지 관건적인 단어의 내용을 종합하여 건국 이후부터 현재까지 중국이 어떻게 '높은 출생률, 높은 사망률, 저 자연성장률'에서 '낮은 출생률, 낮은 사망률, 저 자연성장률'로의 변화를 실현할 수 있었지의 전체적인 과정과 발전역정, 기본경험과 발전법칙 등 여러 방면의 내용을 포함한 것이다.

중국인구 변화의 길을 연구하는 중에, 이 발전과정의 연구는 모든 결론과 판단을 형성하는 기초인 동시에 출발점이기도 하다. 이 책에서 이 부분의 내용은 시간의 순서에 따라 전개할 것이다. 그러나 역사과정을 연구하는 최종 목적은 실천의 각도에서 기본경험을 총결하고 이론높이에서 발전법칙을 개괄하는데 있다. 따라서 이 책은 전체적으로 바깥에서 안으로, 현상에서 본질로의 순서로 전개하고자 한다.

이 책의 중요한 성격은 중국인구의 산아제한사도 아니고, 인구변화 이론의 교과서도 아니라는 점이다. 이 책은 중국인구 변화 길의 탐구과정을 현대화와 현지화 과정 중의 시각으로 실천경험의 총결과 두 가지 방면의 창의적인 법칙이론 내용을 모두 고려하여 자신만의 인구변화 이론의 논리를 형성케 할 것이다. 이 책의 전체적인 창작 형식은 서술하면서 논평하는 방식을 취했는데, 특히 이론은 역사에서 나오고 역사로 이론을 증명하는 형식을 취하여 역사와 이론을 결합시켜 논하고자 하는 것이다.

역사에 대한 서술과 정리는 구체적인 것에서 추상적인 것까지의 역사적인 사실을 전개하는 실제 과정 속에서 자신의 관점을 형성케 하였으나, 편년사를 쓰는 것처럼 하나도 빠짐없이 역사를 환원케 한 것이 아니라, 논점을 중심으로 역사자료를 정리하고 선별하고 전개함으로써 이론을 형성하고 판단케 하는 기초로 삼았다.

또한 서술의 기초에서 세심하고 깊이 있는 분석을 하였고, 창의적인 논의를 전개하였다.

2. 주요내용

이 책의 주요 연구목적은 중국의 인구의 변화과정에 대한 정리, 조직과 분석을 통하여 중국인구 변화 길의 주요내용, 탐구과정, 기본경험과 발전법칙에 대한 개괄과 총결을 진행하고, 중국인구 변화의 특유한 방식과 특유한 법칙을 탐구하여 중국의 인구변화 이론을 창립하는데 있다. 구체적으로는 아래와 같이 몇 개 방면의 내용으로 구분할 수 있다.

첫째, 기존 인구변화 이론의 연구에 대한 논평과 일부 외국 인구변화의 실천에 대한 연구를 통하여 기존 인구변화 이론의 일반성과 특수성 및 각국의 인구의 변화과정 중에서 나타나는 일반법칙과 특수법칙을 구분하였다.

둘째, 중국인구 변화의 영향요소, 단계구분, 특징과 결과, 새로운 탐구법칙을 체계적으로 연구하여 '중국인구 변화의 길'에 대한 탐구과정을 정리하고 깊이 있게 분석하였다. 이것은 자체 인구변화의 변동특징을 고려한 것일 뿐만 아니라, 사회경제, 제도, 문화 등 구성요소의 발전특징을 결합하여 중국인구 변화 길의 단계를 구분하였다. 인구변화에 영향을 끼치는 각종 요소를 통합하여 현대화와 현지화의 차원에서 고찰하고 각 역량의 상호관계, 작용범위와 작용체제를 중점적으로 고려하였다. 중국의 인구변화에서 나타나는 현상에 대한 특수성을 연구할 뿐만 아니라 이러한 현상을 초래하는 원인의 특수성을 집중적으로 연구했다.

인구변화의 결과에 대한 연구는 더 이상 '노령화', '인구보너스'

등 '외래이론'에 국한하지 않았고, 중국의 특유한 출생 성별 비율이 높은 현상을 장기적으로 충분히 파악하여 인구변화 법칙의 각도에서 인구변화와의 관계에 대한 문제를 연구하였다.

셋째, 탐구과정에 대한 기초연구에서는 중국인구 변화의 기본경험과 변화발전법칙을 진일보적으로 추리하고 종합하였다. 기본경험 방식의 총결에 대한 연구는 기존의 연구 중에서 상표화 된 '간섭형' 또는 '계획출산정책'의 연구결론을 세분화하고 심화하여 어떠한 배경에서, 어떠한 원인으로, 어떠한 방법을 취하여 중점적으로 인구를 조정하였으며, 어떻게 이러한 방법을 실행하고 그 간섭효과는 어떠했는지, 어떻게 조정을 했는지 등의 내용을 연구했다.

이는 전체적인 경험의 체계적인 총결이라고 할 수 있다. 변화발전에 대한 연구는 기존 문헌의 논평과 외국 인구변화의 실천을 결합하여 중국의 인구의 변화과정 중에서의 일반성과 특수성에 대해 구분하여 심층적으로 중국 특유의 인구변화 현상을 개발하여 인구변화 이론의 일반적인 법칙의 지도하에 이러한 현상이 나타나는 원인을 찾아 새로운 중국 특색을 나타내는 인구변화 법칙을 구축하며 중국화한 인구변화의 이론체계를 구축하고자 하였다.

넷째, 인구변화의 이론 전체를 발전시키는 관점에서 중국인구 변화 과정 중에 얻은 기본경험과 변화법칙을 인식코자 하였는데, 기본경험은 중국인구 변화 방식에 대한 총결이고 변화법칙은 중국인구 변화 이론에 대한 총결이라고 할 수 있다.

두 부분의 일부는 실천과 이론방면의 창의적인 산물이며 인구변화 이론은 현대 중국의 새로운 표현방식이라고 할 수 있으므로, 이 책에서는 이러한 기초 위에서 인구변화 이론에 대해 한층 더 깊은 보충과 발전을 보여주고자 했다.

3. 구조안배

이 책의 주요 목적은 중국인구 변화 길의 주요내용, 탐구과정, 기본경험과 발전법칙에 대한 개괄과 총결을 통해 중국인구 변화의 특수방식과 특수법칙을 탐구하고 중국화한 인구변화의 이론을 창립하는데 있다. 이 연구목적을 기본근거로 하여 이 책에서는 구체적인 연구의 맥락을 입안하고자 하였다. 전체적인 연구 구조는 도표 1-1과 같다.

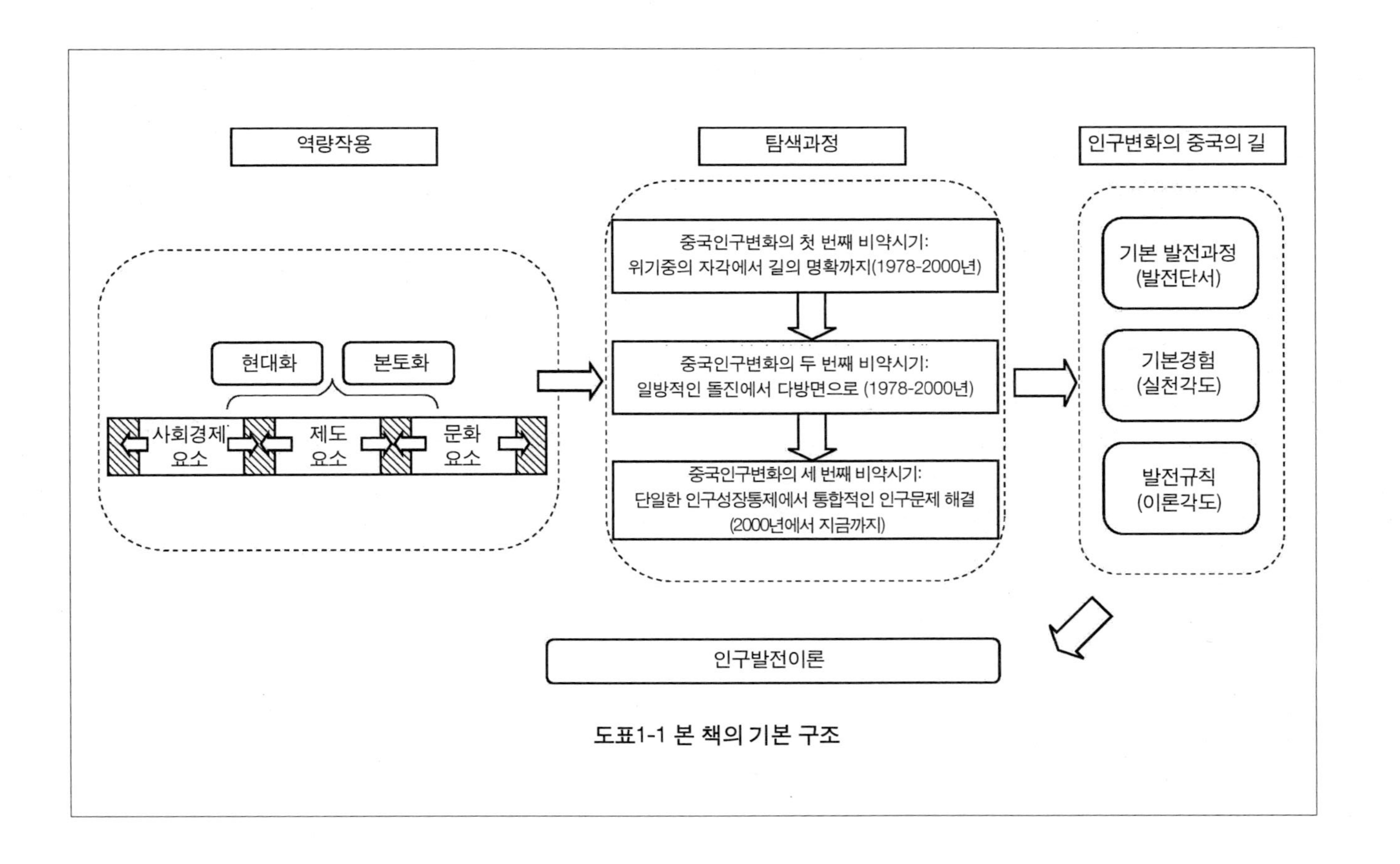

도표1-1 본 책의 기본 구조

이 책은 7개의 장으로 나누어져 있으나 논리적인 순서에 따른다면 4개의 내용으로 나눌 수 있다.

그 첫 번째 내용은 이 책의 제1장으로 이 책의 서론에 해당한다. 그 내용은 주로 주제의 배경과 의의를 소개하였고 이 책의 기본성격과 구조안배에 대하여 요점을 간명하게 개괄하였다.

두 번째 내용은 이 책의 제2장과 제3장인데, 첫 번째 부분에서는 이 책의 이론과 실천 두 가지 방면에 대한 준비로서 먼저 기존의 연구성과에 대하여 정리하고 평가하였다. 인구변화의 이론연구와 중국인구변화의 연구라는 두 가지 방면을 중심으로 전개하였다. 문헌의 총론을 통하여 본 주제의 이론적 배경과 발전적 맥락을 명확히 하기 위해 현재까지 중국인구 변화의 연구가 무슨 내용을 연구하였는지, 어떠한 방식을 택하였는지, 어떠한 결론을 얻었는지, 그리고 어떠한 문제가 있는지 등에 대하여 알아보고자 했다. 그리고 한편으로는 세계범위 내에서의 인구의 변화과정을 돌아보면서 세계인구변화 실천 중의 경험과 법칙을 총결하고 다른 한 면으로는 중국인구 변화의 길을 연구하는 비교대상을 제공하였다.

세 번째 내용은 이 책의 제4장에서 제6장까지에 들어 있는데, 그 내용은 이 책의 주체라고 할 수 있다. 제4장에서 제6장까지는 시간의 순서에 따라 중국인구 변화의 역사적 과정을 3개 단계로 나누어 각 단계별 내용을 소개하였다. 이 내용은 단순히 역사를 쓴 것이 아니라 서술과 논의를 겸했고, 이론은 역사에서 나오고, 역사로써 이론을 증명했으며, 역사와 이론을 결합시켜 시종일관 중국인구 변화의 독특한 실천과 이론법칙을 중심으로 역사를 분석하였다.

역사에 대한 분석에서 초보적인 관점을 얻어내고, 또 다시 이런 관점을 근거로 하여 자료를 새롭게 선택하고 정리하여 진일보적인 관점을 점검하였다.

네 번째의 내용은 이 책의 제7장에서 다루었는데, 이 내용은 이 책의 영혼이라고 할 수 있듯이 모든 내용을 총결한 것이다. 내용 면에서는 많은 논술과 분석의 기초 위에서 이 내용에 대해 정제하고 승화시켰다. 중국인구 변화의 기본 역정에 대한 회고를 통하여 한 방면으로는 실천 관점에서 중국인구 변화의 방식을 총결하였고, 다른 한 방면으로는 이론적 관점에서 중국인구 변화의 법칙을 정제하였다. 여기 내용에서는 기본관점을 중심으로 많은 논술을 진행하였으므로 이 내용에서 방식과 법칙을 얻는 것은 당연한 것이고 물이 흐르면 도랑이 생기는 것과 같은 격이라 할 수 있다. 종합적으로 말해서 이 장에서는 중국인구 변화의 길을 총결하였을 뿐만 아니라, 세계인구변화 이론발전의 관점에서도 중국인구 변화의 길을 새롭게 인식하게 하였고, 이에 대한 보편성과 가치에 대해서도 분석하였다.

이 책은 4개의 측면으로 나누어 연구하였는데, 이 4개의 측면은 내용과 논리상에서 서로 긴밀히 연결되어 있어 점진적이고 완벽한 연구체제라 할 수 있다. 연구중점은 중국의 인구변화에 영향을 끼치는 각종 역량을 연구하는데 두었다. 이러한 역량들은 상호 작용하여 중국인구 변화의 과정과 중국인구 변화 길의 탐구과정을 형성하였다. 이러한 탐구과정에 대한 연구와 분석에서 중국인구 변화의 길에 대한 기본경험과 변화법칙을 얻어냈다.

이러한 과정, 경험과 법칙은 중국인구 변화 길의 주요내용을 구성하고 세계의 인구변화 이론에 대한 보충과 발전에 기여한다고 할 수 있다.

이 책의 일부 주제는 중국인구 변화 길의 탐구과정에 대한 연구이다. 그 일부 내용은 이 책의 4, 5, 6장에 포함하였다.

제2장에서는 이론의 정리와 논술을 통하여 본 연구의 이론배경과 연구방향을 제공하였으며, 현재 중국인구 변화의 연구를 돌아보며 무슨 내용을 연구했는지, 어떠한 방법을 택하였는지, 어떠한 결론을 얻었는지, 아직 어떠한 문제가 존재하는지를 연구하였다.

제3장에서는 시대의 변화와 세계인구변화 중심의 전환을 단서로 하여 전통적인 선진국에서 신흥 선진국(지역)로 더 나아가서 개발도상국까지 한 폭의 인구의 변화과정의 살아있는 전경을 그렸다. 이 장의 연구목적은 한편으로는 중국인구 변화의 길에 비교대상을 제공하고 다른 한편으로는 세계인구의 변화과정의 정리와 분석을 통하여 세계인 구의 변화과정 중에 나타난 일반법칙과 특수법칙을 탐구한 것이다.

제4장에서 제6장까지는 시간순서에 따라 전개하였다. 3장으로 나누어 중국인구 변화 역사 진전의 3개 단계를 소개하였다. 이 3개 단계의 구분 근거는 출생률과 사망률의 변동 특징에 국한하지 않고 인구변화 발전을 사회경제제도의 전체적인 변화의 큰 배경아래 놓고 구분을 하였다. 구체적으로 보면 제4장의 시간 간격은 건국초기부터 개혁개방 전까지이다. 이때 중국의 사회경제 발전은 회복과 탐구의 역사단계에 처해 있었다. 이 과정에서 중국 자체에 적합한 인구변화의 길에 대하여 탐구하였다.

또한 중국인구 변화의 길은 여러 차례의 실패와 풍파를 겪은 후에야 정확한 선택을 하였으며 초보적 수준으로 형성되었다. 제5장에서는 개혁개방시기부터 20세기 말까지의 역사과정을 포괄하였다.

이 시기에 중국은 대규모 사회주의 현대화 건실과 개혁개방의 사회주의 시장경제체제를 완벽히 하고 사회경제 등의 방면에서 깊고 큰 의의를 가진 위대한 전환을 겪었다. 이와 서로 호응되는 중국인구 변화의 길 또한 전환에 직면하고 현대화 목표를 실현하기 위한 급박함, 경제체제의 전환, 개혁개방이 초보적인 성과를 얻은 것과 사회경제요소가 인구발전에 대한 영향이 날로 커지는 등 일련의 변화는 모두가 중국인구 변화의 길이 응답하기를 요구하였다. 결국 중국인구 변화의 길은 '두 차례의 조정'과 '두 차례의 안정'을 겪었다. 이미 정해진 방향을 견지하는 전제하에서 구체적인 목표, 업무방식과 수단에 대하여 조정을 하였다. 인구변화의 길도 이 과정에서 점차적으로 성숙해졌다.

제6장의 내용은 21세기 초부터 현재까지로 연속 되어 있다. 이 시대의 중국인구 변화과정은 중국의 사회경제제도가 점차 안정되고 성숙됨에 따라 기본적으로 완성되었다. 중국인구의 변화의 길은 더욱 굳건하고 더욱 예견된 방향으로 발전하였다. 이 4, 5, 6장의 구체적인 내용에 대한 연구는 '현대화'와 '현지화' 두 개의 맥락을 중심으로 사회경제, 제도, 문화 등 여러 가지 요소 간의 상호 영향과 상호 대체작용 및 이러한 역량들의 결과와 영향을 집중적으로 분석하였다.

만약 제4장에서 제6장까지를 이 책의 골간이라고 한다면 제7장은 이 책의 영혼이다. 그것은 주제부분에서 대량의 서술과 이론적 기초에서 중국인구 변화의 길에 대하여 종합하였다.

중국인구 변화 길의 주요내용을 밝히고 그 맥락과 실마리가 발전해가는 측면에서 중국인구 변화의 길에 대한 기본과정을 종합하였다. 즉 이론 창의 면에서 중국인구 변화의 길에 대한 변화법칙을 종합한 것이다. 제2, 3장의 이론과 실천준비 및 제4장, 5장, 6장에서의 대량의 역사와 이론의 결합은 모두 이 장의 결론을 긴밀하게 얻어내기 위해서 전개하였다고 볼 수 있다. 또한 앞선 문장에서의 충분한 논술과 증명을 통해 이 장의 모든 결론은 모두 근거가 충분하고 논리가 명확하고 할 수 있다. 이 장 또한 본 책의 종합이며,며 이 책의 내용을 또한 차례 승화시킨 것이라 할 수 있을 것이다. 이 장은 중국인구 변화의 길에 대하여 농축하였고, 세계인구변화 이론 발전의 배경 하에서 중국인구 변화의 길을 새로 인식토록 하였으며, 이를 현대중국에서 나타난 한 가지 구체적인 표현으로써 간주하였다. 또한 이러한 기초 위에서 중국인구 변화의 길이 기타 국가와 지역에 대한 참고 사항으로 이용토록 하였는데, 이는 인구변화의 보편적인 가치를 분석한 것이라 할 수 있다.

제 2장
인구변화 이론의 발전

제1절
인구변화 이론 연구의 발전

1. 인구변화의 개념

'인구변화'는 인구연구 영역 중 광범위하게 사용되고 있는 개념이다. 하지만 서로 다른 연구가들의 이에 대한 이해는 큰 차이가 존재한다. 일부 학자들은 인구변화는 현대화 과정에 따라 발생하는 사망률과 출생률이 지속적으로 떨어지는 과정을 일컫는다고 생각한다(Frank W. Notestein,1945). 또 다른 일부 학자들은 이는 단지 일종의 생육에 관계되는 과정이라고 생각한다(馬力, 姜衛平, 2010). 그리고 일부 영향력 있는 학자들은 '인구가 출생부터 사망까지 상대적으로 높은 수준의 기본평형에서 낮은 수준의 기본평형으로의 변화'라고 일컫고, 그리고 사회변화는 '제1차 인구변화'라고 강조하면서 관점과 문화, 그리고 생활태도의 변화라는 기초 위에서 '제2차 인구변화'를 제의하였다(D.J.Van de Kaa, 1987). 또 일부 학자들은 사망률과 출생률의 변화는 앞서 두 차례 인구변화의 주요내용이라고 생각하고, 이민으로 인하여 일어나는 인구변화는 제3차 인구변화의 의미라고 했다(David Coleman,2006).

인구변화의 개념에 대한 인식차이는 이해할 수 있는 문제이다. 왜냐하면 인구변화 이론은 역사사실과 경험의 개괄을 기초로 발전한 것이기 때문이다. 이러한 인식은 처음부터 뚜렷한 이론적 경계는 없었다. 사람들은 실제 작업 중 각종 인구요소와 인구과정을 종합하여 인구의 일부 변화의 문제를 모두 인구변화의 범위 안에 포함시켜 연구를 진행하였다.

인구변화에 대하여 인식에 대한 관점에 차이가 있고, 중점에 있어서 다른 점이 있지만, 이는 인구변화 이론의 연구에 방해가 되지 않았다. 왜냐하면 인구변화 이론에 대하여 학자들은 아래와 같이 두 가지 공통적인 인식을 가지고 있기 때문이다: 첫째, 인구변화 이론은 19세기 이래 발생한 인구방식 변화과정에 대한 일종의 묘사적인 해석이라고 보는 관점이다(米歇爾斯 泰特爾鮑姆, 1992). 둘째, 이러한 과정은 비록 서유럽과 북유럽에서 제일 먼저 발생하였지만 그들이 지니고 있는 기본규율은 보편적인 공통점을 가지고 있다는 관점이다(Frank W. Notestein, 1983).

따라서 이 책에서 연구하는 '인구변화'는 단지 고전적 의미에서의 광범위한 공감을 얻은 인구 변화과정이라고 할 수 있다. 이는 유럽 국가를 포함한 많은 나라의 인구발전 경험 중 이미 관찰된 인구변화는 높은 출생률과 높은 사망률의 상태에서 낮은 출생률과 낮은 사망률의 상태로 변화하는 과정임을 일컫는다(IUSSP, 1982). 그러나 '제2차 인구변화' 이론과 심지어 '제3차 인구변화' 이론에서 확장한 새로운 내용은 포함되지 않았다.

2. 인구변화의 유형단계 구분과 표준

인구변화 이론의 형성은 인구의 변화과정을 다른 유형 또는 다른 단계로 구분하면서 시작되었다. 또한 초기 인구변화 이론의 제일 중요한 연구내용은 인구변화의 다른 단계 및 그 구분의 기준이다. 따라서 인구변화 유형단계와 구분기준에 대한 연구는 인구변화 이론의 논리기점과 역사기점이라 할 수 있는 것이다.

인구변화 이론의 모든 선구자들은 '3단계론'에 대하여 각별한 애정을 가졌던 것 같다. 하지만 그들에게는 구체적인 단계구분과 구분기준에 대한 인식에서 큰 차이를 보이고 있다. 처음으로 인구의 변화과정을 묘사하려고 시도했던 사람은 난델리(蘭德里)였다. 그는 경제적인 의미에서 더 많은 구분을 하였는데, 인구의 변화과정을 3가지 경제체제로 간주하였다.

인구의 변화과정을 경제체제로 구분하는 기준은 경제요소가 처한 지위였다. 원시단계에서는 경제요소가 사망에 영향을 끼치는 것을 통해 인구성장을 통제하였다. 중간단계에서는 경제요소가 혼인을 통해 인구성장에 영향을 끼쳤다. 현재의 단계에서는 인구와 경제의 상호적인 영향이 여전히 존재한다. 하지만 경제요소는 다시는 원시단계의 역할을 담당하지는 않았다 (United Nations, 1982). 이것과 비교해서 톰프슨(湯普森)과 프랭크(諾特斯坦)의 주장은 경제요소에서 인구자체로 바뀌었다. 그들은 출생률, 사망률, 인구의 성장속도 차이에 따라 세계를 모두 3개 지역으로 나누었다. 두 사람의 차이점은 톰프슨은 사망률 하락이 출생률 하락보다 늦거나 사망률 하락이 출생률 하락보다 앞서는 두 가지의 제한을 모두 받지 않는 지역이 존재한다고 생각하였다(War-ren S. Thompson, 1929). 반면에 프랭크는 이미 변화가 완성된 출생률이 교체수준보다 낮은 나라, 현재 변화 중인 출생률이 하락은 하지만 인구는 여전히 성장하는 나라, 아직 변화를 시작하지 않은 미래 성장요인이 사망률 하락의 나라로 보는 3가지 유형으로 나누었다(Frank W. Notestein).

프랭크(Frank)가 제기한 변화방식은 인구발전의 서로 다른 단계를 개괄하여 광범위한 호응을 얻었다. 이러한 기초 위에서 그는 1953년 한편의 문장에서 '4단계 방식'을 제기하였다. 이 방식은 단순한 인구변량 변동의 분석을 뛰어 넘어 공업화 발전과정과 연관시켜 인구변화를 공업화 전, 공업화 초기발전, 공업화 진일보발전과 공업화 완성 등 4개 단계로 나누었다(Frank W. Notestein). 이 문장에서는 결국 프랭크의 인구변화 이론은 창시자로서의 지위를 자리매김 하였으며, 인구변화 이론의 기본 틀을 형성시켰다. 후에 많은 인구변화에 대한 연구는 대부분 이 틀 안에서 전개되었다.

비록 프랭크는 같은 시기 또는 그 후에 많은 인구변화 단계 구분에 대한 연구를 하였지만 제기한 방식은 대동소이하다. 예를 들어 마이크 콜(Ansley J. Coale)과 후버(Edgar M. Hoover)는 1958년에 인도 등의 나라의 인구의 변화과정을 분석할 때 구분한 4개 단계는 프랭크(諾特斯坦)의 4단계방식과 거의 일치한다(Ansley J. Coale, Edgar M. Hoover,1958). 그러나 블레이크(C.P.Blacker,1947)가 제기한 5단계 방식도 앞의 4개 단계는 프랭크(諾特斯坦)와 비슷하다. 단지 마지막에 감퇴단계를 한 개 추가했을 분이었다.

인구변화 단계구분에 대한 연구는 아래와 같은 두 가지 인식을 얻을 수 있다. 첫째, 인구변화 이론은 실제 역사발전 과정 속에 나타났던 현상을 총괄하여 얻은 것이지 이론 전개의 결과가 아니기 때문에 모든 연구가들이 처한 시대가 다르고 고찰한 지역이 다르며 연구한 중점이 다르므로 종합한 인구의 변화과정도 다소 다르다. 둘째, 인구변화 이론이 오늘날까지 발전하였지만 여전히 초기의 연구전통을 간직하고 있고, 비교적 흔히 볼 수 있는 구분방법은 아직도 출생률, 사망률의 변동 특징에 따라 인구변화 단계의 구분을 진행하는 것이다.

3. 인구변화의 영향요소

연구자들은 과거 인구단계의 구분을 주장하는 동시에 인구변화에 영향을 끼치는 원인에 대하여 깊은 관심이 생기게 되었다. 인구변화 이론이 일종의 인구 실제 발전과정의 개괄에서 명실상부한 논리체계로 변화되려면, 이러한 특이한 현상이 발생하는 내적 원인에 대해 답하지 않으면 안 되는 문제에 부딪치기 때문이다.

인구사망률 하락에 대한 종합적 해석은 상대적으로 간단하고 인식 면에서도 비교적 일치한다. 프랭크(諾特斯坦)는 그의 1945년 연구에서 사망률 하락 원인을 두 가지로 해석하였다: 첫째는 농공업의 기술혁신으로 인해 음식물의 제공량과 품질이 모두 향상되었다. 둘째는 의료위생사업과 의약기술의 발전으로 질병에 대한 사람들의 통제능력이 강화되었다(Frank W. Notestein, 1945)고 본 것이다.

비록 후에 많은 개발도상국들에서 사망률 하락의 진행이 대대적으로 빨라졌지만 궁극적인 원인은 위 두 개에서 벗어나지 않았다는 관점이었다.

사망률에 비하여 출생률 하락에 대한 해석은 퍽이나 풍부하고 다채롭게 나타났다. 이에 대한 연구는 헤아릴 수 없을 정도로 많은데 출생률 변화를 연구하는 거의 모든 연구는 이 안에 포함시킬 수 있다. 이것은 아마 일부 학자들이 인구변화 연구를 출생률 변화연구로 보는 중요한 원인 중의 하나이다. 아래에서는 단지 이 중에서 비교적 대표적인 연구관점을 소개한 것이다.

먼저 거시적 관점과 미시적인 관점에서 인구변화 영향요소의 연구를 구분할 수 있다. 거시적인 연구는 일반적으로 구조주의 시각에서 출생률 하락을 해석한 것이고, 미시적인 연구는 인본주의 시각에서 해석하였다(왕위안밍, 1995). 전자는 인구변화의 구조적인 배경을 강조했다. 예를 들어, 현대화, 공업화 등이 그것이다. 마치 프랭크가 제시한 현대화된 생활이 가정의 기능을 박탈하고 전통부담의 감소와 사람들의 교육수준 향상과 이념의 갱신이 출생률의 하락을 초래(Frank W. Notestein, 1953)한 것이라 본 것이다.

이러한 것은 모두 구조주의 시각에 속한다. 후자는 연구가들의 행위결정 과정이다. 예를 들어, 베커(Garys.Becker,1988)의 아이의 수량, 즉 품질대체 이론이 바로 이러한 전형적인 연구이다. 물론 거시적인 배경과 미시적인 행위를 연결하는 연구도 있다. 예를 들면, J. Bongaarts(J. Bongaarts,1975)의 중개변수이론과 Easterlin 등의 출생률공급-수요이론이다.(Richard A. Easterlin, Eileen

M.Crimmins,1985).

그 다음으로는 영향요소의 유형으로 구분하는 것을 들 수 있다. 출생률 변화를 초래한 원인은 경제, 사회, 문화, 제도 등 다방면으로 나눌 수 있다. 초기의 인구변화 이론은 대부분 경제발전 각도에서 출생률의 하락을 해석하였다(Frank W. Notestein, 1983).

신가정경제학은 심지어 출생률 변화의 경제 분석 프레임을 구성하기도 하였다(加里. S. 貝克爾,1987). 하지만 이런 관점은 사회요소론 학자들의 강력한 비평을 받았다. 그 중 제일 유명한 것은 콜드웰이다. 그의 연구는 가정세대 간 관계의 변화를 강조하였다(John C.Caldwell,1976). 또 일부학자들은 문화(Ron Lesthaeghe, Dominique Meekers,1986)와 제도(Geof-frey Menieoll,1975)의 각도에서 출생률의 하락을 해석하였다. 그 외에 많은 학자들은 각종 요소들을 융합하는데 노력하였다. 그들은 출생률 하락은 많은 요소들이 공통적으로 작용한 결과라고 생각하였다(Richard A.Easterlin, 1978. Keith O. Mason, 1992).

위의 많은 연구 성과의 분석에서 한 가지의 결론을 얻을 수 있다. 출생률 하락에 영향을 끼치는 요소는 사망률 하락에 영향을 끼치는 요소보다 훨씬 복잡하다는 점이다.

출생률 변화를 연구하는 것은 인구변화 연구의 중점이다. 이러한 연구는 사회배경과 그들이 미시적인 개인에 대한 작용을 상호 결합하는데 주의해야 할뿐만 아니라, 또한 사회, 경제, 제도, 문화 등 많은 요소들의 종합적인 작용을 고려해야 할 것이다.

4. 인구변화 이론의 개발도상국에서의 응용

인구변화의 동기에 대하여 왕성하게 토론이 진행되고 있을 때 많은 학자들은 눈길을 유럽 이외의 지역으로 돌렸다. 한 가지 원인은 유럽의 민족주의 전통이 그들로 하여금 타고난 우월감을 가지게 하여 유럽의 인구변화 역정은 전체 인류발전의 표준경로가 될 것이며, 기타 국가 또는 지역이 언젠가는 필연코 유럽의 길을 걸을 것이라고 생각하였다는 점이다. 다른 한 가지 원인은 인구변화 이론은 실천에서 생겨났고, 그 정확성은 아직 실천의 재점검을 받아야 하지만, 이때의 많은 개발도상국은 인구의 변화과정 중에 처해 있어, 때마침 인구변화 이론의 검증시점이 되었다.

이미 이야기했던 콜(柯爾)과 후버(胡佛)는 1958년도 인도와 멕시코 등 국가의 인구변화에 대한 연구를 진행 하는 것 외에 아시 아(R. Leete, I.Alam,1993), 라틴 미주(J. M. Guzmam, S. Singh, G.Rodriguez et al., 1996)와 아프리카(T. Locoh, V. Her-trich, 1994)의 인구변화에 대하여 자세히 조사했다.

이러한 연구의 결과에는 비록 나라들의 사회경제 발전수준, 정치체제와 문화전통이라는 커다란 차이가 존재하지만, 높은 사망률, 높은 출생률 패턴에서 낮은 출생률, 낮은 사망률 패턴으로의 변화는 마치 이러한 개발도상국의 인구가 현재 진행 중이거나 또는 곧 진행되는 과정이라는 점을 발견하였다. 이러한 나라들의 인구의 변화과정은 대부분 제2차 세계대전 후에 시작되었으며, 유럽 및 해외 식민지와 개발도상국의 사망률과 출생률의 하락 속도보다 훨씬 빨랐다. 학자들은 사회경제 발전, 기술전파와 개발도상국에서 광범위하게 진행된 계획출산 등으로 빨라진 인구의 변화과정을 해석하였다. 그러나 일부 규칙의 보편성은 사실 확인을 하지 못하였다. 예를 들어, 사회와 경제의 발전은 인구변화를 촉진한다는 관점이다. 일부 사하라 이남 아프리카의 연구에서 밝힌 것처럼 극히 불리한 조건도 인구변화를 자극하기 때문이다. 또 예를 들어, 변화가 일단 시작되면 인구변화가 지속된다는 관점도 일부 국가에서는 해당되지 않았다. 많은 나라에서 출생률이 비교적 낮은 수준에 도달하지 못했을 때 하락은 이미 정체되었던 것이다.

인구변화에 대한 개발도상국에서의 응용은 어떠한 사물이든지 공통성과 개성, 보편성과 특수성의 규율을 포함한다고 보면 된다. 권위 있는 인구변화의 이론은 유럽의 실천 과정에서 총 정리된 것이다.

그것은 인류전체의 보편성을 지닌 인류발전에 대한 일반 규칙을 포함하고 있을 뿐만 아니라, 유럽에 속한 그 시대의 발전특징과 각 나라 상황의 특수성을 가진 것들을 포함한다. 일반 규칙과 유럽 이외 기타 국가 또는 지역의 실천이 상호 결합 할 때에 특수한 시대배경과 특수한 사회경제 과정, 정책 및 문화의 영향을 받아 새로운 규칙이 형성된다는 것이다. 인구변화 이론은 이 과정에서 끊임없이 새로워지고 발전했다.

5. 인구변화 이론에 대한 비평과 토론

비록 인구변화 이론이 세계적인 범위 내에서 광범위한 인정을 얻었지만 그에 대한 비평과 토론도 천차만별이다. 현재로 볼 때 이러한 비평과 토론은 주로 두 가지 방면에서 나타나는데, 적용성과 이론성이 그것이다.

적용성의 문제는 인구변화 이론이 개발도상국에 영향을 미치는 것에 대해서는 이미 일부 언급하였다. 비평자의 주요 관점은 인구변화 이론이 서방나라 특히 유럽인구 발전의 경험을 근거로 하여 종합하여 얻은 것이다. 그것은 유럽 이외의 지역에는 적용되지 않는다. 어떤 학자들은 유럽의 각국일지라도 그들 자체의 역사와 인구 발전과정 또한 천차만별인데 어떻게 똑같은 인구변화 규칙을 얻을 수 있을까?(E. Van de Walle, J. Knodel, 1967). 어떤 학자들은 각국의 구체적인 상황의 큰 차이가 사회경제 등의 요소에 따라 출생률 하락에 대한 영향이 아주 희미하고 의미 또한 불확실하다는 것을 발견하였다(L. Van Nort, B. P. Karon, 1955). 또 어떤 학자들은 자본주의 국가와 사회주의 국가와의 차이점을 조사하였다. 서로 다른 경력은 소련이 사회 전환과 동시에 인구의 변화과정을 시작하였으며, 서방의 자본주의 국가와는 큰 차이가 존재한다고 생각하였다(United Nations, 1982).

인구변화의 이론에 대한 논쟁은, 많은 학자들이 인구변화 이론은 일종의 이론이 아니고 서방에서 발생한 것과 같은 규칙에 대한 사건 묘사라고 생각하고 있다. 그 정도로 인구변화의 전환점에 대한 해석은 뚜렷한 논리체계가 부족한 상황이다. 그러나 또 일부 학자들은 인구변화 이론은 최소한 사람들로 하여금 더 광범위한 범위의 역사적 사실과 경험을 종합한 틀과 방법을 제공하였다고도 생각하고 있다(Rupert B.Vance, 1952).

실제로 인구변화 이론과 그 비평자간의 관점에서는 실질적인 모순이 존재하지 않지만, 첨예하게 대립되는 관점이 형성된 것은 인구변화 이론 중 일반성과 특수성의 관계를 분명하게 정리하지 못하였기 때문이다.

앞서 서술한 바와 같이 유럽의 실제 경험에서 종합한 인구변화 이론은 일반적인 보편성 규칙도 포함하지만 유럽 각국의 구체적인 상황이 상호 결합된 특수성 규칙도 포함한다. 각국의 인구역사 차이와 사회경제 배경 및 각종 요소 영향체제의 차이로 인하여 인구변화 이론의 일반적인 규칙을 전면적으로 다 부인할 수는 없다. 또한 모든 유럽의 실천에서 얻은 규칙을 보편진리로 인정하여 전반적으로 다 받아들일 수도 없다. 정확한 인식방법은 인구변화 이론 중의 일반적인 규칙과 특수규칙을 구분하여 기존의 특수규칙을 참고와 비교의 좌표로 삼고 일반적인 규칙과 구체적인 실천을 서로 결합시켜여 새로운 규칙을 연구하여 기존의 이론체계를 풍부케 하고 발전케 하는 것이다.

6. 인구변화 이론연구에 대한 요약

인구변화 이론에 대한 평론은 이 책의 연구에 훌륭한 이론배경과 연구시각을 제공해 주었다. 위의 연구 성과에 대한 평론을 통하여 아래와 같은 몇 가지 결론을 얻을 수 있었다.

첫째, 비록 인식 면에서 일부 다른 점이 있지만 학자들에게는 '인구변화 이론은 주로 높은 출생률과 높은 사망률이 특징인 상태에서 낮은 출생률과 낮은 사망률의 특징인 상태로 변화하는 과정, 원인과 결과를 연구한다'는 관점에 대하여서는 어느 정도의 공통된 인식이 존재한다.

둘째, 인구변화 이론은 실제 역사발전 과정에서 총결하여 얻은 것이다. 그리하여 연구자들이 처한 시대가 다르고 조사한 지역이 다르고 연구한 중점이 다르므로 인구의 변화과정의 인식도 어느 정도 다르고 통일된 구분표준이 존재하지 않는다.

셋째, 인구변화는 사회, 경제, 제도, 문화 등 각종 요소의 종합적인 작용의 결과이다. 하지만 서로 다른 시대와 다른 지역에 각종 요소의 상호 작용관계가 다 같은 것은 아니며 똑같은 패턴이 존재하지 않는다.

넷째, 인구변화 이론은 보편적인 전체인류의 발전에 대한 일반적인 규칙을 포함할 뿐만 아니라 시대발전의 특징과 각국의 상황을 나타내는 특수성을 가진 일부도 포함한다. 일반적인 규칙은 서로 다른 시기, 다른 지역의 구체적인 상황과 상호 결합하여 끊임없이 새롭고 특수한 규칙을 형성하고 일반적인 규칙에 대한 인식을 수정하고 심화한다. 이것이 바로 인구변화 이론발전의 활력과 원동력이다.

제2절
중국인구 변화 연구의 발전

1. 인구변화의 기초이론에 대한 연구

인구변화 이론은 서방의 '수입품'이다. 중국의 학자들은 1980년대 초부터 점차적으로 인구변화 이론을 중국에 도입하기 시작하였다. 그들은 서방 인구변화 이론의 기본관점과 역사발전에 대하여 상세한 소개와 정리 및 논평을 하였다. 또한 국내 인구변화 이론의 연구에 대한관심을 총결하였다(리훼이, 유친카이, 2005. 리우솽, 2010). 이러한 연구들은 200여 년간 인구발전이 겪은 큰 변화와 세계 각국 인구의 상황이 모두 인구변화와 밀접한 관계가 있으며, 또한 인구변화 이론에서 새로운 해석을 얻을 수 있다는 것을 알았다.

세계인구 변화의 실천 중에 인구변화 이론이 생기고 발전되었으며, 연구자들은 최초의 이론적인 논술, 논쟁과 평가, 보충과 수정 등 다방면에서 인구변화 이론의 발전과정을 회고하고 총결하였다(천웨이, 황샤오옌, 1999). 이러한 연구 중 어떤 이는 인구변화의 함의, 판별기준 및 방식을 소개하였고(꺼샤오한, 1999), 어떤 이는 서방인구변화의 묘사와 해석에 대하여 소개하였다(류찬장, 2000). 또 어떤 이는 현대 인구변화 이론의 발전을 실마리로 하여 본 이론의 기존연구 성과와 현존하는 쟁점에 대하여 총결함으로써 인구변화 이론연구에 향후 사고의 방향을 제공하고자 하였다(왕엔, 2008).

인구변화 이론에 대하여 명확한 인식을 가진 후부터 많은 학자들은 서로 다른 각도에서 인구변화 이론의 결함에 대하여 연구하였다. 또한 서방의 인구변화 이론에 대하여 보충과 확대를 하였다. 어떤 학자들은 인구변화의 연구는 서방의 시각으로서 비교연구와 체계적인 논술이 부족하다고 생각하였다(왕쉐이, 2007). 어떤 학자들은 인구변화 중에 고전적인 문제와 신고전적인 문제, 즉 인구변화의 동일성과 차이점에 대한 해석문제를 토론하였다. 양자 모두 기술요소와 제도요소를 소홀히 하였다고 생각하였다(리젠민, 2001). 출생변화는 인구변화의 중요한 내용이다.

어떤 학자들은 출생변화 중 출생이라는 종속변수를 진일보시키고 명확히 하여 수량, 시간과 성별 등 3가지 방면을 포함한 '3차원적' 변수로 만들었다(꾸바오창, 1992). 인구변화 기초이론의 연구는 또 하나의 영역에서 연구가 집중되었다. 그것은 바로 현대화와 인구변화와의 관계를 토론한 것이다. 관련 연구 성과에서는 인구변화의 과정은 현대화의 경과에 따라 결정된다고 생각한다. 인구의 변화과정의 다른 점은 현대화의 길이 다르기 때문이지만 인구변화의 발전은 현대화 과정 중의 가장 중요한 구성요소이다(리젠신, 21994. 류찬장, 쩡링윈, 2002. 왕안리우, 2002. 주궈훙, 1997).

중국학자들은 인구변화 이론의 연구에 대하여 3가지 방면에서 실질적으로 놀라운 발전을 가져왔음을 엿볼 수 있다. 무에서 유, 전면적으로 받아들이는 것에서 분석 비판하여 받아들였고, 공부와 이해에서 보충발전을 시키기는 했으나 이러한 연구들은 아직도 4가지 면에서 결함을 갖고 있다.

첫째는 많이 받아들였고 비판성이 적다는 점이다. 아직까지 많은 연구들이 서방 인구변화 이론을 그대로 옮기는 측면에 머물러 있으며, 이것이 중국에서 응용되는데 필요한 구체적인 상황조건에 대한 분석이 부족하다는 것이다. 둘째는 지적하는 것이 많으나 수정한 것이 적다는 점이다. 사람들은 서방 인구변화 이론의 결함에 대하여 지적은 하였지만 이러한 결함을 바로잡는 노력이 아주 미약했다는 것이다.

셋째는 분산되고 체계가 없다는 점이다. 중국의 실정을 바라볼 때 인구변화 기초이론에 대한 수정은 아직까지는 국부적으로 조금씩 수정하고 있지만, 각 방면과 여러 측면으로 분산되어 체계적인 관점과 명확한 논리가 부족하다는 것이다. 넷째는 현대화에 대한 연구가 많고 현지화에 대한 연구가 적다는 점이다. 비록 현대화 이론으로 인구의 변화과정에 대한 연구는 체계적이고 종합적인 시각이고, 인구변화 이론에 대하여 발전시키는 좋은 시도이기는 하지만, 현대화와 현지화는 나눌 수 없는 일체형이며 사물의 발전방향을 대표하는 두 개(시각차원과 공간차원)의 차원인데, 현대화를 많이 강조하고 현지화를 논하지 않은 것은 분석시각이 명확하지 못했다는 것이다.

그러므로 이 책에서는 현대화와 현지화 두 가지 발전방향에서 출발하여 체계적이고 전면적으로 중국인구 변화과정을 연구하여 서방과 비슷한 일반법칙과 중국의 시대특징과 구체적인 상황을 나타내는 특수법칙을 찾아내어 인구변화 이론을 보충하고 발전시키고자 한다.

2. 인구변화 이론에 대한 응용

인구변화 이론은 실제경험의 발전에 근거하여 형성된 산물이다.

이것은 아주 강한 실천지도성을 가지게 하였다. 서방 인구변화 기초이론의 점차적인 이해에 따라 인구를 연구하는 중국학자들은 이러한 이론들이 자국의 인구발전 현실에서 운용되기를 간절히 바랐다. 그 때문인지 한순간에 이 방면에서 대량의 연구 성과들이 나와 인구변화 이론을 응용하는 '바람'이 거세게 일어났다.

인구에 대한 전체적인 연구 측면에서 주로 응용된 것은 인구변화 이론에 근거하여 중국인구 변화과정에 대해 단계구분과 판단을 하는데서 나타났다. 학자들은 서로 다른 기준과 다른 연구중점에 따라 중국의 인구변화 단계를 2단계, 3단계 또는 4단계로 나누었다.

2단 논자는 중국의 인구변화는 인구사망률 변동이 주도하는 것과 인구출생률 변동이 주도하는 2단계로 크게 나눌 수 있다고 생각하였다(무광종, 천웨이, 2001). 하지만 일부 학자들은 전형적인 중국의 인구변화는 인구변화 이론에 근거하여 '높은 출생률, 높은 사망률, 낮은 자연성장률', '높은 출생률, 낮은 사망률, 높은 자연성장률'과 '낮은 출생률, 낮은 사망률, 낮은 자연성장률' 등 3단계로 나눌 수 있다고 생각하였다(왕성진, 1998). 또 일부 학자들은 중국의 실제 출생률과 사망률의 변동에 근거하여 인구의 변화과정을 4단계로 나누었다.

제1단계(1949~1957년), 이 기간의 인구규모는 신속히 확장되었고. 제2단계(1958~1961년), 국가의 정치경제정책의 과오와 광범위한 자연재해로 인해 대량의 비정상적인 사망과 출생의 지연이 발생되었고, 사망률이 급속하게 오르고 출생률이 급감하였다. 제3단계(1962~1973), 출생을 보상하여 줌으로 인하여 1963년도의 출생률은 건국 이래 최고치에 도달하였고 사망률은 기존의 하락추세로 돌아갔으며, 중국의 인구가 고속으로 성장하는 시기이다.

제4단계(1974~1997), 계획출산정책을 시행하기 시작하여 여성출생률이 하락하고 인구규모의 확장속도가 느려졌다(인친, 꼬우주신, 1998). 또 일부 학자들은 블레이크(C. P. Blacker) 또는 피터(Carrie Peter)와 라킨(Robert Lakin)의 5단계 이론에 근거하여 중국의 인구변화를 "고 위치 정지, 조기 확장, 후기 확장, 후기 감소, 저 위치 정지" 등의 5단계로 나누었다(천젠, 2002. 뤄춘, 2002. 주궈홍, 1989). 단계구분의 연구 중에 토론이 제일 치열했던 문제는 중국이 인구변화가 완성되었는지의 여부 문제였다. 일부 연구자들은 인구자체지표, 경제적 동기와 사회구조 등의 방면에서 변화가 미완성됨에 따라 중국의 인구변화는 아직 완성되지 않았다고 생각하였다(왕전동, 밍리췬, 2003. 샹쯔챵, 2002). 또 다른 일부 연구자들은 인구의 결정적인 결과에 따라 판단하여 중국은 이미 20세기 말 인구변화를 완성하였고, '후 인구변화'시기에 들어서기 시작하였다고 생각하였다(리젠민, 2000).

지역 또는 아시아 인구의 연구측면에서 인구변화 이론에 대한 응용은 특히 풍부해 보였다. 동서부 인구변화의 특징, 차이, 그에 대한 대책연구를 포함할 뿐만 아니라(량훙, 2002. 뤄춘, 2008. 텐쉐웬, 2000. 왕비다, 2002. 위안신, 2000), 일부 도시의 인구의 변화과정, 원인과 특징연구(류관하이, 2010. 루제화, 민쉐원, 1993. 쑨창민, 1997. 양종궤이, 2004. 샤이란, 2004) 및 소수민족 인구변화의 상황연구 등이 포함되었다(허징시, 리아이린, 2006. 뤄춘, 허용, 2004).

전체적으로 인구변화 이론에 대한 중국학자들의 응용연구는 인구변화 이론 자체의 연구보다도 훨씬 많았다. 하지만 이러한 연구들은 서방 인구변화 이론에 대한 간단한 적용으로 실제로 중국과 밀접하게 결합하여 조정하지는 않았다. 중국인구 변화의 단계 구분은 2단계, 3단계 또는 4단계를 막론하고 아직은 서방현대의 인구단계 이론을 직접 인용하고 있다. 이러한 구분은 비교하기에는 편리하지만 실제로 중국에 근거하여 발전단계를 확정하지 않았으므로 많은 가치 있는 정보를 잃을 수 있다. 또한 구분기준도 비교적 단일하다.

출생률과 사망률의 변동을 주된 구분기준으로 하여 기타 요소들의 상황은 고려하지 않았다. 예를 들어, 똑같이 출생률 하락으로 표현되지만 서로 다른 원인과 다른 체제로 인하여 발생될 수도 있기 때문이다. 따라서 만약 단순히 인구변동 상황에 따라 구분한다면 너무 대략적이고 간단하다고 할 수 있는 것이다. 그리하여 이 책에서는 인구변화를 전체 사회발전의 배경 하에 인구자체의 변동특징과 사회, 경제, 제도, 문화 등 요소들의 발전 특징을 결합하여 중국인구 변화 길의 단계구분을 진행하였다.

3. 중국인구 변화의 특징에 대한 연구

중국인구 변화의 특수성은 오래 전부터 학자들의 관심을 끌었다. 중국인구 변화에 대한 연구는 인구변화 연구 중 비교적 성숙된 연구영역으로 연구 성과는 아주 풍부하고 또 많은 공감대가 존재하고 있다. 이러한 연구 성과들을 종합해 볼 때 중국인구 변화의 보편적인 특징은 4가지 방면에서 나타났다. 첫 번째는 초월성이다. 즉 출생률은 사회경제지표가 비교적 낮은 수준에 있을 때 하락하며 단계를 뛰어넘는 초월성이 존재한다. 두 번째는 개입성이다.

즉, 국가는 각종 방식과 수단을 통하여 사람의 출생행위에 변화가 발생하도록 유도하여 인구의 변화과정에 영향을 끼치게 한다는 점이다. 세 번째는 신속성이다, 즉 중국은 짧은 몇 십 년 사이에 서방세계가 백여 년에 걸쳐 완성한 인구의 변화과정을 완성하였다. 네 번째는 불형평성이다. 즉 인구의 변화과정 중 도시, 농촌 지역 간의 차이가 아주 크다는 것이다(리젠민, 2009. 송제, 류시우렌, 1992. 탄쇼우칭, 1989. 엔펑, 후원건, 2009. 위안신, 2001).

또 어떤 학자들은 중국인구 변화의 특징을 다른 각도에서 연구하여 일부 다른 의견을 제출하였다. 차루이촨(1996)은 출생 자료의 자세한 분석을 통하여 중국 출생변화의 시작 수준은 높고 진행은 하향과 변화가 느리고 파동이 많은 3가지 특징이 존재한다고 제시하였다.

리젠민 등의 학자들은 인위적인 요소로 인하여 중국의 출생변화는 최소 10년이 뒤떨어졌으며, 그 후의 변화가 시간과 공간에서 명확한 압축성을 나타냈다고 여겼다(리젠신, 1995, 2000. 리젠신, 涂慶,

2005). 하지만 무광종 등 학자들은 '10년에 한 번 변화'의 주기성은 중국인구 변화의 현저한 특징이며 불안정과 불철저함이 존재한다고 여겼다(리우타이홍, 2001. 무광종, 천웨이, 2001. 무광종, 2006).

이러한 연구들은 유럽 전통의 인구의 변화과정을 참조하여 중국인구 변화과정 중의 일부 특이한 점들을 총결하여 중국의 인구변화 이론을 연구하는 기초를 다지게 했다. 하지만 이러한 연구들에게는 여전히 아래의 두 가지 부족한 부분이 존재한다. 첫째는, 많은 연구들이 출생변화에 집중되었고, 사망변화의 특징에는 관심이 아주 적었다는 점이다. 인구변화 이론은 사망변화와 출생변화를 포함한 것이다.

하지만 중국의 사망변화는 하나의 특수성이 있어 이 부분에 대한 연구를 더 해야 할 것이다. 둘째로는 피상적으로만 연구하고 깊이 있는 분석이 부족하다는 점이다. 일부 연구들은 중국인구 변화과정 중에 나타나는 현상에 대해서만 묘사하고 개괄하였으며, 이러한 현상들을 초래한 근본적인 원인인 중국의 특수성이라는 부분에 대한 관심을 가지지 않았던 것이다. 예를 들어, 중국인구 변화의 신속성은 많은 개발도상국들과의 동일한 경험일 뿐 특수성을 나타내지는 않지만, 중국의 인구변화는 심도 있게 분석하면 발견할 수 있는데도 그들과 비교할 때 더욱 빠르며 이러한 신속성은 중국의 사회제도, 정책 실시 방식과 문화전통과 밀접한 관계가 존재하기 때문이다.

이것이 기타 국가와는 전혀 다른 진정한 특징인 것이다. 그러므로 중국인구 변화의 특징을 연구하는 것은 현상자체의 특수성을 연구해야 할뿐만 아니라 이러한 현상들을 초래한 배후 원인의 특수성을 연구해야만 하는 것이다.

4. 중국인구 변화의 원인에 대한 연구

전통적인 인구변화 이론에서의 인구변화는 사회경제 발전의 결과라고 여겼다. 그러다가 연구가 지속됨에 따라 비로소 문화, 제도 등의 요소들을 고려하여 연구범위 내에 포함시켰다. 계획출산정책은 처음부터 아주 중요한 영향요소로 생각하였다. 그러나 중국인구 변화 원인의 일부 연구는 달랐다. 많은 연구들은 중국인구 변화의 원인들 중 사회경제 발전과 계획출산정책을 똑같이 중요하다고 여겼다(린푸더, 1987. 난중지, 1993. 우창핑, 종송, 1992). 일부 학자들은 사회경제 발전의 작용을 더욱 강조하였다. 거시적인 시각에서의 예를 들어 볼 때 경제발전, 사회진보, 도시화수준, 양식과 의료상품의 공급 등의 시각(천여우화, 2010. 펑씨나, 황쮄, 1993. 쑹뤠이라이, 1992. 텐신웬, 1996. 장처웨이, 2000)과 미시적인 시각에서의 예를 들어 볼 때 어린이의 원가이익 시각(뤄리엔, 2003), 또는 종합적인 시각에서 출생수요, 출생공급과 계획출산 정책의 상호작용, 현대화 5대 요소(공공의료보건, 교육, 도시화, 신 소비품의 생산, 계획출산의 업무)가 어린이에 대한 공급, 수요와 원가관리에 대한 영향 등의 각도에서 분석을 할 때도 그들은 중국의 인구변화 원인은 사회경제 발전의 작용이 기초적이라고 여겼다.

하지만 다른 일부 학자들은 제도적인 요소, 특히 계획출산정책, 강력한 인구통제는 중국인구 변화를 초래하는 관건적인 요소이며, 인구정책과 가정계획출산의 출생억제 효과는 사회경제의 현대화보다 더욱 뚜렷하며, 계획출산요소의 작용은 사회경제 발전의 기초에서 끊임없이 인구의 변화과정의 개입성을 실현하였을 뿐만 아니라, 또한 출생률의 변화를 통하여 인구재생산 유형의 변화를 초래한다고 여겼다(덩즈창, 리원엔, 2007. 허우둥민, 2003. 리통핑, 궈지웬, 2007. 리종송, 2003. 무꽝중, 천웨이, 2001. 우창핑, 1986. 우창핑, 두야쥔, 1986). 학자들이 발전요소와 정책요소의 비중의 크기 및 서로 다른 단계의 중요성 등의 문제로 열띤 토론을 하고 있을 때 또 새로운 요소들이 이 토론에 추가되었다.

예를 들어, 어떤 학자들은 중국의 문화전통이 인구변화에 중요한 작용을 하였다고 여겼다. 중국 전통문화 중에는 인구성장에 도움을 주는 요소도 있고 계획출산을 진행하는데 도움이 되는 요소도 있다. 특히 출생문화가 중국인구 변화의 작용에 대한 발생과 발전은 장기적이고 점진적으로 복잡하게 상호 융합되고 다양한 요소들의 상호작용이 공존하는 과정이다. 하지만 현재의 출생문화의 중요한 내용 중 하나인 계획출산정책의 실시는 중국의 '높은 출생, 낮은 사망, 높은 성장'에서, '낮은 출생, 낮은 사망, 낮은 성장'으로 나아가는 인구의 변화과정을 크게 단축시켰다(뤄홍핑, 1996. 스하이룽, 2001. 왕수신, 2001. 양쿼이푸, 2001. 양즈훼이, 2001).

본 책에서는, 현재 중국인구 변화의 원인에 대한 연구에는 3가지 방면에서 부족한 점이 존재한다고 하였다. 첫 번째는 영향요소에 대한 이해가 많이 좁다는 점이었다. 제도요소에는 계획출산제도에 국한할 것이 아니라 사회제도와 경제제도 등도 포함해야 한다. 문화요소는 출생문화뿐만 아니라 문화전체를 포함해야 한다.

두 번째는 각종 요소에 대한 분석이 많이 분산되었다는 점이다.

중국인구 변화과정 중에 각종 요소는 상호 연관될 뿐만 아니라 줄곧 상호작용을 하였다. 누가 중요하고 어느 단계가 중요하다는 상황은 존재하지 않는다. 인구변화 원인이 다른 단계에서의 표현이 서로 다른 것은 각종 요소의 작용방향과 한도가 만든 것이다. 세 번째는, 분석이 그다지 깊지 못하다는 점이다. 대부분의 연구들은 종종 정량연구의 방법을 택하여 각종 요소들이 영향이 있는지의 여부를 분석할 뿐이었지, 영향요소들이 인구변화에 어떻게 작용하는지에 대해서는 아주 적게 토론하였다. 그리하여 본 책에서는 위의 문제들에 대하여 현대화와 현지화라는 두 가지 차원에서 중국인구 변화 원인 중 마땅히 포함해야 할 사회, 경제, 제도, 문화 각 요소들에 대하여 체계적인 재통합을 진행하여 그들 간의 상호관계와 인구변화 영향에 대한 구체적인 작용메커니즘을 집중적으로 분석하였다.

5. 중국인구 변화의 결과 연구

현재, 사회경제 결과에 따른 중국의 인구가 변화하는 연구에 관해서는 노령화와 인구복리 두 가지 방면에 집중 되어있다.

학자들은 인구의 변화과정 중 사망률과 출생률의 연이은 하락은 인구연령 구조가 끊임없이 노화되게 하였음을 인식하였다. 이는 인구변화를 겪는 나라들의 보편적인 법칙이었다. 일반적으로 인구변화 초기에는 인구 노령화 추세가 나타나고, 변화 중기에는 출생률 하락이 노령화를 형성하며, 변화 말기에는 사망률 하락이 노령화를 형성하였다(천웨이, 1993. 뤄춘, 2002. 우종관, 1988). 하지만 중국의 노령화는 중국인구 변화의 쾌속성과 초월성으로 인하여 두 가지 특징을 나타낸다. 첫 번째는 노령화의 속도가 빠르다는 점이다. 두 번째는 사회경제수준이 비교적 낮은 상황에서 노령화 과정이 시작되었다는 점이다(웬페이, 꿔씨뽀우, 2009. 린뽀우, 2009).

일부 학자들은 인구변화가 가져올 노인문제, 예를 들어 노인빈곤, 사회보장제도에 대한 압력 등에 대하여 연구를 하였다(천다이인, 쪼우떠쩌우, 2006. 쑨치샹, 주권성, 2008. 양쥐화, 2007). 인구복리에 대한 연구 또한 인구변화 경제영향연구의 주요한 관심사다. 인구복리이론은 신속하게 중국에 도입되어 중국의 인구의 변화과정과 경제발전과정을 한 곳에 연결하였다. 연구가들은 세계의 경험을 근거로 해서 볼 때, 인구변화는 일정한 시기 내에 노동력 공급의 풍족, 인력자본 투자의 증가, 과학기술의 진보, 저축효과 등 일련의 경제발전을 촉진시키는데 유리한 요소들을 가져올 것이라고 인식하였다. 이러한 인식에 의해서 중국의 인구복리에 대한 이론과 실증분석을 하였던 것이다(차이팡, 2004. 왕더원, 차이팡, 짱쉐훠이, 2004. 왕진잉, 양레이, 2010. 쉬페이, 천엔, 2008. bs, 2003). 중국인구 변화과정의 완성에 따라 인구복리이론과 류이스(劉易斯)의 2차원 경제이론 및 중국 노동력 부족과 임금상승의 실제상황에 근거하여 일부 학자들은 인구복리는 금방 없어지고 류이스의 변환점이 올 것이라는 판단을 제시하였다(차이팡, 2010. 떠우양, 2010. 탕썅쭌, 런뽀우핑, 2010).

서방은 인구변화의 과정이 중국보다 빨랐기에 인구변화로 인하여 가져오는 일련의 사회경제적 영향을 자연히 먼저 겪었다. 이 과정에서 많은 새로운 이론을 발전시켰다. 그러나 중국 시회경제 등 각 방면에 대한 인구변화의 영향은 지금 점차적으로 나타나는 과정 중에 있다. 총체적으로 중국학자들의 인구변화 영향에 대한 연구는 아직도 서방의 이론을 참고하거나 운용하고 있다. 한편으로 일부 이론은 중국에서의 적용성에 대하여 분석을 제대로 하지 못하였다. 또 다른 한편으로 중국의 자체적인 현상에 대한 이론분석은 부족한 실정이다.

예를 들어 인구변화는 출생 성별비율 이 높아짐을 초래하였다. 이는 아시아 일부 국가의 인구의 변화과정 중 나타난 것이다. 하지만 중국의 출생 성별비율 이 높아진 시간과 정도는 세계에서 보기가 드물다. 출생 성별비율 현상과 인구변화 관계의 규칙성에 대한 연구가 중국 내에서는 아주 적어 이제 걸음마 단계에 있다(천웨이, 리민, 2010. 리수줘, 엔사오화, 리웨이둥, 2011). 현재 형성된 이러한 규칙의 일반 적용성, 특수성과 근본적인 원인에 대한 연구는 거의 공백 상태에 있다고 하겠다.

6. 중국인구 변화의 패턴연구

패턴은 어떠한 문제를 해결하는 방법론을 일컫는다. 즉, 어떠한 문제를 해결하는 방법을 총결하여 이론으로 종합하는 정도이다. 중국은 인구의 변화과정 중에 각종요소의 영향을 받음으로 인해 많은 문제들이 생겼다. 사람들은 이러한 문제들에 관하여 많은 방법과 조치를 통하여 해결하고자 하였다. 서로 다른 구체적인 원인, 특징, 문제로 인한 중국인구 변화의 패턴은 이러한 특징, 원인과 문제에 대하여 문제해결에 대한 방법과 과정의 추상적인 이론을 말하는 것이다.

중국인구 변화패턴에 대한 연구는 중국과 기타 국가의 인구의 변화과정의 비교 연구에서 시작되었다. 일부 학자들은 중국의 인구변화 방식과 유럽의 인구변화 방식을 비교하여 유럽은 선 발전 후 계획출산의 자발성 방식이고, 이와는 달리 중국은 선 계획출산 후 발전의 정책성 방식에 속한다고 여겼다(왕디, 2000. 위안신, 2001). 비록 모두 사회경제 발전 수준이 높지 않은 조건에서 인구변화의 '아시아패턴'을 수립하는 것을 시작했지만, 일부 학자들은 중국과 일본, 인도 등 기타 아시아 국가들과의 비교를 통해 중국패턴의 특징은 강력한 정책 통제라는 것을 발견하였다(쑨화이양, 우초우, 1994. 왕궤이신, 2002).

이에 따라 인구변화의 중국패턴은 대동소이 하다는 꼬리표가 붙었다. 유럽의 자발성과 비교했을 때 재촉형 혹은 유도형으로 부르고, 또는 내생성과 보외법이라고 부르며. 또는 자연성과 상대 간섭형으로 부르며, 또는 사회경제 발전의 주도형과 상대 제도형, 인구 통제형 또는 사회자각 통제형으로 부른다(훙잉팡, 1985. 류타이홍, 2001. 뤄롱칸, 1999. 송루이라이, 1991. 텐신웬, 1996. 왕쉐이, 2006. 양즈훼이, 1992. 쭈꿔홍, 1989). 이러한 패턴의 묘사는 공통적인 함의를 표현하게 하였다. 즉, 중국의 인구변화는 상대적으로 낙후한 경제발전 수준에 근거하여 계획출산정책의 간섭이 인구변화의 과정을 빠르게 하여 결국 성공적으로 인구변화의 완성을 이루었다는 것이다. 또 일부 학자들은 서로 다른 각도에서 인구변화의 중국방식을 인식하였다.

일부 학자들은 중국패턴의 특징은 낮은 출생의 안정기에 많다고 제기하였다(이에밍더, 2008. 우창핑, 무꽝쭝. 1995). 일부 학자들은 '계획출산 업무를 사회주의 시장경제가 발전하는 것, 상호 결합하여 군중들이 부지런히 일하여 부유해지는 것, 상호 결합하여 문명화 되고 행복한 가정을 꾸리는 것'을 '3결합 패턴' 곧 중국의 특수 패턴이라고 여겼다(양즈훼이, 1998). 또 일부 학자들은 일부 지방경험에 근거하여 '소남 패턴'등 변화 패턴을 총결해 내었다(려루홍꽝, 1992. 무꽝쭝, 1993).

현재 중국인구 변화 패턴에 대한 연구는 아직까지 중국인구 변화과정의 특징과 원인묘사측면에만 머물러 있다. 다라서 인구문제를 해결하는 방법에 대한 연구는 아직까지 미숙하다고 하겠다. 계획출산정책을 이용하여 출생을 간섭하는 행위는 많은 국가에서 이미 사용하였다. 그리하여 이러한 개괄은 중국 패턴의 진정한 특이점을 찾지 못하고 있다. 어떠한 배경에서 어떠한 원인으로 어떠한 방식을 취하여 어떻게 이러한 방법을 실행했는지에 대해 연구하는 것이 비로소 인구변화의 중국 패턴을 찾는 연구중점이 되인 것이다. 마땅히 중국인구 변화 패턴은 완전한 시스템의 경험에 의한 총결이어야 하며, 간단한 '계획출산정책' 또는 '간섭통제'로 종합할 수 있는 것은 아니다. 중국인구 변화의 방식에 대하여 정확한 종합적 결론을 내려면 반드시 중국인구 변화의 과정에 대하여 더욱 깊이 있고 상세한 분석을 해야 하는 것이다.

7. 중국인구 변화 연구에 대한 소결

중국인구 변화에 대한 연구는 헤아릴 수 없을 정도로 많다. 그 내용은 매우 광범위하여 중국인구 변화의 이론, 과정, 특징, 원인, 결과와 패턴 등 여러 방면이 다 포함된다. 하지만 총체적으로 봤을 때 이러한 연구들은 아래 3가지 방면에서 부족한 점이 있음을 알 수 있다.

첫째, 체계성이 부족하다는 점이다. 각종 인구변화 내용에 대한 연구는 각종 성과에서 분산되어 나타난다. 하지만 모두 중국인구 변화의 일부에만 연관되고 체계적인 연구시각으로 이러한 내용을 통합하는 데에는 부족하였다. 기존연구 중 어떤 연구는 단지 중국인구 변화를 연구하는 단계이고, 어떤 연구는 중국인구 변화의 원인만 연구하고 어떤 연구는 중국인구 변화의 특징만 연구하여 더욱 높은 측면에서 이 문제를 바라보지 못하였고, 일련의 내용들은 중국인구 변화 길의 탐구과정, 기본과정, 기본경험과 변화규칙 등을 포함하는 완전한 체계로써 체계적으로 전체 인구변화의 길에 대하여 반드시 종합해야 함을 인식하지 못하였다.

둘째, 깊이가 부족하다는 점이다. 많은 연구들은 다만 인구변화 이론에 대하여 간단한 응용을 하였을 뿐 진일보된 깊은 분석이 부족하다.

예를 들어, 중국인구 변화의 원인을 연구 할 때 단순하게 전통적인 인구변화 이론의 분류방식을 적용하여 경제, 사회, 제도, 문화 등 몇 가지 방면으로 귀납하여, 인구변화에 영향을 주는 주요원인 또는 일부 시기 내의 주요원인에 대하여 판단을 진행 할뿐 진일보하여 이러한 영향요소의 상호관계, 작용범위와 작용시스템 등의 내용을 깊게 연구하지 못하였다. 또 다른 예를 들면, 중국인구 변화의 패턴 특징을 연구할 때 종종 '간섭성' 등 겉핥기식으로 간단한 개괄 측면에 머물러 있어 이러한 개괄 뒷면에 더욱 풍부한 정보 및 간섭하는 배경, 수단, 조정, 효과 등의 내용을 포함하여 깊게 발굴하지 못하였다. 하지만 이런 것들이 바로 중국인구 변화 패턴의 특징인 것이다.

셋째. 창의력이 부족하다는 점이다. 한 방면으로 이미 형성된 서방 인구변화 이론에 너무 의존하여 시대의 변화와 중국의 실정과 다른 이론을 응용함으로서 적용성이 부족하다는 것이다.. 다른 한편으로는 중국화의 자발적인 이론이 부족하다는 것이다.

중국의 특수한 현상에 근거한 연구에 대하여 새로운 이론을 형성하지 않았는데, 예를 들어, 인구변화의 결과를 연구할 때 아직도 중점을 '노령화', '인구복리'와 같은 서방에서 성숙된 이론의 응용을 염두에 두고 인구변화 규칙의 각도에서 현재 중국의 서방인구 변화과정과 다른 일부 독특한 인구현상(예를 들어 출생률 성별이 장기적으로 높은 현상)에 대하여 깊은 연구를 하지 못하였던 것이다.

그리하여 위의 몇 가지 방면의 부족함에 근거하여 본 책에서는 더욱 종합적인 시각에서 인구변화의 중국의 길(중국인구 변화의 주요내용, 탐구과정, 기본경험과 발전규칙 등 포함)에 대하여 체계적인 연구를 하려는 것이다. 탐구과정을 연구 할 때는 항상 체계성, 깊이, 창의성을 강조하였다. 중국인구 변화의 길에 대한 탐구과정의 연구는 전체적인 사회발전의 배경 아래에서 인구자체의 변동특징과 사회경제, 제도, 문화 등의 요소의 발전특징을 결합하여 중국인구 변화 길의 단계구분을 진행하였다.

더욱 중요한 것은 중국인구 변화 현상의 특수성을 연구할 뿐만 아니라 이러한 현상이 발생하게 된 원인의 특수성을 연구한다는 것이다. 현대화와 현지화 두 가지 차원에서는 인구변화에 영향을 끼치는 역량을 통합하여 집중적으로 각 역량의 상호관계, 작용범위와 작용시스템을 고려할 예정이다. 인구변화 규칙의 각도에서는 인구변화와 출생성별 비율이 비교적 높은 것과의 관계문제를 연구한다. 탐구과정에 대한 연구기초 위에서는 진일보된 중국인구 변화의 기본경험과 변화규칙을 다듬어 귀납하고자 한다.

기본경험의 총결에 대한 연구는 표준화된 '간섭성' 또는 '계획출산정책' 연구를 세분화하고, 심도 있게 연구하여 어떠한 배경에서 무슨 원인으로 어떠한 방법을 선택하여 인구조정을 하였는지, 어떻게 이러한 방법을 실시하였는지를 연구하는 일련의 경험의 체계적인 총결이다. 창의성에 대한 연구는 중국인구 변화과정 중의 일반성과 특수성을 구분하여 중국 특유의 인구변화 현상을 개발하고 깊이 있게 파헤쳐 중국화 된 인구변화의 이론체계를 구축하고자 하는 것이다.

제 3장
세계적 범위 내에서 인구변화의 진화발전

제1절.
인류발전 역정의 신기원

인류에게는 몇 백 만 년의 기나긴 역사발전 과정에서 '제약'과 '생존'이라는 두 가지 핵심 단어가 줄곧 연결되어 있었다. 인류의 전체적인 변화과정에서 사람들은 대부분의 시간을 불안정하고 위급한 환경에서 지내왔다. 열악하고 험한 생존조건은 강력한 구속역량을 형성하였고, 어떠한 재해, 기근, 질병 및 인류자체의 전쟁 또는 기타 종류의 생물의 자원에 대한 쟁탈전은 모든 인류에게 치명적인 타격을 초래할 수 있었다.

이러한 상황에서 인류 개개인들에게는 기억하고 이용하고 생활환경을 변화하는 것이 바로 생존이었다. 하지만 인류 집단에게는 생식이 바로 생존이었다. 아주 긴 시간 동안 제약과 생존 두 가지 역량 간에는 아주 교묘하고 균형 잡힌 관계를 유지하였다. 변화무쌍한 각종 사망위기는 빈번하게 불규칙적으로 나타났다. 인류는 끊임없는 번식을 통하여 손실을 메우고 또한 환경과의 장기적인 투쟁에서 생존능력을 확장하였다. 인구성장은 한편으로는 무질서하지만 순환주기가 존재하는 특징을 가지고 있다.

이러한 상황은 백 년 넘게 지속되다가 18세기가 되어서야 거대한 변화가 발생하였다. 비록 기근, 질병, 전쟁 등의 인류생명을 위협하는 사망요소가 여전히 존재하지만 그 발생하는 피해의 빈도와 강도가 많이 하락하였고, 이 모든 것은 사람들에게 환경과의 끊임없는 투쟁과정에서 더욱 강한 생존능력을 쌓게 되는 도움을 얻었다. 기술의 진보는 식물의 종류와 생산량을 날이 갈수록 풍부하게 하였을 뿐만 아니라 나아가 일정부분에서는 급성질병의 전파 속도와 파괴 정도를 통제하였다. 경제수준의 향상은 사람들의 생활을 더욱 풍족하게 하였고 신체적 체질과 영양상황이 끊임없이 개선되었으며, 또한 교육수준의 향상은 간단하고 효과적으로 생명을 연장시키는 위생습관과 생활방식을 보급하게 하였다. 한순간에 '생존'의 힘이 잠시 우세를 차지하고 인류의 사망률은 신속히 하락하여 예상 수명이 현저히 향상되었다.

지속적으로 천천히 성장하던 기존의 인구수가 급속하게 팽창하는 기세는 우리에 갇힌 야수가 뛰쳐나온 듯 했다. 마치, 몇 백만 년 동안 숨겨왔던 성장역량이 역사의 한 찰나에 모두 방출되는 것 같았다. (도표 3-1 참조)

비록 각 대륙의 인구성장의 시작 시점은 다르지만 잇따라 모두 급속한 성장을 보였다. (도표3-2 참조) 하지만 한동안의 번영과 동등한 인구성장은 이때의 사람들에게 깊은 우려와 공포를 가져다 주었다. 그들은 제약과 생존의 평형이 사라져서 인구수가 무제한적으로 성장함에 따라 마지막에는 지구상의 모든 자원을 소진하게 되고 그때가 되면 사람들은 또다시 치명적인 재난이 닥칠까봐 걱정하게 되었다. 하지만 이후에 많은 국가에서 연이어 발생한 출생률 하락현상은 그

지역의 인구가 안정적으로 성장하는 상태로 회복하게 하였다. 달라진 것은 이때의 생육수준 변동은 외부환경에 의한 제약의 결과가 아니고 인류자체가 주도적으로 통제한 결과였다. 비교적 높은 사망률과 출생률 간의 평형상태는 비교적 낮은 사망률과 출생률 간의 평형상태로 바뀌었다. 이것이 바로 인류가 겪은 인구의 변화과정이었다. 이 과정에서 인구의 발전은 무질서에서 질서로 발전하였다. '제약' 과 '생존' 두 가지 힘의 태도는 수동적으로 그냥 내버려두는 것에서 주도적으로 통제에 적응하는 것으로 발전하였다.

이러한 의미에서 볼 때, 인구변화는 마치 '제약' 과 '생존' 두 가지 힘이 장기적으로 함께 작곡한 교향악장 중간에서 파생된 변주곡과 같이 마지막에 다시 주선율로 돌아가게 했다. 하지만 그것이 나타낸 의미는 이미 앞 단락에 대한 간단한 중복이 아니라 변화 중에서 얻은 일종의 승화였다. 인구발전은 이미 새로운 시대에 들어섰던 것이다.

표3-1 세계인구성장 상황(기원전 만 년에서 기원 2000년까지)

	기원전 1만년	기원 원년	1750년	1950년	2000년
인구(억)	0.06	2.52	7.71	25.21	60.55
연 성장율(%)	0.08	0.37	0.64	5.94	17.52
두배성장시간(년)	8 369	1 854	1 083	116	40
출생율(%)	114	410	276	127	73
예상 수명	20	22	27	35	56

표3-2 각 대륙 인구성장 상황(기원전 400년부터 기원 2000년)

년도	아시아	유럽	아프리카	아메리카	대양 주
기원전400년	0.95	0.19	0.17	0.08	0.01
기원 원년	1.70	0.31	0.26	0.12	0.01
200	1.58	0.44	0.30	0.11	0.01
600	1.34	0.22	0.24	0.16	0.01
1000	1.52	0.30	0.39	0.18	0.01
1200	2.58	0.49	0.48	0.26	0.02
1340	2.38	0.74	0.80	0.32	0.02
1400	2.01	0.52	0.68	0.39	0.02
1500	2.45	0.67	0.87	0.42	0.03
1600	3.38	0.89	1.13	0.13	0.03
1700	4.33	0.95	1.07	0.12	0.03
1750	5.00	1.11	1.04	0.18	0.03
1800	6.31	1.46	1.02	0.24	0.02
1850	7.90	2.09	1.02	0.59	0.02
1900	9.03	2.95	1.38	1.65	0.06
1950	13.76	3.93	2.24	3.32	0.13
2000	36.11	5.10	7.84	8.29	0.30

세계인구발전의 경험에서 볼 때 영향력 있는 인구변화의 과정은 사망률 하락으로부터 시작되었다. 일정한 시간이 지난 후에는 출생률도

따라서 하락하여 인구가 한동안 급속한 성장에서 이후에는 속도가 느려지고 안정적인 방향으로 향했다. 현재 인구변화의 현상은 벌써 세계 구석구석에 분포되어 전 세계적인 추세로 발전되었다. 예상한 바에 따르면, "전 세계는 2100년 이전에 인구변화의 과정을 완성할 것이다(Ronald Lee, 2003)"라고 하였다. 하지만 이러한 변화는 세상의 모든 국가에서 동시에 발생하는 것이 아니라 전 세계적인 범위 내에서 끊임없이 확산되는 추세를 나타낼 것으로 보았다.

사망률의 하락은 18세기 중기에 시작되었다. 먼저 북유럽과 서유럽지역에서 나타났고 이후에 유럽의 기타지역과 유럽의 해외식민지로 확산되었으며, 나아가 신흥공업국가와 대다수 개발도상국은 20세기가 되어서야 인구의 변화과정이 시작되었다. 도표 3-3에서는 일부 국가와 지역의 사망률이 하락하기 시작하였고 인구변화가 시작하는 시간을 열거해 놓았다. 그것은 인구인구의 변화과정이 세계로 확산되는 기본맥락을 나타낸 것이다. 유럽의 일부 국가들은 사망률 하락 몇 십 년 후에는 출생률도 하락현상이 나타나기 시작했다. 처음에는 아주 느리다가 20세기 초 이후가 되어서는 점차 빨라졌다. 19세기 중 · 후반기에는 아메리카, 캐나다, 호주, 뉴질랜드 등의 국가에서도 출생의 변화과정이 시작되어 유럽 국가들과 거의 비슷하게 되었다.

1960년도 이후에는 일부 신흥공업화국가와 개발도상국들도 출생의 변화과정이 시작되었다. 동아시아에서는 신속하게 나타났고 남아시아와 라틴아메리카에서는 비교적 느리게 나타났다. 전체적으로 2차 대전 이후 출생변화를 시작한 국가들의 변화가 완성되는 속도는 비교적 빨리 변화를 시작한 유럽과 아메리카보다 현저히 빨랐다(Casterline,2001). 현재에는 사하라 이남의 아프리카국가를 포함한 세상에서 제일 발달하지 못한 국가와 지역에서도 이미 그들의 출생 변화과정을 시작하였다. 이러한 지역을 볼 때, 사람들은 전 세계의 발전경험을 하나의 틀로 삼아 그들이 인구변화가 발생할지 여부에 대하여 토론하지 않았다. 왜냐하면 이것은 이미 말할 필요가 없는 잘 알 수 있는 추세이기 때문이다. 사람들의 관심은 그들 인구변화의 속도와 완성의 시간이었다. 도표 3-1에서는 서로 다른 시점에서 각 대륙에서의 출생변화를 시작한 국가 수량을 반영하였다. 대부분의 유럽 국가는 1930년대에 모두 출생변화의 과정을 시작하였다. 아시아 국가들은 1950~60년대에 집중되었고 아프리카 국가들은 더 늦었다.

표 3-3 일부 나라와 지역 인구변화의 시작 시간

나라 및 지역	시작시간(년도)
프랑스	1785
스웨덴	1810
미국	1820
이탈리아	1876
러시아	1896
일본	1900
중국 대만	1920
멕시코	1920

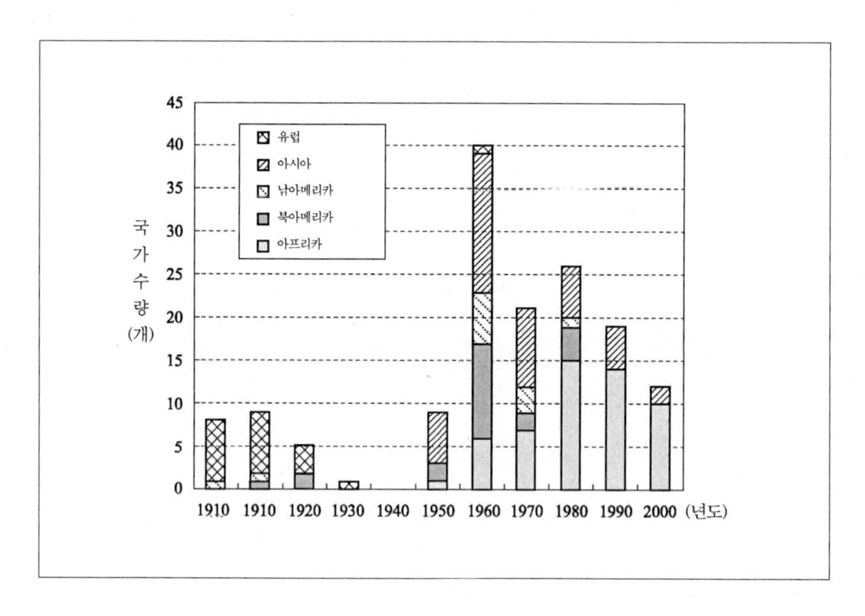

도표 3-1 각 대륙 출생률 변화 시작 시간

일찍이 학자들은 인구변화의 발생시간에 근거하여 전 세계 140여 개 국가와 지역을 4가지 유형으로 구분하였다. 첫 번째 유형은 인구변화의 '선구'(forerunners)국가이다. 그들의 사망률은 1895년부터 하락하기 시작하였고, 높은 출생률은 1905년부터 하락하기 시작하였다. 두 번째 유형은 '추종자'(followers)국가이다. 그들의 사망률과 출생률이 하락하기 시작한 시간은 각각 1925년과 1950~1960년이다. 세 번째 유형의 '추적'(trailers)국가의 사망률은 1930~1940년에 하락했고 출생률은 1965~1975년에 하락하였다. 마지막 유형은 '뒤늦음'(latecomers)국가이다. 그들의 사망률 변화는 1945~1950년 이후에 시작하였고 출생률 변화는 1980년 이후에(David S. Reher,2004) 발생하였다. 도표 3-2에서는 이 네 가지 유형의 나라와 지역출생률,

사망률과 자연성장률의 변화에 대한 비교를 통하여 그들의 서로 다른 인구 변화과정을 나타냈다.

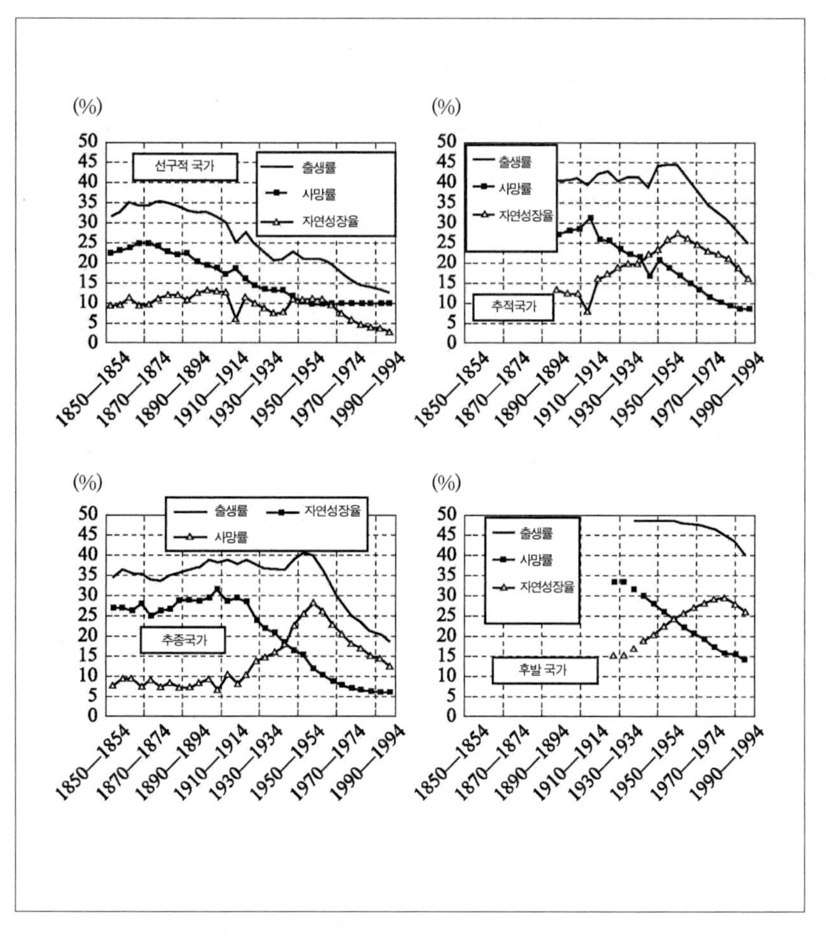

도표 3-2 네 가지 유형의 인구변화 국가와 지역별 출생률, 사망률과 자연성장률 변화상황

이러한 구분은 이 지역의 인구변화의 시간상의 차이점을 나타냈다.

각 유형의 나라들을 좀 더 관찰하여 일정한 지역과 경제발전 정도의 분포규칙(도표 3-4 참조)이 존재함을 발견하였다. 첫 번째 유형은 주로 유럽 및 그 해외식민지를 포함하여 전통적인 선진국 또는 지역에 속한다. 두 번째 유형의 주체는 아시아국가와 지역으로 신흥공업국가와 지역에 속한다. 세 번째 유형은 주로 아시아와 라틴아메리카의 개발도상국 또는 지역을 포함한다. 네 번째 유형의 주요구성 일부는 아프리카의 개발도상국 또는 지역이다. 선진국, 신흥공업국가와 개발도상국은 비록 동일한 인구변화 사건을 겪었지만 인구의 변화과정이 발생한 시대가 다르고 각 나라의 사회경제 발전상황, 정책, 문화전통 등의 차이로 인하여 그들의 인구의 변화과정이 선명한 시대의 특징과 본토의 특징을 나타냈다. 이 장의 아래 몇 장과 절에서는 각각 이 지역의 인구의 변화과정을 뒤돌아보고 또한 그들의 인구 변화과정에서 나타난 일반규칙과 특수규칙에 대하여 종합하였다.

표3-4 각 대륙 인구변화 네 가지 유형국가 및 지역별 수량 (단위:개)

	선국적 국가	추적국가	추종국가	후발국가	합계
아프리카	0	2	11	39	52
북아메리카	4	4	10	4	22
남아메리카	2	1	8	1	12
아시아	0	10	18	12	40
유럽	18	0	1	0	19

제2절
선진국의 전통적인 인구변화

여기서 이야기하는 전통선진국은 비교적 일찍 공업화를 실현한 선진국을 말한다. 주로 유럽과 그 외의 해외국가를 포함한다. 이 나라들은 17, 18세기에 벌써 자산계급혁명과 개혁을 진행하였고 사회경제 발전수준이 비교적 높으며 세계에서 최초로 인구변화가 발생한 최전방 기지이다.

18세기의 유럽은 거센 바람이 불고 대변동이 일어나는 역사시대에 당면하여 있었다. 그들은 전 세계의 신구제도 교체의 문턱에 서 있었기에 경제, 정치, 인구 등 각 방면에서 모두 거대한 변혁을 직감하고 있었다. 교통의 개선은 상업 활동, 식민지 확장과 노예매매로 번영하였고, 각 나라의 자본주의 경제는 이러한 조건을 불러일으킴으로써 급속히 발전하였으며, 자본주의 정치제도도 뒤따라 형성되었다. 농업혁명은 농작물의 생산량을 증대시켰다. 비록 식물부족의 문제를 철저히 해결하지는 못했지만, 유럽은 대규모 기근이 발생하는 역사를 영원히 종결시킬 수 있었다. 공업혁명은 수공업에서 기계생산으로의 중대한 변화를 완성하였고, 생산효율이 대폭 향상되었다. 계몽운동의 빛이 전 유럽을 비추어 지식과 이성이 추앙을 받고 많은 사람들에 대한 문화 확산은 그것의 공공성을 높였다.

이때의 유럽은 마치 세계변혁의 엔진과도 같았다. 자산계급혁명, 계몽운동, 농업혁명, 공업혁명과 같은 일련의 세계적인 의미를 가진 역사적 사건들은 이로부터 비롯되었다.

이 대륙이 세계인구 변화과정의 선도적 역할을 하였다. 이전에는 세계의 기타 지역과 같이 유럽도 가혹한 기후, 기근, 바이러스와 전쟁의 괴롭힘을 당하였다. 그리하여 인구 숫자는 제자리에서 맴돌고 성장이 느렸다. 예를 들면, 1347~1353년에 현재의 역사학자들에게는 '흑사병'이라고 일컫는 재난이 유럽 전체를 휩쓸었다.

유럽 전체 인구의 1/4~1/3이 모두 이 전염병에 의해 사망했다(科林 麥克伊韋迪, 理查德 琼斯, 1992). 하지만 18세기 중엽부터 유럽인구

표3-5 일부 유럽국가의 인구 수(1600~1850년)

	1600년	1750년	1850년
잉글랜드	4.1	5.8	16.6
네덜란드	1.5	1.9	3.1
독일	12.0	15.0	27.0
프랑스	19.6	24.6	36.3
이탈리아	13.5	15.8	24.7
스페인	6.7	8.6	14.8

성장의 속도는 빨라지기 시작하였고, 각국의 인구수는 모두 현저한 성장이 있었다.(도표 3-5 참조) 1600~1750년 기간에는 유럽인구의 연평균 성장률은 0.15%밖에 되지 않았으나, 1750~1850년 기간에는 0.63%까지 성장하였다(馬西姆 利維巴茨, 2005).

이러한 성장은 이 지역인구 변화과정의 시작을 상징하며 또한 세계인구 변화의 신기원을 열었다. 성장의 원천은 사망률과 출생률의 차이에서 비롯된다. 한편으로는 사망률이 신속히 하락하였고, 다른 한편으로는 출생률이 비교적 높은 수준에 머물고 있었으며 심지어 어느 정도까지는 성장도하였다. 18세기 초부터 앞 문장에서 언급된 일련의 정치, 경제, 문화의 변화는 유럽 각국의 사망률 하락을 가져왔고 농업혁명과 경제시스템 방식의 진보는 농산품의 종류와 생산량을 대폭 확충하였다.

영양상태의 개선과 의료기술의 진보는 전염병 파괴와 대규모 전염병의 발생빈도를 어느 정도 하락시켰으며, 문화공공성의 증강은 전염병 예방지식과 실천의 전파에 도움이 되었다. 이러한 요소들의 공동작용 하에서 유럽의 많은 국가는 사망률이 하락하는 상황이 나타났다. 언급할 필요성이 있는 것은, 유럽 각국의 사망률 하락은 돛단배처럼 평탄한 과정이 아니었다. 질병과 전쟁의 위협요소가 여전히 존재함으로 인하여 사망률의 변화추세는 기복이 심한 과정에 있었다. 하지만 시간의 흐름에 따라 기복의 폭이 점차 작아지고 또한 이 과정에서 하락하는 추세가 나타났다. 도표 3-6에서 제시한 것처럼 스웨덴과 프랑스의 사망률 차이에 대한 수치는 기복상태에서 느리게 하락하는 추세를 나타내고 있었다.

사회, 경제, 문화 등의 방면에서 나타난 진보도 출생률의 하락을 촉진케 하였다. 다만 이러한 하락은 사망률의 하락보다는 시간이 좀 뒤처져 있었다. 1890년에서 1920년 기간에는 대다수 유럽 국가들의 출생률이 모두 하락하였다. 만약 기혼출생률의 10% 하락을 출생률 하락의 상징이라고 본다면, 도표 3-3에서는 유럽 각국과 각 성의 출생률 변화가 시작된 시간 변천과정을 분명하게 보여주고 있다.

표3-6 스웨덴과 프랑스의 사망률(18~20세기)

시기 (년도)	스웨덴			프랑스		
	최대치(%)	최소치(%)	차이	최대치(%)	최소치(%)	차이
1736—1749	43.7	25.3	18.4	48.8	32.3	16.5
1750—1774	52.5	22.4	30.1	40.6	29.5	11.1
1775—1799	33.1	21.7	11.4	45.2	27.1	18.1
1800—1824	40.0	20.8	19.2	34.4	24.0	10.4
1825—1849	29.0	18.6	10.4	27.1	21.1	6.0
1850—1874	27.6	16.3	11.3	27.4	21.4	6.0
1875—1899	19.6	15.1	4.5	23.0	19.4	3.6
1900—1924	18.0	11.4	6.6	22.3	16.7	5.6
1925—1949	12.7	9.8	2.9	18.0	15.0	3.0
1950—1974	10.5	9.5	1.3	12.9	10.5	2.4

1780년에 시작해서 1940년에 끝날 때까지 대략 60%의 지역에서 19세기말 20세기 초에 제일 집중되었고, 1890~1920년에 출생률 변화가 시작되었다. 1850년에 하락한 전 지역은 대다수가 프랑스에 속했다. 그곳의 출생률 변화과정은 유럽의 기타 지역보다 현저하게 앞섰다. 통계에 따르면 1870년에서 1930년간에 유럽 전체의 기혼출생률은 평균 40% 하락하였다(A.J.Coale, S.C.Watkins, 1986). 하락의 원인 중 하나는 현대화와 도시화 진행의 추진으로 인하여 사람들은 자기시간의 경제가치 향상이 자녀양육의 경제 원가를 높이고, 가정 양로기능의 약화는 자녀양육의 수익을 감소시키는데 있었다. 생활방식의 변화는 사람들에게 여가시간에 대한 수요를 증가시켰고 전통종교 또는 지역사회의 통제는 사람들이 받는 출생부담을 감소시켰다. 더 나아가 출생을 통제하는 기술의 진보는 이러한 요소들의 종합적인 작용아래 각국의 출생률은 예외 없이 모두 하락하는 추세를 나타냈다.

유럽의 인구변화라는 개념을 거듭 언급 하지만 유럽 내 각국의 인구변화의 차이를 무시할 필요가 있다는 것은 아니라는 점이다. 프린스턴(普林斯頓) 인구연구소에 협조하여 조직한 유럽 출생률 프로그램의 연구결과에 근거하면, 출생률의 변화는 유럽 내부에서도 뚜렷한 시간적 차이가 존재하고 있다. 그것은 제일 먼저 프랑스에서 나타났고 후에는 북유럽의 덴마크, 노르웨이, 스웨덴과 서유럽의 잉글랜드, 벨기에, 네덜란드 등을 포함한 기타 비교적 인구변화가 발달한 유럽지역으로 확산되었다. 더 나아가 남유럽의 스페인, 이탈리아, 포르투갈과 동유럽의 각국으로 확산되었다. 나중에는 지리 및 문화전통의 외곽지역으로까지 뻗어나갔다(지중해, 아일랜드).

또한 각국은 변화가 시작할 때의 사회경제수준도 모두 달랐다. 인구의 변화과정을 촉발한 통일된 조건은 존재하지 않았다(A.J.Coale, S.C.Watkins, 1986).

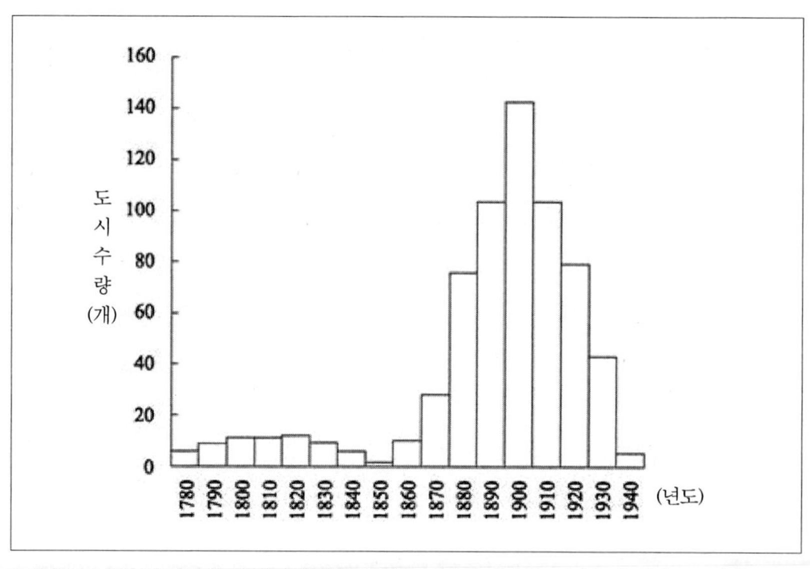

도표3-3 유럽 각 나라와 각 성의 출생률 변화를 시작한 시간분포(기혼 출생률 10%하락)

인구의 변화과정 중에는 유럽을 전체로 봤을 때 비록 내부적으로 차이는 존재하지만 비슷한 부분이 많이 존재한다. 그중에 제일 뚜렷한 점은 후에 인구의 변화과정이 발생한 지역과 비교할 때 유럽인구 변화과정의 시간은 비교적 길고 전체 과정이 매우 부드럽다는 것이다. 사망률이나 출생률, 자연성장률은 모두 그 변화가 매우 부드럽다. 이 또한 유럽 각국 인구변화의 과정 중에서 우선순위를 드러냈다. 19세기 중기의 경제발전이 가져온 영양 개선이나 또는 전염병 통제능력의 발전은 매우 힘들고 느렸다. 각종 전염병과 전쟁은 그때까지도 유럽 대륙에서 기승을 부렸다. 다만 발생빈도와 파괴정도가 어느 정도 떨어졌다. 이것은 유럽의 사망률 하락 과정에서의 변화가 점진적인 특징으로 나타나게 되었다.

인구변화 초기에는 다른 대륙의 나라들과 비교하여 유럽 각국의 초혼연령이 비교적 늦어졌고 결혼률 또한 비교적 낮았다. 이는 어느 정도 출생수준을 억제하는 작용을 하였다. 18세기 초부터 피임기술이 나타나기 시작하여 19세기까지 이러한 기술은 유럽 전체에 보급되었으며, 사람들은 출생구조를 조절하기 시작하여 혼인통제에서 피임통제의 변화를 실현하였다. 바로 혼인통제 단계의 과도작용과 피임기술의 발전 보급과정으로 인하여 유럽 출생률의 변화추세 또한 비교적 느리게 보였다. 도표 3-2에서 볼 수 있듯이 인구변화를 일찍 시작한 국가에서는 20세기 중기 이전에 출생률과 사망률 두 개의 곡선은 거의 평형을 유지하였는데, 두 시기에서만 변화가 나타났다. 하나는 19세기 후기에서 20세기 초였다.

이때의 사망률은 어느 정도 하락하였고 출생률은 여전히 원래의 수준을 일정기간 유지하고 있어서 자연성장률이 일정기간의 상승현상을 나타냈다. 두 번째는 20세기 후기에는 출생률의 계속된 하락으로 사망률이 상대적으로 안정되고 자연성장률이 느린 하락추세를 나타냈다. 전체적으로 자연성장률의 변화폭은 아주 작았다. 피크시기의 수준 또한 12%~13% 밖에 안 되었다.

19세기에 시작하여 유럽인구의 빠른 성장, 해외식민지의 확장 및 경제발전은 토지, 노동력자원과의 상호 결합된 수요가 나날이 증가함에 따라 많은 유럽이민의 발생이 이뤄졌다. 1880년 아메리카, 캐나다, 라틴아메리카, 호주, 뉴질랜드에 이주한 유럽인은 매년 50만에 달하였다.

30년 후 이 수는 3배로 증가하였고, 1930년까지 유럽의 외부로 이주한 인구는 6,000만에 달하였다(로빈羅賓. 溫克 2009). 문화나 언어 또는 체제전통에서 볼 때 이들 국가는 반박할 것도 없이 유럽국가에 가까운 특징을 가졌다. 그들의 인구의 변화과정도 유럽국가와 비슷한 점을 나타냈기 때문이다. 아메리카, 캐나다, 호주와 뉴질랜드의 인구변화를 비교해 보면 놀라운 점을 발견할 수 있는데, 그것은 언어와 문화가 인구의 변화과정에 대해 영향력을 나타냈다는 점이다(천웨이, 1996). 하지만 시대와 국정의 특징도 그들의 발전궤도에 일부의 단서는 남겨 두었겼다. 먼저 이러한 국가들의 인구변화는 아주 강한 이민적 특징을 나타냈다는 점이다.

예를 들어 출생률 변화가 발생하기 이전에 이러한 나라들의 출생률은 서유럽국가보다 훨씬 높았다. 그것은 자연적 속성에 아주 가깝지만 한 가지 원인은 이민자체의 선택성에 있었다. 먼 길을 고생스럽게 가서 타향에서 생존한 인구는 더욱 좋은 신체조건을 가졌으므로 자연성장률도 비교적 높았다. 또 다른 원인은 신대륙은 비교적 낮은 인구밀도, 적합한 생존조건과 더욱 느슨한 사회조건을 가지고 있어 사람들은 더욱 일찍 결혼하고 출생을 하였다. 어떤 학자들은 17세기 프랑스 후예들의 캐나다 개척과 동일시기의 프랑스 인구를 비교해 보았더니 프랑스의 후예인 캐나다 부녀자의 평균 초혼연령은 20.9세, 총 출생률은 6.88이었다.

하지만 같은 시기 프랑스 부녀자의 초혼연령은 23.0세, 총 출생률은 6.39(H.Charbonneau,1984)였다. 그 다음 이들 국가들의 인구변화는 아주 강한 시대적 특징을 나타냈다.

유럽 해외식민지의 인구 변화과정은 유럽보다 조금 늦었다. 하지만 유럽과 동일한 시대에 발생하였다. 인구의 변화과정에 영향을 끼치는 각종 요소 또한 이러한 지역에서 동일한 작용을 일으켰다. 비슷한 생산력 발전수준과 기술, 이념의 전파에 따라 이러한 후발주자의 인구변화 수준은 유럽국가와 어깨를 나란히 하게 되었다.

출생률의 기점이 서유럽국가보다는 높지만 변화가 발생한 시간이 상대적으로 조금 늦은 여러 국가의 출생변화는 유럽국가보다 더욱 빨랐으며 19세기 중기까지에는 비슷한 수준까지 달하였다. 예를 들어, 1800년 아메리카의 총 출생률은 6.90, 잉글랜드와 웨일스의 총 출생률은 4.68, 하지만 1850년에 아메리카의 총 출생률은 4.48까지 하락하였고 같은 시기 잉글랜드와 웨일스의 수준은 4.56 이였다(MasimMassim 馬西姆 利維巴茨, 2005).

제3절
신흥 선진국(지역)의 인구변화

세계적인 인구변화의 확산에 따라 북미, 남미, 아시아와 아프리카의 일부 국가들은 모두 20세기 초에 자신들의 인구변화 진행을 시작하였다. 의심할 바 없이 그 중 제일 주목받는 것은 아시아 국가에 속한다. 그 국가들의 방대한 인구 총수와 빠른 인구변화의 과정은 유럽과 아메리카를 초월하는 변화로 아시아가 유럽을 이어 새로운 인구변화의 중심무대가 되게 하였다.

아시아에서 인구변화가 최초로 발생한 국가(지역)는 사회경제수준이 비교적 발달한 국가들로는 일본과 2차 대전 후 일부 신흥공업국을 포함한다. 19세기 말 일본은 메이지유신을 통해 공업화와 서구화를 실현하여 유럽 및 해외식민지 이외에 제일 먼저 인구변화를 시작한 국가이다. 신흥공업국은 경제발전 정도가 선진국과 개발도상국 사이에 있는 국가를 일컫는다. 통상적으로 '반선진화국가' 또는 '반공업화국가'라고도 한다. 이 개념은 20세기 세계경제합작 발전조직에서 70년대 말 보고서에서 처음으로 언급한 것이다. 신흥공업화국가(지역)는 원래 모두 개발도상국(지역)에 속하였으며 일반적으로 모두 자본주의에 기초하고 있다. 2차 대전 후 그들은 비교적 짧은 시간에 각종 발전전략 (예를 들어, 수입대체형 전략, 수출주도형전략 및 국내주도형전략 등)을 통하여 빠른 공업화의 진전을 실현하여 사회경제의 낙후상태를 바꾸었고 사회경제 발전 정도가 선진화국가에 근접하였다. 예를 들어 아시아의 한국, 싱가포르, 중국 홍콩과 대만, 라틴아메리카의 브라질, 칠레와 유럽의 포르투갈, 스페인 등은 모두 신흥공업국가(지역)에 속한다. 이런 국가와 지역은 20세기 초에 인구변화의 과정을 시작하였으며 1920년에서 1930년 사이에 사망률이 변화하기 시작하였고, 1950년에서 1960년 사이에 출생률이 변화하기 시작하였다.

1868년 일본의 메이지 유신은 일본의 마지막 막부통치시대를 끝나게 함으로써 일본이 자본주의 사회에 들어서고 전반적으로 서구화와 공업화의 길로 나아감을 상징하였다. 공업화는 메이지 유신의 첫 번째 중요한 임무였는데 철도와 항구건설을 통하여 서방의 새로운 기술과 선진설비를 도입하고 대대적으로 대공업과 군사공업을 발전시켜 1890년대에 이르렀을 때 일본은 이미 양호한 공업기초와 현대의 군사력을 가진 자본주의국가가 되어 세계열강에 뛰어 올랐다. 후에 일본은 전쟁과 식민통치를 통하여 끊임없이 자체의 경제실력을 확충하였으며 2차 대전으로 인하여 일본의 경제는 막대한 파괴를 당했다.

하지만 전쟁 후 미군정시기에 미국의 원조와 일본 국민의 노력으로 경제는 기적처럼 회복되고 재건되었으며 또한 이후에도 몇 십 년간의 고속성장을 지속해 왔다. 따라서 사회경제 현대화 과정의 추진으로 인구변화는 가동되었다. 도표 3-4에서는 메이지 유신 이래 일본의 인구발전 추세를 기록하였다. 에도시대 중후기에 일본은 자연재해가 빈번히 일어나고 의학이 발달되지 않아 콜레라, 장티푸스, 천연두 등 전염성 질병이 대규모적으로 터지는 상황이 자주 있었다.

거기에 인위적인 낙태, 유아를 버리는 현상이 비교적 보편화 되면서 인구손실은 심각하고 성장은 멈췄다. 메이지 유신 이후 사회경제와 과학진보, 민중생활과 위생사업 발전을 개선하고 전통 악습을 버림으로써 이러한 부분들은 일본 인구사망률의 하락을 일으켰다. 일본은 낙태를 법으로 금지하고 근현대의 서양의학을 도입하고 근대병원 및 의학교육 연구기구를 설립하고 위생국을 설립하고 대대적으로 공공위생 사업을 발전시켰으며, 인구발전을 위하여 안전한 위생환경을 만들었다.

예를 들어, 1920년대에 일본은 상하수도관 건설을 완성한 후에 기본적으로 콜레라 유행의 추세를 억제하였다(리쥐,2010). 1920년대 일본의 사망률은 느리게 하락하기 시작하여 1992년의 22.4%에서 1942년 16.1%까지 하락했으며, 전쟁 후 이런 하락추세는 더욱 빨라져 1982년에는 역사상 최저점인 6%까지 도달하였으며, 그 후 지속적으로 비교적 낮은 수준을 유지하였다.

메이지유신 후 경제조건의 개선에 따라 출생률은 먼저 상승추세를 보이고 2차 대전 때 인구성장 격려정책의 영향을 받아 출생률은 하락하지 않았으며, 20세기 초부터 2차 대전 끝날 때까지 출생률은 여전히 30%이상을 유지하였다. 하지만 2차 대전 이후 출생률은 급속하게 대폭 하락하여 1950년에는 28.1%, 1972년에는 더욱 하락하여 19.3%,

1990년대 이후부터 지금까지는 계속 10% 이하를 유지하고 있다. 일본에서 출생률의 하락원인은 유럽과 아메리카 각 나라와 비슷하지만 더욱 뚜렷하게 나타났다. 생활수준의 향상은 아이를 양육하는 비용이 증가하게 된다. 일본의 사회보장제도는 매우 완벽하여 아이를 양육하여 노후를 대비하는 수요가 약해졌다.

일본은 전쟁 후 국민교육보급과 여자 지위향상 방면에서 얻은 성과는 주목할 만하다. 많은 여자들이 집을 나서 직업과 학업에 참여하여 결혼연령과 출생연령이 모두 많이 늦어졌으며, 이것이 일본 출생률 하락의 중요한 요소 중의 하나였다(Carl Mosk, 1977). 독특한 사망과 출생의 변화과정은 일본의 인구가 급속성장에서 저속성장으로, 나중에는 마이너스 성장까지의 완전한 인구의 변화과정을 나타나게 하였으며, 심지어 유럽과 아메리카 각 나라의 변화추세보다도 더욱 뚜렷하였다. 일본 총무성 통계국의 통계 숫자에 근거하면 일본의 인구는 20세기 상반년에 급속하게 성장하였다. 1887년의 4,240만에서 1948년에는 8,000만까지 빠르게 성장하였으며 그 후에 성장률은 기본적으로 하락추세를 유지하여 현재 이미 마이너스 성장 상황이 발생하였으며 2012년의 자연성장률은 -1.6%였다.

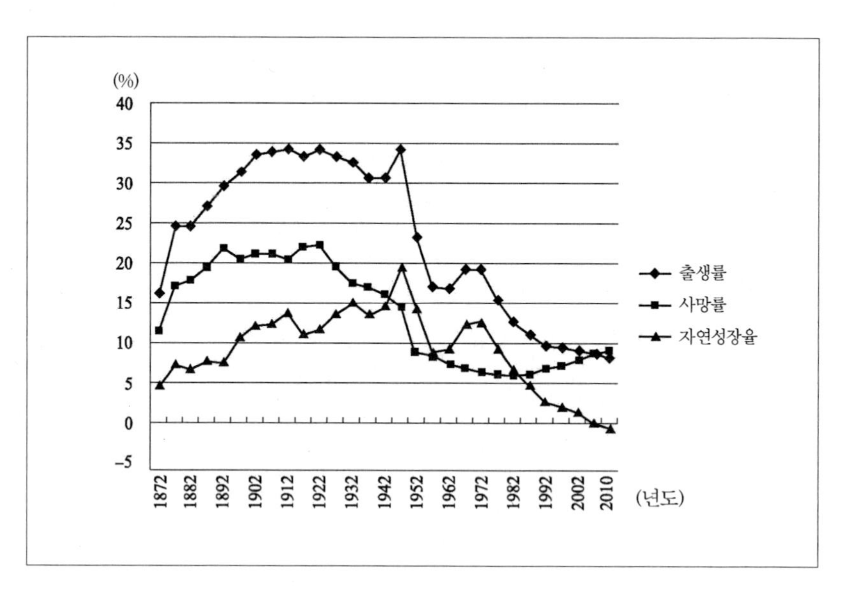

도표 3-4 일본의 출생률, 사망률과 자연성장율(1872-2010년)

2차 대전 후 신흥공업국가(지역)들은 매우 비슷한 경제발전과정을 가졌다. 전통자본주의 국가의 도움을 얻어 세계 산업이동의 기회를 이용하여 빠른 공업화를 실현하고 현대화 정도도 신속하게 향상되었다. 1950년대 이후에 아메리카는 한국에 대한 지원정책을 육성지원정책으로 바꾸었다. 한국정부는 이번 기회를 빌려 한 방면으로는 국내자원을 이용하여 중공업과 화학공업을 주로 하는 수입대체공업을 발전시켰고, 다른 한 방면으로는 외국자본을 이용하여 농업과 경공업을 주로 하는 수출주도 업을 발전시켰으며, 세계 산업구조 조정 시 유럽, 아메리카와 일본의 노동밀집형 산업을 끌어들여 경제가 신속하게 발전하도록 하였다 1970년대에 한국의 경제평균 성장률은 9.5%(고려대학교 한국사연구실, 2010)까지 도달하였다. 1965년에 싱가포르는 독립적인 공화국이 되었고, 2년간의 조정을 거쳐 새로운 경제발전계획을 실행하기 시작하여 공업발전방식을 수입대체형에서 전면 수출형으로 바꾸어 중계무역에 의존하던 국가에서 신흥공업 국가로 바뀌었다.

그 외에 싱가포르는 적극적으로 금융업 서비스를 발전시켜 아시아에서 중요한 금융 중심지가 되었다. 1980년대 이후의 싱가포르는 경제조정의 전환기에 들어섰고 기술밀집형 산업과 자본밀집형 산업을 통하여 노동밀집형 산업을 대체하여 큰 성공을 이루었고, 1990년대에는 선진국의 목표를 향하여 나아가기 시작하였다. 홍콩지역은 1942년에 영국의 식민통치를 받으며 지리적 우세를 빌어 중개무역항구와 국제금융서비스 중심지로 발전하게 되었다.

그 외에 그들은 방직, 전자 등 일련의 경공업을 발전시킴과 중국내륙과 외부연계의 무역창구로써 한동안 전 세계에서 경제성장이 제일 빠른 지역이 되었다. 대만지역의 발전방식은 일본과 비슷했다. 초기에는 아프리카의 지원 아래 소비재공업으로 시작하여 후에는 전자, 조선 등 첨단기술공업으로 발전하게 되었다. 1950년대부터 대만은 쾌속성장의 시기를 시작하였다. 현재 이미 세계에서 14번째의 무역경제 실체가 되었다(로즈. 머피, 2010).

비슷한 사회경제 발전과정은 일정한 수준에서 인구발전 과정의 유사성을 결정한다. 즉 사망률과 출생률의 하락은 30~40년 떨어졌지만 양자의 하락속도는 모두 아주 빠르다. 또한 지금까지 아주 낮은 수준에서 30년 이상 유지하고 있다. 사망률은 전쟁 후 아주 짧은 시간 내에 10%까지 달했으며, 1980년쯤에는 지속적으로 5%~6%의 매우 낮은 수준을 유지하고 있었고, 출생률 변화는 1950~1960년에 시작하여 총 출생률은 1980년 이후부터 교체수준 이하로 하락하여, 현재는 심지어 1~1.2의 최저수준에 달하였다(도표 3-7). 1930년대 당시의 조선은 여전히 일본 식민세력의 통치하에 있었다. 하지만 공공위생사업의 발전, 의료수준의 진보와 깨끗한 수자원시스템의 건설로 인하여 전염병과 감염성 질병이 통제되었고, 1931~1935년 기간에 이 국가의 평균수명은 4살이 향상되었다(Population In-dex, 1944).

도표 3-7에 근거하면 2차 대전 이후 한국의 사망률은 계속 하락하는 추세를 유지하였고, 1950년대 전기에 16.4%에서 60년대 후기에는 10.6%로 하락하였다. 그 후 줄곧 10%보다 낮았으며 현재 수준은 5% 전후이다. 1960년 이후 한국의 출생률도 변화하기 시작하였으며 빠른 하락을 유지하여 부녀자의 총 출생률은 60년대 초기의 5.63에서 현재의 1.22로 하락하였다. 싱가포르의 사망률도 1930년쯤에 하락의 상황이 발생하고 전쟁 후 인구는 신속하게 성장하였다.

1968년부터 생활수준과 교육정도의 향상과 싱가포르에서 계획출산정책을 실행함에 따라 사람들은 적게 낳고 늦게 낳는 쪽으로 기울어 인구성장 속도가 늦어지기 시작하였다. 이것은 1980~1990년대의 노동력 부족을 불러일으키게 되었다. 1980~1985년 동안에 싱가포르의 평균 매년 추가 노동력은 105,800명이었으나 1990~1995년간에 이 숫자는 45,700명으로 하락하였다(량잉밍, 2010). 이는 노동밀집형 나라에게는 치명적인 위협이었다.

싱가포르는 이를 근거로 제2차 공업혁명을 진행하였고, 인구정책을 수정하여 인구출생률을 향상시키는 출산정책을 실행하였다. 20세기

초에 홍콩지역의 사망률은 26%~37% 전후에서 흔들렸다. 그 후에 사망률은 신속히 하락하였고 1960년부터 지속적으로 6% 전후를 유지하기 시작하였다(허찌오썽, 1986). 부녀자의 총 출생률은 1960년대 초에 5.3수준에서 하락하기 시작하여 1980년대 이후에는 교체수준보다 낮아 현재는 1 전후밖에 안 된다. 1920년부터 대만지역의 인구사망률은 공공위생 개선, 병역이 통제되어 뚜렷한 하락세가 나타나기 시작하였다. 1950년대 초의 사망률은 이미 8%~12% 전후의 수준에 달하였다. 하지만 이때의 출생률은 여전히 40%~50%였다. 그리하여 인구성장 압력이 천천히 나타나기 시작하였다. 1964년 타이완은 "가족계획출산"을 실행하였고 출생률은 1967년에 처음으로 30% 이하로 하락하였으며, 1986년부터 17% 이하로 하락하기 시작하였고, 또한 하락속도가 현저히 빨라졌다(뿨이닝, 2005).

표3-7 한국, 싱가포르와 홍콩의 사망률, 출생률과 총 출생률 (1950-2010년)

년도	사망률(‰)			출생률(‰)			종합출산율		
	한국	싱가포르	홍콩	한국	싱가포르	홍콩	한국	싱가포르	홍콩
1950－1955	16.4	10.6	8.9	35.8	44.4	37.7	5.05	6.40	4.44
1960－1965	12.8	7.1	6.2	39.9	34.0	33.1	5.63	4.93	5.31
1965－1970	10.6	5.6	5.5	32.9	24.9	23.5	4.71	3.46	4.02
1970－1975	8.8	5.2	5.0	30.4	21.2	19.5	4.28	2.62	2.89
1975－1980	7.2	5.1	5.0	23.1	17.2	17.2	2.92	1.87	2.32
1980－1985	6.6	5.4	4.8	20.4	16.7	15.7	2.23	1.69	1.80
1985－1990	5.9	5.2	4.9	15.5	17.0	12.8	1.60	1.71	1.31
1990－1995	5.6	4.7	5.3	16.0	17.9	12.4	1.70	1.76	1.29
1995－2000	5.6	4.9	5.2	13.7	14.0	10.0	1.51	1.57	1.08
2000－2005	5.3	4.9	5.4	10.4	10.2	8.4	1.22	1.36	0.98
2005－2010	5.5	5.1	6.1	9.5	8.2	8.2	1.22	1.27	1.02

자료출처:United Nations,World Population Prospects Volume I: Comprehensive Tables,the 2008 Revision, New York,United Nations Publication,2009,pp.186,398,426.

신흥 선진국(지역)들은 전통 선진국들의 인구 변화과정 이후에 시작되었다. 그들의 인구의 변화과정은 비록 발전단계와 변화원인에서 모두 유럽과 아메리카의 국가들과는 비슷하나, 그들의 인구변화 특징은 사망률과 출생률의 하락추세이든, 아니면 사망률 변화와 출생률 변화의 타임래그(time lag)는 유럽과 아메리카보다 더욱 뚜렷하게 나타났다.

비록 전 세계에서 비교적 먼저 발달한 같은 지역이며, 모두가 자본주의 경제발전과 공업화과정에서 인구변화를 실현했지만, 신흥 선진국(지역)의 인구 변화과정은 이미 전통적인 선진국보다 빨랐다. 표 3-8에서 일부 국가와 지역의 인구변화의 지속시간을 나열하여 보면 변화시점은 느리지만 신흥 선진국과 지역에서의 지속된 과정이 이미 많이 단축되었음을 발견할 수 있다. 이는 시대발전의 특징을 나타내고 있는 것이다. 신흥 선진국 또는 지역인구의 변화과정은 20세기 초기에 시작되었다.

1차 대전과 2차 대전은 객관적으로 기술의 진보와 사회의 변혁, 의학 지식기술과 의료위생사업 수준이 18, 19세기의 유럽과 아메리카와 비교할 때 이미 매우 큰 진보가 있었다. 자본주의 세계시스템의 구성은 이러한 기술과 제도가 신속하게 세계 각지에 전파되게 하여 이는 이 지역 사망률의 하락 속도를 빠르게 하였다.

예를 들어 일본은 메이지유신 시기에 서방의 근대 위생관념을 도입하여 유럽과 아메리카의 '예방이 치료보다 중요하다'는 새로운 이념을 배워 쓰레기처리, 도로청소와 상하수도관 건설을 통하여 전염병의 전염을 통제하였다(리줘, 2010). 이러한 사상과 방법은 일본이 조선의 식민기간에 조선에 도입하여 상하수도건설 등 전염병 통제방법을 조선에서 실행하였다. 이것은 객관적으로 1930년대에 조선의 사망률 하락에 중요한 작용을 하였다(Population Index, 1944). 마찬가지로 출생률 변화의 발전은 역사시기에 기록을 남기게 되었다.

이 시기에 사망률이 빠르게 하락하는 특징으로 인하여 이런 신흥지역의 인구성장 압력은 유럽처럼 천천히 방출하는 것이 아니라 단기간 내에 신속하게 누적되었다. 또한 2차 대전 후 평화와 발전이 세계의 새로운 주제가 됨으로 인해 이 시기에는 유럽과 아메리카처럼 신대륙 개척과 식민지 건립을 통하여 본토 인구와 자원간의 평형을 실현할 수는 없었으며, 정부와 민간조직을 통하여 새 가정계획, 계획출산 등을 실시하여 가정출생과정을 간섭할 수밖에 없었다.

그리하여 각국들은 더욱 강하게 짧은 기간 내에 빠른 효과적인 방법을 취하여 인구성장의 부담이 늦춰지기를 바라는 염원이 있었다. 18, 19세기와 비교했을 때 취급할 수 없는 피임기술이 이 염원을 가능하게 하였다. 더욱 많고 더욱 강한 외부의 힘이 출생률 하락의 과정에 작용하여 출생률은 유럽과 아메리카보다 빠른 변화과정을 실현하였다. 일본이 매우 전형적인 예였다. 그 나라의 출생변화가 발생한 시간은 유럽과 아메리카 국가와 신흥공업국가(지역) 사이에 있었다. 어떤 의미에서 볼 때 일본은 한 가지 과도기적인 유형이다. 일본의 인구변화 역사는 충분한 세월 속에서 변천을 나타냈다.

본토자원의 부족과 인구성장 압력의 끊임없는 성장에 따라 일본은 세계열강에 들어선 후에 식민지 이민을 통하여 인구과잉의 문제를 해결하였으며, 출생통제가 아니라 인구부담 전이를 취하였다. 1936년 히로타 고키 내각은 '백만 가구 이민계획'을 제정하여 20년 이내에 중국 동북지역에 100만 가구 500만 명을 이민시킬 계획이었으며, 심지어 이것을 국가정책 중의 하나로 정하였다(리줘, 2010). 전쟁 실패 후 역사가 새로운 시대로 들어서면서 이민을 통하여 인구부담을 감소시키려고 했던 정책은 실패했다.

일본은 출생률을 하락시켜 인구부담을 완화하는 수밖에 없었다. 하지만 전쟁 후 일본 출생률의 빠른 하락은 먼저 1948년에 대중들의 압력 하에 합법화된 무산행위에서 효과를 얻은 것이었지, 정부의 출생률 하락정책에 의한 것은 아니었다. 그 후에 피임수단의 보급은 출생률을 더욱 신속하게 하락하게 하였다(Pichard leete, 1987). 살펴본 바와 같이 출생률의 변화는 뚜렷한 시대 특징이 있다. 같은 국가에서도 시간의 흐름에 따라 서로 다른 상태를 나타냈다.

표3-8 일부 국가 및 지역 인구변화의 지속시간

국가 또는 지역	인구변화시간과 종료시간(년도)	지속기(년)
프랑스	1785—1970	185
스웨덴	1810—1960	150
독일	1876—1965	90
이탈리아	1876—1965	90
러시아	1896—1965	70
중국대만	1920—1990	70
싱가포르	1930—1980	50

다음으로 신흥 선진국의 지역인구변화 정도는 이미 전통 선진국을 초월하였다. 이는 상당히 큰 수준으로 신흥 선진국의 인구변화 특색을

나타냈다. 1950년대에는 이런 신흥 선진국(지역)의 평균 예상수명은 유럽국 가보다 10세 이상 낮았다. 하지만 80년대 중기에는 이런 국가(지역)의 평균 예상수명은 모두 전통 선진국들을 따라잡았고 심지어 초월하였다. 1984년 일본의 평균 예상수명은 77세, 홍콩은 75세였다. 하지만 같은 해에 잉글랜드와 웨일스는 73.8세, 스웨덴은 76.3세였다. 영아사망률에서 볼 때, (그것은 총 인구사망률 하락에 관건적인 작용을 함) 1980년대 초에 이 지역의 영아사망률 수준은 이미 일부 유럽과 아메리카 국가보다 낮았다(L.R.Ruzicka, H. Hansluwka, 1982). 이는 당연히 이 지역의 사회경제진보의 반영이었지만 문화전통과도 밀접한 관계가 있다.

이 지역의 대부분 부녀자의 출생시간은 황금출생연령에 집중되어 있다. 그러나 일반적으로 영아사망률은 통상 연령이 매우 적거나 또는 매우 많은 산모들에게서 아주 높다. 그리하여 이러한 출생분포방식은 영아사망의 위험을 낮추었다. 연구에서 밝혔듯이 아메리카에서도 일본 등 중국문화, 해외국가 또는 각 지역에서 이주해 온 주민의 영아사망률은 아메리카의 백인보다 현저히 낮았다(J. Kleinmann,1985). 사망률 원인분석을 볼 때 이러한 국가와 지역의 순환기 계통의 질병은 인구변화 완성시기 선진국 인구의 주요한 사망원인이었다. 하지만 이런 국가와 지역의 순환기계통 질병의 사망률은 전통 선진국보다 현저히 낮았다(표 3-9).

이런 현상은 아시아 국가의 음식습관과 관계가 있어 강한 지역적 특색을 나타냈다. 아시아 국가의 음식 중 콜레스테롤과 식염을 섭취하는 수량은 유럽과 아메리카보다 훨씬 낮다. 이런 물질은 심혈관

질병의 사망을 초래하는 위험이 높은 물질이다.

1980년대에 이런 국가 또는 지역이 출생변화를 완성할 때 출생수준은 거의 유럽국가와 비슷하거나 심지어 낮았다. 그중 주요한 원인은 초혼 초산연령이 늦어짐이다. 초혼 초산연령이 늦어짐은 이런 국가 또는 지역의 현지화 특색의 충분한 반영이었다. 첫째, 이 지역들은 원래 모두 한자문화의 영향을 많이 받은 지역이었다. 2차 대전 이후 이 지역들은 구학제도를 모두 개혁하고 서방의 교육체제를 도입하고 새로 만들어 학습연령을 많이 연장하였다.

도표 3-9 1980년 홍콩, 일본, 영국과 스웨덴의 사망원인별, 성별별 표준화 사망률(1/10,000)

국가 또는 지역		합계	암	순환계통질병	호흡계통질병	기타
홍콩	남	59.0	16.5	16.3	9.8	16.4
	녀	43.5	10.4	14.0	6.5	12.6
일본	남	54.9	14.1	20.8	4.1	15.9
	녀	42.5	9.7	18.8	2.8	11.2
영국	남	69.3	16.7	32.0	8.9	11.7
	녀	51.3	13.5	22.7	6.2	8.9
스웨덴	남	59.7	12.7	29.0	3.1	14.9
	녀	43.4	11.7	20.3	2.3	9.1

둘째, 서방과 달리 이런 국가와 지역의 부녀자들은 2차 대전 후 유가의 남존여비의 과거제도에서 완전히 해방되어 짧은 시간 안에 거대한 변화가 발생하였다. 셋째, 이런 국가와 지역의 공업화 과정이다. 특히 세계 산업의 구조변경은 이런 국가 또는 지역에 노동력의 거대한 수요가 발생하여 풍부한 취업기회를 창조하였다. 이러한 요소들의 종합작용 아래에서 부녀자들은 집을 나가 학업, 취업, 교육에 참가하였고 초혼 초산의 시간도 이로 인하여 늦어졌으며 심지어 동기간의 유럽지역보다 늦었다.

표3-10 1980년 아시아와 유럽 일부 국가 또는 지역의 총출생율과 평균 처음 출생연령

국가 또는 지역	종합출산율	평균 첫 출산 연령(세)
홍콩	1.5	26.1
일본	1.8	26.6
싱가포르	1.6	25.8
영국	1.8	24.6
스웨덴	1.7	26.5

제4절
개발도상국의 인구변화

전통 선진국의 인구의 변화과정이 끝날 때 쯤 개발도상국은 인구변화의 서막이 열리기 시작하여 20세기의 역사무대에서 선진 국보다 더욱 격렬하고 더욱 드라마틱한 인구의 변화과정을 연출하였다. 개발도상국의 사망률은 전통 선진국과 신흥 선진국 (지역)보다 더욱 빨리 하락하였다. 비록 출생률 하락의 속도는 유럽과 아메리카보다 빠르지만, 높은 출생률의 시작수준과 정체기의 사망률 변화에 비해 비교적 낮은 인구변화 속도는 20세기의 사람들이 공통적 으로 감탄할만한 인구폭발 성장의 기적을 창조하였다.

20세기 초에 개발도상국의 인구는 10억 전후였지만 21세기 초에는 이미 50억 전후로 발전하였고 최고시기의 연평균 성장률은 2.4%에 달하여 세계인구에서 차지하는 비율이 1900년의 65.5%에서 2000년의 80.6%까지 상승하였다. 이것과 선명한 대조가 되는 것은 전통 유럽과 아메리카는 200여 년의 장기간에 걸친 인구의 변화과정 중 가끔 몇 번씩은 1%의 성장률에 도달한 적은 있으나 전 세계인구에서 차지하는 비율은 1900년의 34.5%에서 2000년의 19.4%까지 하락하였다.

19세기 말 20세기 초에는 자본주의에 의한 세계 식민통치체계가 확립되었고, 결국 식민통치는 홍수처럼 기승을 부려 전체 아프리카와 라틴아메리카 및 아시아에 퍼졌다. 비록 주권을 잃고 식민통치의 치욕을 당하는 식민지에 대한 광란의 약탈 및 착취행위는 식민지의 국민들에게는 엄청나게 큰 재난을 가져왔지만, 몇 세기 동안 쌓여 있던 서방의 의학지식과 선진기술은 이를 통하여 침략자와 함께 직행열차를 타고 이런 빈곤한 국가로 들어와서 신속하게 퍼짐으로

표3-11 선진국가와 개발도상국의 인구성장(1900-2000년)

년도	인구 총 수량(억)		백분율(%)		년 성장률(%)	
	선진국가	개발도상국	선진국가	개발도상국	선진국가	개발도상국
1900	5.6	10.7	34.5	65.5	/	/
1920	6.5	12.0	35.2	64.8	0.8	0.6
1930	7.3	13.1	35.7	64.3	1.1	0.8
1940	7.9	14.7	35.0	65.0	0.9	1.2
1950	8.1	17.1	32.2	67.8	0.2	1.5
1960	9.2	21.1	30.3	69.7	1.2	2.1
1970	10.1	26.9	27.3	72.7	1.0	2.4
1980	10.8	33.7	24.3	75.7	0.7	2.3
1990	11.5	41.2	21.8	78.2	0.6	2.0
2000	11.7	48.7	19.4	80.6	0.2	1.7

인하여 이 국가들의 사망률은 하락현상이 나타나기 시작하였다. 2차 대전 이후 제국주의 세력이 약해지기 시작하였고 대다수 식민지에는 민족해방운동이 급속히 불어와 대다수의 개발도상국들은 독립자주의 길로 들어서고 사회경제 발전 수준은 점차 향상되었다.

20세기 중기에 이 국가들의 사망률은 지속적으로 빠르게 하락하였지만 출생률은 여전히 비교적 높은 수준을 유지하고 있어 인구성장물결이 거세게 형성되었으며, 몇 십 년 후에 출생률 변화가 시작된 후에야 이런 성장추세는 서서히 늦춰지기 시작하였다. 도표 3-12에서 발견할 수 있듯이 20세기의 중기부터 지금까지 아프리카, 아시아 및 라틴아메리카를 막론하고 사망률과 출생률은 어느 정도 모두 하락하는 현상이 발생하였다. 다만 사망률 변화의 시간이 조금 빨라서 현재에는 이미 비교적 낮은 수준에 도달하였으나 출생률의 변화는 계속 진행과정에 있었다.

하지만 선진국의 뚜렷한 공통성이 개발도상국 간의 거대한 차이점을 덮을 수는 없었다. 아시아와 라틴아메리카의 인구변화는 이미 끝자락에 가까이 왔지만 아프리카의 인구변화는 아직도 갈 길이 멀었다. 비록 각 대륙의 내부, 지역의 차이는 여전히 잘 보이지만 동아시아와 서아시아 사이, 북아프리카와 중아프리카 사이에는 여전히 큰 차이가 있다.

표3-12 1950년과 2010년 아프리카 아시아와 라틴아메리카의 인구상황

	총 인구(억)		사망률(%)		출생률(%)		종합출산율	
	1950—1955年	2005—2010年	1950—1955年	2005—2010年	1950—1955年	2005—2010年	1950—1955年	2005—2010年
아프리카	2.3	9.2	25.7	12.5	48.0	36.0	6.6	4.6
동부아프리카	0.6	2.9	26.8	12.7	49.7	39.6	7.0	5.3
중부아프리카	0.3	1.1	27.4	16.4	46.8	42.7	6.0	5.7
북부아프리카	0.5	2.0	23.3	6.6	48.4	24.4	6.8	2.9
남부아프리카	0.2	0.5	20.5	14.8	43.4	22.8	6.2	2.6
서부아프리카	0.7	2.7	27.2	14.4	47.4	40.0	6.4	5.3
아시아	14.0	39.3	23.5	7.4	42.3	19.0	5.7	2.4
동부아시아	6.6	15.2	22.6	7.2	40.7	13.0	5.4	1.7
남아시아	1.8	5.5	23.3	6.5	44.1	19.5	6.0	2.3
중남아	5.2	16.5	24.9	8.1	43.3	23.7	6.0	2.8
서부아시아	0.5	2.1	22.0	5.5	47.2	23.9	6.3	3.0
라틴아메리카와 카리브해	1.7	5.6	15.6	6.0	42.5	19.0	5.9	2.3
카리브해지역	0.2	0.4	15.1	7.3	39.0	18.8	5.2	2.4
중부아메리카	0.4	1.4	17.7	4.9	48.2	21.1	6.7	2.5
남부아메리카	1.1	3.7	14.9	6.2	41.1	18.2	5.7	2.2

따라서 개발도상국인구의 변화과정 중 시대의 특징과 각국의 특색은 더욱 전면적으로 나타났다. 동일한 시대배경과 비슷한 식민경력은 이러한 국가들이 모두 전쟁 후 선진국보다 더욱 빠른 사망률 하락을 실현하였다. 전쟁 후 평화와 발전은 세계의 주제가 되어 각국의 사회경제는 모두 발전하고 출생통제의 수단도 나날이 성숙되었으며, 이런 요소들은 개발도상국의 출생률이 선 상승 후 하락의 공통추세를 결정지었다. 하지만 출생률에 영향을 끼치는 요소들은 더욱 복잡하며 사망률, 자녀 양육비용, 인구정책과 문화전통 등의 각 방면을 모두 포함하고 있었다. 그러한 것들은 더욱 많은 각국의 현지화 특색의 표현이다. 이것 또한 출생률의 하락속도와 수준이 각국별로 나타나는 천차만별의 원인이기도 했다.

개발도상국인구의 변화과정 중에는 매우 뚜렷한 특징이 또 하나 있다. 그것은 바로 인구정책의 작용이다. 더욱 정확히 얘기하자면 출생통제정책의 작용이다. 전통 선진국에서 출생률이 높은데서 낮은 쪽으로 변화하는 것은 모두 자연적으로 발생한 과정이다. 그 과정에서 국가는 출생 통제정책을 취하지 않았다. 최근 200년에 이르기까지 인구성장은 줄곧 사람들한테 경제 번영의 상징적 표현으로 여겨왔기 때문이다. 오직 소량의 정책이 간접적으로 출생수준에 작용하였다. 2차 대전 이후 대부분의 개발도상국은 의료조건의 개선과 공공위생 사업발전의 득을 보아 사망률이 신속하게 하락하였다.

이런 역사상 유례가 없는 성장속도 앞에서 사회경제 발전, 가치관념의 변화를 통하여 출생 변화를 실현하는 것보다는 비록 백 만 년 동안 사람들이 인구성장을 지지했던 발전경력에 비하여 이런 방식을 받아들이는 게 쉬운 일은 아니었지만 더욱 간단하고 더욱 통제능력이 있는 출생 변화방식을 실시하여야 했다. 1950, 60년대에 대부분의 국가들은 여전히 출생 통제정책을 선진국들의 침략이 잠재적으로 확산하는 방식이라고 여기고 이를 거절하는 것이 모든 문제를 해결할 수 있다고 하여 이 정책을 고수하였다. '발전은 피임이 제일 좋은 방법이다'라는 유명한 말은 바로 그 시기의 산물이었다. 하지만 인구의 지나친 성장은 끝내 모든 반대와 의심을 이겼다.

인구성장이 처음으로 경제발전의 대립 측에 서서 경제발전을 방해하는 문제로 제기 되었을 때, 개발도상국들은 일제히 인구성장은 반드시 특정된 정책으로 구속을 해야 한다는 것에 동의하였다. 비록 이런 정책이 각국에서의 표현이 다르고 명칭이 달랐지만 일반적으로 모두 아래의 특징을 가지고 있다: 그것은 사람들이 자발적인 출생행위 변화의 기초 위에 형성되어 가정을 위하여 이상적인 가정규모에 도달할 수 있는 각종 지식수단을 제공하였으며, 가정성원(특히 부녀자와 아동)의 건강과 복지수준을 향상시키고 동시에 인구성장을 통제하는 목적에 도달하게 하였다.

이런 가정계획 프로젝트가 각국의 첫 번째 선택으로 된 것은, 한 방면으로는 인구성장의 관건이 출생률에 있기 때문에 출생률 하락은 제일 직접적이고 제일 효율적인 방법이었다. 두 번째 방 면으로는 정치의 측면에서 볼 때 이런 방식은 사람들에게 더욱 많 은 자유(자기가 원하는 자녀수를 자유 선택할 수 있음)와 건강한 복지시설을 제공한다고 여겨 민중의 수용성이 높았다.

비록 이런 정책이 출생률 하락의 단순영향과 사회경제 발전이 가져오는 영향과 갈라놓을 수 없고, 각 나라에서 일부 정도의 차이는 있지만 그것들은 개발도상국에서 출생하락 과정 중에 일으키는 효과를 모두 볼 수 있 었다. 표 3-13은 발전지표와 계획출산정책의 역량을 근거하여 88개 개발도상국에 대하여 분석을 한 것이다. 그 결과 출생률의 제일 큰 하락폭은 발전수준이 높고 계획출산 집행력이 강한 나라에서 발생하고 발전수준이 낮거나 계획출산이 약한 나라에서는 출생률 변화가 비교적 작았었다.

표3-13 발전지수와 계획출생정책 역량에 따라 나눈 개발도상국의 출생률 하락상황

발전지수	산아제한 효과			
	강	중등	약	극약 및 무
고	-3.5(5)	-2.9(7)	-2.9(5)	-2.3(2)
중상	-3.1(4)	-2.6(8)	-2.0(10)	-0.3(2)
중하	-1.6(1)	-2.1(1)	-0.5(15)	-0.6(6)
저	-	-0.7(2)	0(13)	0(7)

제5절
세계적 인구변화의 진화규칙

인구변화는 전 세계적으로 중대한 역사적 변혁이다. 유럽 본토에서 미주대륙, 신흥 선진국(지역), 마지막으로 세계인구 총수의 80%를 차지하는 개발도상국에 이르기까지 모든 국가들은 이미 완성하거나 또는 인류발전의 진일보적 성숙을 상징하는 '성인식'을 겪고 있다. 출생이든 사망이든 인류의 통제능력은 더욱 강대해졌다. 특히 2백~3백년 이래의 완전한 인류발전과정을 돌이켜볼 때 인구의 변화과정의 중요한 일부 특징은 돌이켜 볼만한 가치가 있다.

먼저 표현형식에서 볼 때 사망률이 출생률보다 먼저 하락하여 인구변화를 시작하는 상징이 되었다. 이는 인구변화가 발생하는 모든 국가들의 공통특징이며 하나도 예외가 없다. 더욱 낮은 사망률은 사람들의 바람이다. 일단 경제조건이 구비되고 기술수준이 성숙되면 사망발생을 억제하는 수단이 단시간 내에 모두 응용되고 보급되어 상대적으로 사망률은 비교적 빨리 하락한다. 다른 것은 사망률 하락과 사회경제의 진보는 단순히 출생통제를 제공하는 수단이 아니라 더욱 중요한 것은 사람들의 출생의향을 변화시키는 것이다. 이 작용과정은 더욱 많은 요소, 더욱 긴 시간에 미친다. 또한 이런 타임래그가 존재하여 이런 성장이 빠르던 늦던 인구의 변화과정은 종종 인구성장의 특징으로 표현된다.

다음으로 영향요소라는 특면에서 볼 때, 사회경제 발전은 인구변화 시작의 충분한 조건이 아니다. 하지만 인구변화의 지속은 사회경제 발전의 지지가 필요하다. 전통 선진국, 신흥 선진국(지역)과 개발도상국의 인구변화 발생 시의 사회경제적 수준은 큰 차이가 있 었다. 많은 나라들은 심지어 식민지시기에 인구변화를 시작하였다. 이는 거의 모든 나라들의 사망률 하락이 영아사망률의 하락에서 시작되었기 때문이다. 이는 매우 큰 측면에서 의료기술과 공공위생수준 진보와 전파의 결과일 뿐 사회경제 발전의 결과는 아니었다.

따라서 인구변화 초기사망률의 하락은 매우 큰 측면에서는 예방과 질병통제의 가능성과 보급성에 있었다. 이런 기술이 자국경제발전의 누적된 산물이거나 또는 다른 국가의 성과를 직접 도입했을지라도 같았다. 하지만 사망률이 진일보적으로 계속 하락하려면 사회경제적 진보가 부족한 상황에서는 실현될 수가 없는 일이다. 이런 규칙 뒤의 인구변화는 사회경제 발전에 앞서서 발생할 수는 있지만 어느 정도의 제약이 존재한다는 것이다.

마지막으로, 발전추세 면에서 볼 때 현대화와 현지화는 인구변화의 처음과 끝을 연결하는 두 개의 주요한 축이다. 전 세계적인 인구변화는 곳곳마다 늘 시간과 지역의 흔적을 남기고 이러한 추상적인 과정이 서로 다른 시대, 다른 국가에서 다채로운 형태를 연출하였다. 전통적인 선진국에서 신흥 선진국(지역), 개발도상국까지 인구변화 발생의 시간은 끊임없이 단축되어 전체적으로 인구변화의 과정이 더욱 빨라지고 출생률과 사망률의 하락추세도 더욱 뚜렷해졌다. 선진국의 사망률과 출생률 하락과정은 과도기간이 길고 파장이 크고 추세가 뚜렷하지 않다. 하지만 개발도상국의 사망변화와 출생변화는 빠르고 순조로웠다. 그리하여 유럽은 비록 인구변화의 발원지이지만, 통상 교과서에서 볼 수 있는 영향력 있는 인구변화에 대한 설명은 개발도상국의 상황에 더욱 가까웠다. 왜냐하면 그들에게서 나타난 특징이 더욱 뚜렷했기 때문이었다.

이것이 바로 시대변화의 진실한 반영인 것이다. 기술의 진보는 시대발전에 따라 점차적으로 쌓이므로 인구변화 발생이 늦은 지역 일수록 인구변화에 영향을 끼치는 불확정적 요소들을 일일이 극복할 수 있으며, 사망률과 출생률 하락의 속도는 자연히 더욱 빠르기 마련이다. 인구성장 부담을 늦추는 방식도 뚜렷한 시대성을 가지고 있다. 20세기 이전에 인구변화가 발생한 선진국들은 신대륙 개척과 식민지 건립을 통해 인구성장의 부담을 줄였다. 하지만 20세기 이후에 인구변화가 발생한 개발도상국들은 출생 간섭을 통하여 출생률을 하락 시켜 인구부담을 줄일 수밖에 없었다.

인구변화의 현지화 특색은 더욱 충분히 표현되어 각 나라의 인구변화에 나타나는 특징은 그들의 지리적 조건, 역사발전과 문화전통에서 종적을 찾을 수가 있다.

세계인구의 변화과정에 대한 회고를 통하여 세계인구변화는 18세기의 서유럽과 북유럽지역에서 시작되었음을 발견할 수 있으며, 그들에 의한 전 세계적인 진화 발전은 2, 3백 년의 시간이 걸렸다. 이

기간에 많은 나라들은 전후 유럽과 비슷한 인구의 변화과정을 겪었다. 하지만 그들이 표현한 서로 다른 특징은 사람들로 하여금 더욱 인상이 깊었다. 중국인구의 변화과정이 더욱 그러했다. 중화인민공화국 창립 이래 지금까지 60여 년의 시간 동안에 중국은 인구변화의 과정을 완성하였다. 비록 중국의 인구변화는 많은 유럽선진국들이 이 과정을 완성하고 많은 개발도상국이 이 과정을 겪고 있지만, 전 세계인구변화의 배경아래서 발생하였고, 중국인구 변화에는 시대와 국가정책의 특수성이 많은 새로운 특징을 보임으로서 중국인구 변화의 길은 더욱 남다르게 보였다. 이 책 후반부의 몇 장은 중국인구 변화의 길에 집중하여 중국인구 변화의 길에 대한 발전과정, 기본경험과 발전규칙을 탐구했다.

제4장
위기 중의 자각에서 길의 명확으로

제4장
위기 중에서 자각을 통해 명확한 길로 나아가다

1949년 중화인민공화국 창립부터 1978년 공산당의 제11기 3중전회가 열리기까지 중국은 중국특색의 사회주의 길을 건립하고 탐구하였던 30년이었다. 동시에 중국은 인구변화의 중국의 길을 탐구하고 확립하는 30년이었다. 수차례 인구위기의 많은 고난과 시련을 겪음으로써 우리는 수동적으로 인구문제를 해결하는데서 주도적으로 인구발전 과정을 간섭하는 것으로 변화하여 중국인구 변화 길의 첫 번째 역사적인 도약을 실현하였다.

제1절
제1차 인구위기와 중국인구 변화과정의 태동

1. 중국인구의 변화시점에 대한 논쟁

중국인구의 변화과정은 언제부터 시작하였는가? 이 문제에 대한 대답은 줄곧 의견이 분분하다. 사망률과 출생률의 변화는 인구의 변화과정 진행에 대한 판단을 하는데 제일 뚜렷한 근거가 된다. 하지만 1840년 아편전쟁 시작부터 중국 건국 전까지 중국은 끊임없는 전쟁과 정권교체가 변화무쌍하고 다사다난한 시기였으므로 근본적으로 전국적인 등록 또는 조사활동을 실시할 수가 없었다.

그리하여 이 시기에 완전하고 연속적이고 믿을 수 있는 통계자료가 부족하였다. 사람들은 기타 증거자료를 통해서만 간접적으로 추측을 할 수밖에 없었다. 이용한 증거자료가 다르고 추측한 방법이 달라 결과는 자연히 통일될 수 없었다.

어떤 학자들은 인구가 만약 빠르게 성장하고 또한 추세경향이 역전되어 발생하지 않으면 인구변화 시점으로 볼 수 있다고 여겼다. 중국의

17세기 후반기 자연성장률은 3%, 그 후인 18세기 전반기에는 18%까지 성장하였다. 마지막으로 18세기 후반기에는 16%가 되었다.

그리하여 18세기 초부터 중국은 인구의 변화과정을 시작했다고 볼 수 있다(요우씬우, 1992). 또 어떤 학자들은 청나라의 인구성장은 조세개혁, 외국작물의 수입으로 인해 생산량 증가와 안정된 사회조건이 조성한 것이라고 여겼다. 하지만 이 모든 것은 근대공업화의 성과가 아니다. 인구가 폐쇄되고 전통적으로 낙후한 봉건사회에서 현대적인 것으로 변화할 수 있다는 것은 쉽게 상상하기 어렵다. 중국은 반식민지 반봉건사회 때에 사회성격의 변화가 발생하고, 서방공업혁명의 성과가 중국에 스며들기 시작하여 중국에서 자본주의가 발전함으로써 인구발전에 대하여 영향을 끼쳤다. 그리하여 중국의 인구변화는 중화민국 초기에 시작했을 것으로 짐작된다(레이안, 1993).

위의 두 개 관점은 모두 약간의 문제가 있다. 먼저 자연성장률 또는 인구의 성장숫자만 근거하여 인구변화의 시작을 판단하는 것은 편파적일 수 있다는 점이다. 조석과 같은 인구수의 파장현상은 세계 각지에서 모두 발생했다.

중국의 인구성장도 '계단식 천이'의 특징을 가지고 있다. 신정권 건립초기에 인구는 성장을 시작하여 각 시대의 말기에 신속하게 하락한다(장엔, 2008). 이런 '천이'는 끊임없이 반복되는 간단한 순환이 아니다. 인구총수는 인구기수의 증가로 인하여 나선식 상승이 나타난다. 그리하여 청나라 인구성장은 다만 주기적 상승단계의 표현에 처해 있다. 왜냐하면 당시 인구성장의 내적 동력과 외적 조건은 돌발성이지, 근본적인 변화가 일어나지 않기 때문이다. 또한 많은 학자들은 여러 가지 원인으로 인해 청나라 시대의 인구 통계 숫자는 정확하지 않다고 생각한다. 그들이 추측한 청나라 시대 인구의 평균 자연성장률은 5%~7%이다. 역사상 한나라, 당나라 등의 시대보다 뛰어나지 않았다(차오수지, 2001). 그 다음 공업화는 인구변화의 충분한 조건이 아니다. 자본주의 경제의 출현도 인구변화의 시작을 대표하지 않는다. 세계범위 내에서 인구변화가 자본주의 공업화와 긴밀히 연결된 것은 그 공업화가 가져온 경제발전과 기술진보가 비교적 일부의 인구에 혜택을 주었기 때문이다.

예를 들어, 영양 상황이 개선되고 질병예방과 통제능력이 증가되는 등 이러한 것들이 인구사망률 하락을 초래하고 인구의 변화과정을 시작하게 하였다. 다만 추상적인 공업산업 또는 자본주의경제의 발생은 인구변화의 시작을 설명하지 못한다. 중화민국 초기 중국은 여전히 반식민지, 반봉건사회였으며, 사회경제 발전은 낙후하였고 사회생산력 수준이 낮아 제국주의 국가와 관료자본이 중국의 경제명맥을 장악하고 기존의 봉건적 생산관계는 여전히 유지되었으며 민족자본의 발전은 미약하였다. 이러한 배경에서 공업 또는 자본주의의 출현은 어떻게 인구변화의 충분한 조건이 될 수 있었을까? 사실이 증명하듯이 일반 백성의 경우는 서방공업 혁명성과의 도입 또는 중국본토 자본주의의 발전으로 인해서는 나아지지가 않았다.

1930년대 말에 중국의 인구 사망률은 25%~30%였다(루위, 훠전우, 2009). 신 중국 건립 초기 민중의 주요병인은 옛 중국에서 남겨진 전염병, 기생충병과 지방병이었다. 이런 질병은 신 중국 건립 이전에는 좋은 치료와 통제를 얻지 못했다는 것을 설명한다(주한궈, 경향동,

2010).

이 책에서는 중국인구 변화의 시점이 1949년 중화인민공화국 성립 때라고 보고자 한다. 1949년 10월 1일 중화인민공화국 중앙인민정부가 정식으로 성립하였다. 이는 중국이 1840년 아편전쟁 이래 장기적인 전쟁의 역사상태가 끝나고 중국은 이때부터 독립, 평화, 안정된 새로운 시기로 들어섰음을 상징한다. 이는 제국주의, 봉건주의와 관료주의가 중국에서 철저히 종결되고 새로운 생산관계의 형성은 생산력 수준의 대폭적인 향상을 촉진할 것임을 상징하였다. 이는 국민이 주인이 되는 새로운 시대가 오고 일종의 발전성과가 대중의 제도를 실현하는데 혜택을 미치게 된다는 것을 상징했다. 새 중국 성립 이후 사회질서는 안정되고 따라서 국민경제 수준도 회복되고 발전되어 국민생활 수준이 현저히 향상되었고, 의료기술이 빠르게 진보되면서 위생 사업도 점차적으로 발전하였다. 이런 것이 바로 인구변화가 시작되는 시점으로 볼 수 있는 합당한 정의라 할 수 있다.

2. 옛 것을 지우고 새로운 것을 세우다: 신 중국 성립초기의 사회경제적 변혁

중화인민공화국 성립 이전의 국민경제는 옛 세력이 중국에서 여전히 잔재하고 제국주의와 관료주의의 광폭한 압박과 착취 및 장기적인 전쟁으로 인하여 많이 파손되었다. 그리하여 신 중국 성립 이후 중국은 먼저 일련의 사회경제적 개혁을 진행하여 인구변화를 가동시키는데 양호한 사회경제 조건을 창조하였다.

1949~1952년 기간에 중국은 세관의 주권을 되찾았고, 대외무역 관리를 실시하였으며, 항미원조(抗美援朝) 등을 통하여 새로운 정권이 경제와 정치에서 독립적인 지위를 확보하였다. 악질토호 등 악한 세력과 반혁명을 소탕하는 운동을 통하여 사회환경을 정화하였다. 토지개혁완성을 통하여 농촌생산력을 해방하고, 농민을 해방하고, 그들의 생산성 향상을 불러일으켰다. 매춘, 성매매, 도박 등의 금지를 통하여 전체 사회의 도덕적 분위기를 정화시켰다. 건국초기 이러한 일련의 옛날에 남아 있던 문제들을 적절하게 처리하여 전쟁 후의 안정된 과도기를 보장함으로써 인구가 전란의 상처에서 회복되기 위한 안정되고 평화스런 질서의 환경을 창조하였다.

1953~1956년 기간에는 신민주주의혁명의 완성 이후 중국의 사회주의혁명도 비교적 온화하고 평화로운 과도방식을 취하여 민족자본주의 경제를 제한하고 이용하고 개조하였으며, 개인 수공업을 지지하고 민간 상공업을 조정하였다. 1956년 '3대 개조' 완성 후 사회제도는 확립되었고 전국 국민이 계속 가슴 가득한 열정으로 사회주의 건설의 물결에 뛰어 들었다. 새로운 사회제도는 오래도록 잠들어 있던 중국이라는 토지에 뿌리를 내리고 각 민족의 자손들이 공동으로 노력하는 가운데 번영하고 강대해졌다.

신 중국 성립 이전에 중국의 국민경제는 이미 붕괴의 끝자락에 들어섰고 물자공급이 부족하고 물가가 치솟고 재정이 난항을 거듭 하였다. 신 중국 성립초기에 정부는 최대한으로 기존의 기초를 이용한다는 전제하에 옛 경제를 개혁하고 생산력을 해방시키고 발전시켰다. 그리고 잔여 관료자본 몰수를 통하여 국영경제의 힘을 확충하였다.

민족자본주의 중의 자본주의 상공업과 개인수공업의 이용과 개혁을 통하여 최대한 기존의 경제역량을 보류하였다. 금융관리의 실시, 주요 공급물품에 대한 통제, 시장에 대한 감독 강화와 통일된 재정정책의 실시 등을 통하여 경제가 양성운행의 궤도로 회복되게 하였다. 이러한 조치의 강력한 작용 하에서 국민경제는 크게 회복되고 발전하였으며, 국민생활수준도 점차 향상되었다. 1949년~1952년, 사회의 총생산액은 1949년에 548억 위안에서 1952년에는 1,015억 위안으로 증가하여 연평균 22.8%씩 증가하였다.

국민수입은 1949년에 358억 위안에서 1952년에는 589억 위안으로 증가하였으며, 증가폭은 64.5%(중화인민공화국통계국, 1984)나 되었다. 1949~1951년 기간에 직장인의 급여증가속도는 60%~120%에 달하였고, 농민의 연평균 수입도 30.1%나 증가하였다(국가통계국 국민경제 평행사, 1987). 제1차 5개년 계획 시기에 자본주의 상공업, 수공업과 농업의 사회주의 개혁과정과 국가의 공업화 실현과정은 동시에 진행되었다. '3대 개혁'을 통하여 신민주주의에서 사회주의로 나가는 안정되고 빠른 과도기를 실현하고 생산관계의 진보는 생산력을 해방시켰다.

사회주의 공업화와 우선적으로 중공업을 발전시킨다는 방침을 실현하여 중국의 공업기초가 단기간에 기본적으로 형성되었고, 옛 중국의 낙후한 공업의 면모를 바꾸었으며, 공업생산의 능력이 빠르게 발전하였고 공업기술 수준이 크게 향상되었다. 공업화 기초의 초보적인 형성은 한 방면으로는 기술연구 개발과 생산력의 지속적인 향상에 양호한 기초를 제공하였고, 다른 한 방면으로는 상품의 생산능력을 증가시켜 국민생활 수준이 개선되었다.

건국초기에 사회주의 경제개혁을 통하여 중국대륙에는 생기가 넘치고 번영하는 새로운 모습이 나타났고 경제가 빠르게 회복 발전되고 정치가 깨끗해지고 사회가 안정되고 생활이 개선되어 인구변화의 씨앗이 여기서 싹트게 되었던 것이다.

3. 병을 제거하고 마귀를 물리치다: 공공위생사업의 발전과 시민위생운동의 전개

사회주의경제가 잇따라 승전보를 전할 때, 신 중국정부는 인구영역의 힘든 전투에 직면할 수밖에 없었다. 건국초기 옛 중국이 남긴 전염병은 여전히 기승을 부려 국민의 생명안전에 큰 위협을 조성하였으며 높은 사망률은 떨어지지 않았다. 이는 신 중국의 당과 정부가 직면한 첫 번째 인구위기라고 할 수 있었다. 국민이 주인이 되는 국가에서 국민을 위하여 봉사하는 것을 최고의 목표로 한다는 정당의 영도 하에서 생각해볼 때, 발전성과가 국민에게 혜택이 안 되고 그들의 생존상황을 개선하지 못하고 심지어 그들의 생명안전을 보호하지 못한다면 아무리 빠른 사회경제 발전이 무슨 소용이 있겠는가? 이것은 새로운 정권에게 매우 큰 시험이었다.

세상 사람들을 주목하게 한 것은 짧은 몇 년간에 중국정부와 국민이 역신과 병마와의 전쟁에서 승리함으로써 세계에 중국이 이룩한

'인간의 기적'을 보여준 것이었다. 전염병이 효과적으로 통제되고 단 8년 만에 사망률을 20%에서 절반 수준으로 하락하였다. 똑같은 상황이 프랑스에서는 100년이 걸렸고 일본에서는 30년이 결렸다.

의심할 것도 없이 시대의 진보는 이 승리에서 지울 수 없는 공헌을 했다. 즉 의학과학의 진보, 면역방법 계획의 대규모 수립 및 실행, 근대 위생개념의 보급은 18, 19세기 모든 선진국에서의 인구변화 때와는 비교할 수가 없었다. 하지만 이런 '초고속' 사망률 하락 과정에서 더욱 많이 나타난 것은 '중국식'의 승리였다는 점이다. 이런 승리는 엄밀한 조직체계, 기존자원에 대한 최대한의 이용과 군중역량의 광범위한 협조에서 온 것이다. 이런 어디선가 본 듯한 단어는 당이 중국인민을 이끌고 혁명과 경제건설을 진행하는 과정에서 자주 쓰는 수단이었다.

이는 집권경험의 정부와 국민 간에 호흡이 잘 맞았던 경험이었다. 그들은 혁명투쟁과 경제건설의 승리를 완전하게 인구영역까지 연결시켰던 것이다.

신 중국 성립시작부터 '예방 위주', '공농병을 향하여', '중서의 단결' 및 '위생운동과 군중운동 결합'의 지도방침을 제기하였다. 국가는 성, 시, 현에 3급 종합병원과 전문병원을 설립하고 확장하는 동시에 대량의 인재들을 위생방역소 설립에 투입하여 전국적인 위생방역체계를 형성하여 건국초기의 병역감시 통제, 위생 감독과 건강지식 홍보에 큰 공헌을 하였다. 중국의 천년문화와 지혜의 결정체인 중국의학을 중시하고 보호해 주었고, 국가는 민간 중의학 자원에 대하여 통합을 진행하여 단시간 내에 일부 중의원을 설립하여 건국 초기 위생자원 결핍의 상황을 완화시켰다. 애국 위생운동과 '맨발 의사'를 양성한 것은 위생 영역 군중운동의 집중적인 표현이었으며 중국이 개척한 쾌거였다. 애국위생운동은 각 부문에서 위생업무의 협력에 도움이 되었을 뿐만 아니라 더욱이 군중을 조직하고 동원하여 주변의 위생환경을 개선하게 하였다. 이렇게 광범위하게 동원된 군중역량은 매우 강하고 사각지대가 없었다.

위생운동에서 어느 정도 지식기초가 있는 적극분자는 '단기 속성', '바로 양성'을 통해 농촌의사가 되어 의사가 부족하고 약품이 적은 농촌의 국면을 변화시키는데 중요한 작용을 하여 농촌지역 예방 치료 능력이 철저하게 바뀌게 하였다. 신 중국 성립초기 군중 위생 부문에서는 옛날의 많은 산파를 개혁하고 대대적으로 새로운 방식의 분만방식을 널리 보급하여 기술이 성숙되지 않은 조건에서의 인공유산 제한을 통해 어머니와 아기를 보호하였다.

주혈흡충병은 중국 특히 남방지역에서 매우 보편적인 급성 전염병이었다. 건국초기 중국에서는 대략 몇 십만 명의 말기 병자와 새로 감염된 병자가 있었다. 주혈흡충병을 없애기 위해 중국 중앙정부는 1955년 11월 중앙의 측면에서 주혈흡충병 예방지도소조를 설립하여 주혈흡충병 소멸을 각급 당위원회의 의사일정에 집어넣고, '전 당의 동원, 전 국민의 시작, 주혈흡충병 소멸' 등의 구호를 제기하여 군중 차원의 소멸활동을 전개하였다.

마오쩌둥 주석은 장시성 유장현이 제일 먼저 주혈흡충병을 소멸하였음을 듣고 특별히 유명한 '송역신(送疫神)'이라는 시를 썼다. 당과 정부의 고위 인사들이 이처럼 전염병에 대하여 중요한 관심을 가지고 사회단체가 전국적으로 이렇게 방대한 질병예방과 통제과정에 참여한 것은 전 세계 인류발전 역사상 보기 드문 광경이었다.

중국에서는 천연두도 대규모로 유행하여 사람들은 '두'라는 말만 들어도 얼굴색이 변하였으며 피하기가 바빴다. 심지어 청나라 때에는 많은 황실 친족들이 천연두로 죽었다.

1950년대에 전 인민 천연두 면역계획을 실시하여 중국의 천연두 환자 수는 1950년대 초에는 6만여 명에서 20세기의 60년대 초에는 백 명이 안 될 정도로 떨어졌으며 마지막에는 전 세계를 향해 중국은 이미 천연두를 철저히 소멸시켰음을 선포하였다.

그 외에 기타 급성전염병과 기생충 퇴치의 사례를 들어 보면 이질, 결핵병 등에 대한 적절한 치료를 하여 환자수와 사망자 수는 모두 크게 하락하였다. 전 국민이 힘을 모아 역신과 병마에 대항하는 이런 신화는 '6억 대륙'의 중국에서만 실현 가능했던 일이었다.

4. 사망률의 하락은 인구의 변화과정 시작의 상징이었다

20세기 중반기 중국의 사망률은 신속하게 하락했고 중국인구 변화의 과정도 이때부터 정식으로 서막을 열었다. 사망률은 1949년의 20% 정도의 수준에서 1958년에는 11% 전후의 수준으로 하락하여 거의 절반정도로 하락하였다. 영아사망률은 40년대 말기의 200% 전후에서 60년대 초기에는 84% 정도의 수준으로 하락했고 인구의 평균 예상수명은 10년이 안 되는 시간에 10세 정도 증가하였다(루위, 훠전우, 2009).

유럽국가의 사망률 하락속도를 기준으로 본다면 일본 등 신흥 선진국의 속도는 비교적 빠르고 기타 개발도상국은 '고속'이라고 할 수 있었다. 하지만 중국의 사망률 하락속도는 절대적으로 '초고속'이었다. 50년대 초기에 세계의 평균사망률은 20% 전후였고 선진국은 10% 정도였으며, 개발도상국은 24% 정도였다. 이때 중국의 사망률 수준은 대체적으로 세계 평균수준에 있었다. 하지만 8년이라는 짧은 시간에 중국의 사망률 수준은 이미 10% 전후까지 도달하여 선진국과 어깨를 나란히 하게 되었으며 개발도상국의 평균 수준보다는 훨씬 낮았다.

이런 '초고속' 사망률로의 하락과정은 각종 유리한 요소들이 겹쳐진 결과였다. 먼저 그것은 시대특징의 표현이었으며 세계범위 내의 기술진보와 전파의 결과였다. 2차 대전 기간 의료기술의 끊임없는 진보와 공공위생 지식의 전파 속도와 범위는 대폭 증가하였다. 예를 들어 페니실린의 연구 성공과 광범위한 임상 응용은 인류의 세균성 감염에 대한 저항능력을 매우 강화시켜 사망률이 신속하게 하락할 수 있었다. 2차 대전 후 자본주의 세계 체제의 와해는 세계의 자원이 평등하게 분배되도록 하여 많은 개발도상국의 국민들은 식품 증산과 기술 진보가 가져온 성과를 누리게 되었다.

이는 많은 개발도상국의 공통적인 특징이었다. 전쟁 후 평화의 환경, 민족독립운동의 성공과 각국의 사회경제 발전의 회복을 위한 노력은 이에 적극적인 작용을 발휘하였다. 마지막에 이는 더욱 더 중국의 독특한 국정의 체현이었다. 앞서 〈공동강령〉에서 중국의 국체는 국민이 민주적으로 정치를 하는 것으로 확정되었다. 국민이 주인이 된 이런 국가에서만 정부는 비로소 국민의 건강을 첫 번째의 중요한 과제로 정하였고, 사회, 경제 발전의 성과는 최대한의 범위 내에서 평등하게 빠르게 전 국민에게 보급될 수 있었다.

엄밀하고 완전한 조직체계를 건립하고 최대 한도에서 기존의 기초를 이용하여 광범위하게 군중의 힘을 동원했던 것은 당과 정부가 국민을 이끌고 다년간 반제반봉건의 전쟁 중에서 형성된 투쟁경험과 수단 덕분이었다. 그들은 전쟁과 포화의 세례를 겪고 사회주의 건설과정에서의 활용을 통하여 더욱 성숙하게 발전하였다.

이런 수단과 방법은 단기간에 비교적 열악한 조건에서 지정된 목표를 실현하는데 특히 효과적이었다. 하지만 건국초기 재빨리 전염병을 통제하고 소멸시킴으로서 양호한 위생환경의 상황을 창조했던 것이 이런 조건과 교묘하게 부합되었던 것이다.

그 외에 건강위생문제를 애국적 측면으로 끌어올려 중화인민문화 전통 속 있는 '천하가 흥망 하는데에는 사람마다 책임이 있다'는 책임감과 정신을 불러일으켰다. 이것도 건국초기에 비교적 짧은 시간에 사망률 대폭하락을 실현할 수 있었던 중요한 원인중의 하나였다.

사망률 하락 과정만으로도 신 중국은 이미 전 세계를 놀라게 하였다. 이 오래된 토지 위에서 세계를 향하여 신기한 힘과 새로운 생기를 보여줬던 것이다. 사망률의 하락은 중국인구 변화의 시점이 되었다. 하지만 사망률 초고속 하락을 실현하는 과정은 중국인구 변화의 길을 탐구하는 시점이기도 했다. 이 전투 중에 표현된 특징과 취한 방법수단은 차후에 이미 성숙된 중국특색의 인구변화의 길이 가지고 있던 특징을 드러냈다. 하지만 이때의 사람들은 사망의 전쟁을 독립적인 인구위기 처리과정으로만 보았다.

그들은 이 과정에서 쌓은 경험, 방법이 장래에 더욱 넓게 펼칠 수 있는 공간이 있다는 것을 깨닫지를 못했다. 또한 이런 것들이 앞으로 중국인구 변화 길의 원시적 요소가 될 것이라는 것도 생각하지 못했다. 이제야 중국의 인구변화는 서막을 열게 된 것이고, 그 후로는 더욱 많은 미지의 고난과 도전에 직면할 것임을 몰랐던 것이다. 당과 정부의 지도하에 중국인민은 가득 찬 희망과 활력으로 현대 형 인구변화의 위대한 여정을 향해 첫발을 내딛었던 것이다.

제2절
제2차 인구위기와 중국인구 변화의 길에 대한 배양

1. 봄날의 우레 소리: 인구규모의 급속한 팽창

1953년은 신 중국 역사상 매우 특수한 의의를 가진 한 해였다.

이 해에 중국은 국민경제의 제1차 5개년 계획을 실시하였다.

이는 신 중국 경제건설의 시작을 상징했다. 동시에 이 해에는 제1차 전국인민대표대회의의 개최와 헌법의 통과 준비작업을 시작하였다. 이는 신 중국 정치건설의 시작을 상징했다. 국민대표의 선발은 성과 현 등 각급의 정확한 인구수가 필요했다. 이러한 전제하에서 중국은 제1차 인구조사를 전개하였다.

하지만 조사한 결과에서 중국의 총 인구수는 사람들이 짐작했던 '4억 5천만'을 훨씬 초과하는 것으로 나타났다. 1953년 6월 30일 까지 전국의 총인구는 6.02억 명이었고, 내륙인은 이미 5.8억 명을 초과한 상태였다. 또한 그 해에 중국인구의 출생률은 37%였고 사망률은 14%(표 4-1)였다. 만약 이러한 추세가 지속된다면 1953년의 인구를 기초로 한다고 해도 매년 2,200만 명이 출생하고 매년 인구 증가는 1,400만 명이 넘는다는 것을 의미했다. 이 결과는 봄날의 우뢰처럼 중국대지를 깨워 사람들로 하여금 신 중국에 봄날이 오고 만물이 소생하는 생기발랄하고 날카롭게 발전하는 기세를 느끼게 하였고 사람들에게 큰 놀라움과 진동을 가져다주었다.

그 때의 6억 인구는 민심을 절대적으로 격려하는 숫자였다. 수천 년 간의 발전역사는 중국국민에게 명확히 알려 주었듯이 사회 안정, 정치 투명, 경제발전의 태평성세에서만 인구가 대폭성장하는 현상이 나타날 수 있었음을 알려줬기 때문이었다. 새롭게 건립된 신 중국에서 짧은 시간 내에 이렇게 많은 사람들이 질병과 빠른 사망의 음영에서 해방되고 나날이 풍부한 물자도 6억 인구의 의식주를 감당할 수 있게 한 것은 바로 사회주의제도의 우월성의 충분한 표현이고, 또한 곧 전개할 공업화 건설에서 많은 인구자원도 거대한 건설역량으로 될 것이라고 생각했다. 물론 이런 격동과 흥분 중 일부 의심과 망망함도 섞여 있었다. 인구가 이렇게 빨리 성장하는 추세가 줄곧 지속될 것인지? 이는 결국 미래의 중국에 어떤 영향을 가져올 것인지? 하지만 놀라움과 희열에 잠겨있던 사람들이 사고할 시간도 없이 중국의 인구는 이미 새로운 시대에 들어섰다. 그것은 수천 년간 봉건왕조의 주기적인 뒤바꿈으로 인한 것이 아니라 세계인구 변화 추세중의 하나였다. 사람들은 "사람이 많으면 힘도 크다"는 것을 깨달을 시간도 없이 공업사회에서는 이미 농업사회 만큼 적용되지 못하였다.

특히 기초가 빈약하고 빈곤한 나라에서는 너무 많은 인구가 가져오는 것이 모두 긍정적인 힘은 아니었던 것이다.

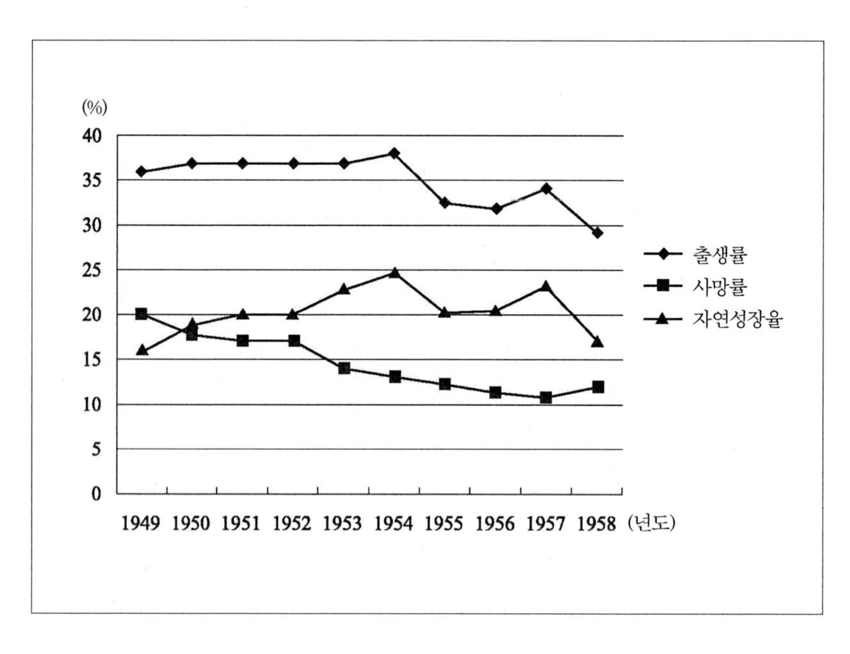

도표 4-1 중국인구의 출생률, 사망률과 자연성장률(1949-1958년)

험준한 현실은 곧바로 사람들의 추측과 의심에 끝을 내주었다.

그것들은 많은 인구로 인한 희열과 자랑에서 인구의 너무 빠른 성장에 따른 번뇌와 걱정으로 사람들을 천천히 몰아갔다. 1953-1957년에 중국 부녀자들의 평균 자녀출산 수는 6명 전후였다. 매년 출생인구는 1,900만~2,200만 수준에 달했으며, 순수성장 인구는 1,200만~1,400만이었다. 국가차원에서 볼 때 신속하게 성장하는 인구는 사회경제 발전에 매우 큰 부담을 가져왔다.

건국초기에 마오쩌둥(毛澤東)은 중국의 방대한 인구는 매우 좋은 조건이라고 생각하였다. 그러나 1957년에 이르면 그의 생각은 이미 변화가 생기기 시작했다.

사람이 많으면 좋은 점도 있고 나쁜 점도 있다고 생각했다. 그것은 너무 많은 인구는 식량생산, 자녀취학, 취업노동력, 교통운송, 생활 기초시설 등의 각 방면에 큰 압력을 가져왔기 때문이었다(펑페이윈, 1997). 중국은 한창 사회주의 공업화의 걸음마단계에 처해 있어 모두가 국가 경제건설의 큰 물결에 빠져 있었다. 너무 많은 자녀는 많은 군중의 업무, 학업과 생활, 특히 자녀교육, 양육 방면에 큰 어려움을 가져왔다. 건국 초기에 사람들은 전 국민이 모두 협력하여 너무 높 은 인구사망률의 위기를 해결 한 후 바로 빠른 사망률의 하락으로 인한 또 다른 위기 - 인구의 쾌속성장에 직면 할 수밖에 없다는 점은 상상도 못하였다. 너무 높은 사망률은 사회주의 사회에서 힘써 해결할 문제임에 틀림이 없었다.

그렇다면 너무 빠른 인구성장에 대하여는 어떤 태도를 취해야 할 것인가? 이는 사회주의발전의 필연적인 규칙이며 심지어 사회주의제도의 우월성적인 표현인지, 아니면 또 다른 해결해야 할 문제인지? 이런 우려와 생각을 가지고 일부 유명한 민주인사, 정치가, 사회학자, 경제학자와 자연학자들은 중국의 인구문제에 대한 대 토론을 하기 시작했던 것이다.

2. 인구과다, 과속성장 현상에 대한 인식과 해결에 관한 학술토론

1950년대에 인구문제는 고도의 관심을 받았다. 중국의 인구가 너무 많은 것인지? 계획출산조치를 취하여 인구성장을 억제해야 하는지? 등 일련의 문제들에 대하여 많은 전문가와 학자들은 충분한 토론을 펼쳤다. 1954년 제1기 전국인민대표대회 제1차 회의에서 사오리즈(邵力子)는 인구통제를 호소하는 연설에서 1957년 초의 인구연구좌담회와 『문회보』에서 주최한 인구문제토론회까지, 그리고 각 신문에서 수백 편의 인구문제에 관한 문장을 발표하기까지 모두가 인구문제에 대한 관심과 변론의 열기가 점차 더해갔다.

인구통제를 반대하는 학자들은 대부분 소련사회주의 인구이론의 영향을 많이 받아 자본주의제도에 비하여 사회주의제도의 우월성을 비교 강조하였다. 그리하여 인구과잉의 현상이 존재하지 않을 것이라고 생각하였다. 소련의 인구이론은 토머스 맬서스 인구이론에 대한 철저한 부정과 사회주의제도에 대한 우월성의 충분한 긍정 위에 성립되었다. 그는 자본주의제도가 국민의 빈곤을 초래하는 주요 원인이며 인구과다가 원인이 아니라는 것이었다.

사회주의사회에서 자본주의의 인구규칙은 효력을 잃고 인류가 장악한 선진기술은 반드시 생활 자료를 빠르게 증가시킬 수 있어 어떠한 인구성장 속도도 모두 만족시킬 수 있다고 했다. 인구가 쾌속성장하고 발병률과 사망률이 빠르게 하락하며, 노동능력이 있는 사람의 충분한 이용이 가능한 이것은 바로 사회주의 인구규칙의 표현이라고 여겼다(소련과학원경제연구소, 1955). 그리하여 중국의 일부 학자들은 인구통제를 찬성하는 관점에서 토마스 맬더스주의 또는 현대 토마스 맬더스

주의이며 반동 인구이론이라고 여겼다(쪼우찡, 1955. 량찌중, 1957). 이 학자들이 볼 때 중국인구의 높은 성장은 문제가 아니었다. 새로운 생산관계의 성립과 성숙은 생산력을 크게 해방시키고 사회생산력이 발전하면 인구문제도 저절로 해결된다고 보았기 때문이었다. 또한 인구의 고속성장은 사회진보를 추진하는 위대한 힘이기에 사회주의 국가는 인구통제를 하면 안 될 뿐만 아니라 인구의 쾌속성장을 위하여 조건을 창조해야 한다(차루이촨, 1999)고 했다.

그때의 정치 환경에 얽매여 인구통제를 찬성하는 사람들은 관점을 표현할 때 조심스러워 보였다. 마치 애써 '지뢰구역'을 피하는 것 같았다. 일부 학자들은 논술의 편찬 서론에 항상 자신의 관점을 토마스 맬더스주의와 경계를 뚜렷이 하고 또한 명확히 '사회주의는 인구과잉이 존재하지 않는다'는 관점에 대하여 찬성하는 태도를 보였다. 이런 전제하에 그들은 완곡하게 인구는 마땅히 조금씩은 제한해야 한다는 관점을 제기하였다. 또는 '현재에는 노동력 증가의 필요성이 전혀 없다'(췐웨이텐, 1957), 또는 '인구의 적정성도 정도의 차이가 있다.

인구통제는 빠른 시일에 최고로 적정한 상태에 달하는데 도움이 된다'(이에위안룽, 1957)와 같이 이유는 여러 가지가 있었다. 심지어 토론 초기에는 국가발전 각도에서 인구문제를 토론하는 사람은 아주 적었다. 다만 '어머니 건강', '청년의 행복' 각도에서 토론하고 인구통제의 필요성을 연구 토론하였다. 어떻게 인구성장을 통제할까

하는 방면에 대해 아주 명확히 얘기하거나 왜 인구통제를 해야 하느냐 하는 방면에서는 완전하게 드러내지 않은 것처럼 보였다.

하지만 토론의 끊임없는 깊은 연구와 정치여론 환경이 나날이 여유롭게 되었고, 특히 학술과 문예의 번영차원에서 '백가쟁명, 백화제방'의 지도방침이 제기된 후 일부에서는 관점이 뚜렷하고 핵심문제를 언급하는 연구들이 점차 수면 위로 떠올랐다. 이런 연구들은 많은 방면에서 파격적인 발전을 가져왔다. 먼저, 이런 모든 연구들에서는 과다한 인구는 국민의 생활에 빈곤을 가져올 뿐 만 아니라, 국가의 건설과 개선에도 어려움을 가져올 수 있다는 것을 깨닫게 했다. 즉 너무 빠른 인구성장은 국민수입 중 축적과 소비의 비율이 평형을 잃고 사회 확대재생산에 영향을 주기 때문이다(마엔추, 1957. 덩지싱, 1957). 이로부터 인구과다와 과속성장이 국가발전에 가져오는 부정적인 영향은 마침내 사람들의 토론 범위에 들어갔다.

둘째, 사람들은 사람이 많으면 힘이 커진다는 미신에 대한 생각이 바뀌고 인구성장의 경제적 효과 문제를 변증법적으로 보기 시작하였다. 그들은 노동생산율, 평균생산량 지표 등의 방면에서 인구성장과 경제발전의 관계를 연구하고 적정한 인구수의 문제를 토론하였다(이에위안롱, 1957). 셋째, 마오쩌둥이 제출한 '국가 5개년 계획과 어울리는 가정계획', '인류자체의 생산 계획화' 등의 개념에 영향을 받아 사람들은 예전의 인구성장을 방임했던 태도를 바꾸고 많은 학자들은 인구성장은 마땅히 계획이 있어야 하고 비율에 따라 진행해야 한다고 제기하였다(우찡초우, 1957). 마지막에는 중국화 의식이 강화되고 객관적으로 중국과 소련국정이 다름을 분석하여 장기적인 소련인구이론의 속박에서 벗어나 중국현실에 부합되는 인구이론을 탐구하였다. 사람들은 소련은 땅이 넓고 인구가 적으며 큰 국정의 차이로 소련의 인구성장 격려정책은 중국에 적용되지 않는다고 여겨 중국자체의 실제상황에 따라 인구발전의 규칙을 찾아 인구정책을 제정해야 한다고 생각하였다. 그들은 무형적 노동과 유형적 노동은 일정한 비율로 성장해야 하며 인구재생산과 국민경제 재생산은 서로가 적응해야 사회주의 기본 경제규칙의 인구발전 상태라고 여겼다(쪼우청신, 1957).

이번 학술토론은 곰곰이 새겨볼만한 깊은 의미가 많이 담겨 있다. 첫째, 비록 학술토론의 형식으로 표현 되었지만 이런 토론에서 반영된 것은 인구문제에 대한 전 사회의 관심이었다. 정부로부터 일반국민까지 모두 중국의 쾌속성장하는 인구현상에 대하여 의혹과 생각이 많았다. 또한 이런 전체 사회에서 나오는 관심은 우연적인 현상이 아니며 시대특징의 표현이며 역사발전의 필연적인 결과였다. 인구조사의 전개와 조사결과의 공표는 도화선과 계기가 되었지만, 이번 토론을 추진하는 주요원인은 아니었다.

한편으로 인구의 변화과정의 시작으로 인하여 인구는 매년 1,000만 이상의 수준으로 급속하게 증가하였다. 이런 대단한 기세는 중국인구 몇 천 년 동안의 발전 역사상 전혀 보지 못하였고 종적을 찾을 수 없었으며, 역사에서 이런 거대한 변화를 해독하는 실마리와 제시를 찾기란 어려웠다. 다른 한편으로는 절대다수의 사람들이 이것을 사회주의제도 하의 특수산물이라고 보는 경향이 있었지만, 중국이 이미 세계인구 변화의 큰 물결에 처해 있다는 사실은 몰랐던 것이다.

마르크스주의의 고전 저서에서는 사회주의제도 하의 인구발전 모습에 대한 내용이 매우 적었다. 이때의 중국인구는 마치 고속운행하면서 종점을 모르는 열차처럼 변화는 빠르지만 미지수로 가득하였다. 사람들은 인구과속성장의 현실적인 부담을 절실하게 느꼈다.

하지만 이 현상에 대한 인식과 해석하는 이론과 현실은 모순이고 심지어는 공백이었다. 양자 간의 차이는 거대한 장력을 발생하였으며 이런 힘은 끊임없이 모여 언젠가는 어떠한 방식으로 폭발할 것이었다. 그래서 역사는 이번의 학술 대토론회를 선택하였던 것이다.

둘째, 이번 보기에 격렬했던 논쟁 중에서 표면상으로 볼 때는 인구통제 찬성과 인구통제 반대 학자들 간의 관점 논쟁으로 보였으나 그들이 반영한 것은 더욱 깊은 모순이었다. 즉 과잉인구가 존재하지 않는다는 소련의 사회주의 이론지도와 인구과속성장이 사회주의 경제발전에 부담을 가져오는 현실 간에는 곤경과 모순이 존재했다. 논쟁의 결과 중국학자들의 중국화의식이 점차 깨어나게 되었다.

그들은 중국의 현실에 입각하여 사회주의 인구규칙에 대한 인식을 수정하였다. 그들은 정확히 '과잉인구'와 '인구과다, 인구과속성장문제'를 구분하였다. '과잉인구'는 자본주의제도의 산물이며 사회주의제도 아래에서 적용공간이 사라졌다. 하지만 사회주의 제도 하의 인구는 무한성장하는 것이 아니라 그것은 인구발전 규칙의 제약을 받아야 한다. 소련의 인구이론 및 그것으로 인하여 파생한 인구정책도 각국의 실정에 기초한 것이며 사회주의제도 하의 인구발전규칙에 대한 일종의 답일 뿐 표준답안이 아니다. "이런 규칙이 무엇인가?"에 대한 중국학자의 대답은, 인구는 마땅히 계획적으로 비율에 따라 성장해야 하며 인구자체에 의한 재생산은 국민경제 재생산과 서로 호응해야 한다고 하였다.

셋째, 인구문제에 대한 토론은 이미 인구문제 자체를 훨씬 초월하였다. 심지어는 중국의 사회주의 발전규칙에 대한 사고로까지 뻗쳤다. 사회제도가 새롭게 건립되었기에 사람들은 그에 대한 인식이 명확하지 않고, 또한 인구문제는 국가경제와 국민생활에 관계되는 기초적인 문제이므로 이번 토론에서 종종 경제발전규칙, 사회주의제도 등의 문제와 연결되었다. 토론의 충분한 전개에 따라 사람들은 인구발전규칙 뿐만 아니라 경제발전규칙과 중국 사회주의제도의 특징에 대하여 더욱 깊은 인식이 생겼던 것이다.

3. 정책실천: 태도를 분명히 하고, 구상을 제기하여 초보적으로 실시하다

아직도 인구통제를 해야 하는지에 대해 학술계가 뜨거운 열기로 토론을 벌이고 있을 때에 인구 과속성장의 현실적인 부담이 사람들로 하여금 바로 행동을 취하지 않으면 안 되게 하였다. 피임계획을 통해 출산수요 조절행위가 사람들에게서 조용히 발생하였다. 정부가 아직 인구성장에 대한 태도에 상응하는 인구정책이 공백기일 때 저변에서 요구해 오는 소리는 아주 명확했다. 사회주의 '3대 개조'가 완성 된 후 많은 군중들은 바로 또 사회주의 건설과정에 뛰어들었다.

너무 잦은 성활동은 그들의 정상적인 일과를 크게 어지럽혔고 가정생활에도 큰 어려움을 가져왔다. 그리하여 많은 군중들, 특히 기관간부와 기업직원들은 강렬한 피임계획 출산수요가 생겨났다.

하지만 관련된 지식과 수단이 부족하여 이런 수요는 만족을 얻지 못했다. 그리하여 그들은 정부가 간섭하여 그들에게 필요한 도움을 제공하기를 절실하게 원했다. 언급할만한 것은, 이 시기에 희망적이었던 민중의 목소리는 인구과에 몰렸던 것이다, 쾌속성장의 현실적 위기상황에 대한 가장 직접적이고 가장 원시적인 반응이었다. 마치 신체의 자아조정시스템처럼 자연스러웠으며 어떠한 이론지도 또는 사회운동의 결과는 아니었다.

이와 동시에 인구의 쾌속성장은 국가사회경제 발전과 국민가정 생활에 커다란 어려운 현상을 가져왔으며, 당과 정부지도 자들의 관심을 불러 일으켰다. 1953~1957년 기간에 당과 국가지도자들은 피임계획출산에 대해 명확하게 찬성하는 태도로 통일되었다. 저우언라이, 덩샤오핑 등은 각종 공개 장소에서 계획출산을 전개하고 각종 조치를 위하여 적극적으로 이 업무의 순리적인 운영을 추진 할 것이라고 표명했다.

이렇게 하면 부녀자의 신체건강을 보호할 뿐만 아니라, 가정이 충분한 자원으로 자녀를 양육하고 토지, 식량, 취업 등에 대한 큰 부담도 완화시킬 수 있기 때문이다. 이 문제에 대한 마오쩌둥의 생각은 또 다른 더 높은 수준으로 나아갔다. 왜냐하면, 당시 중국 경제건설의 첫 번째 5개년 계획은 이미 실행을 시작했고 또한 거대한 효과를 발휘했다. 이 영향을 받은 그들은 이러한 개념을 인구영역, 인류자체의 계획적인 생산을 실현하는데 널리 보급하려고 시도하였다. 1957년에 그들은 전국최고국무회의 제11차 회의에서 전문적인 부서를 설립하여 계획출산업무를 널리 보급하기를 건의하고 '계획 있는 출산' 개념을 분명하게 제의하고 인류의 생육문제에 대한 자아통제능력강화를 격려하였다.

그 후부터 지금까지 모든 중국인에게 익숙한 단어인 '계획출산'은 점차 중국백성의 시야에 들어서고 전체 사회의 각 영역에 깊숙이 들어갔다. 중국의 '계획출산'은 기타 개발도상국이 실시한 가정계획과는 큰 차이가 존재했다. 가정계획은 가정에 서비스와 권한부여를 강조하였지만 계획출산은 전체 인구에 대한 질서 있는 관리를 강조하였다. 기원에서 볼 때 중국의 계획출산은 일종의 정치구상과 설계이며 경제영역에서 얻은 성공적인 계획적 수단을 인구영역으로 옮긴 접목체였다. 본질상에서 볼 때, 사람들의 자체생산과정에 대한 목표가 있고 절차가 있으며 질서가 있는 관리를 실현하기 위하여 힘써 노력하는 것은 웅대한 목표이며 인구영역이 필연적인 왕국에서 자유왕국으로 변화함으로써 강한 중국 특색과 이상주의 색채를 완성하였다.

군중과 정부는 두 개의 작용력을 일치하여 하나의 방향으로 결합하고 상호보완작용을 통해 강력한 힘을 형성하여 신속하게 계획출산의 전개를 추진하였다. 1955년 3월 중공중앙은 전체 당의 범위 내에서 〈중공중앙의 위생부조직의 계획출산문제보고에 관한 지시〉를 전달하고 태도를 명확히 하면서 '현재의 역사조건 아래에서 나라, 가정과 신세대의 이익을 위하여 당은 적당한 계획출산을 찬성한다'고 제의하였다.

또한 '25'계획의 건의보고와 〈1956년에서 1967년까지 전국농업

발전강요〉에서 계획출산을 널리 보급하고 홍보하는 내용을 기재하였다.(펑페이윈, 1997) 중앙문건의 정신적인 지도아래 주관부시인 위생부에서는 여러 차례 일련의 피임, 인공유산과 임신중절문제에 대한 정책과 규정을 수정하고 발표하여, 건국초기 인공유산과 임신중절에 대한 엄격한 제한을 점차 완화시켜 전국 각지의 계획출산의 전개에 정책과 기술상의 지지를 제공하였다.

이런 정책의 영향아래에서 피임과 계획출산의 홍보업무는 전면적으로 펼쳐지고 피임기술과 의약용품의 보급과 확보가 신속하게 증가하였다. 계획출산의 초보적인 시도는 성공을 거두었고 군중의 계획출산수요는 어느 정도의 만족을 얻었다. 전국인구출생률도 1954년에 37.9%에서 1956년에는 31.9%로 하락하였다. (도표 4-1)

사망률의 신속한 하락으로 인한 인구과속성장이 국가와 가정의 발전에 가져온 거대한 위기에 대해 이 시기에는 사람들이 위기를 인식하고 해석하고 해결하기 위해 많은 노력을 한 것은 중국인구 변화길의 주요 발전의 서막이었다.

인구규칙과 인구이론 방면에 대한 탐구는 제일 앞서 행하여졌기에 거둔 성과도 사람들의 주의를 끌었다. 국민의 중국화 의식은 이미 깨어났고 세계상황, 국가상황으로부터 마르크스주의 인구이론과 소련인구이론을 변증법적으로 볼 수 있었으며, 소련인구이론 중 '사회주의제도 하에 과잉인구는 존재하지 않는다'는 관점에서 벗어나 중국의 인구문제를 정확히 바라볼 수 있었으며, 또한 인구는 마땅히 계획성 있게 비율에 따라 발전하며 인구재생산은 국민경제 재생산과 서로 적응해야 한다는 발전규칙을 탐구해 냈다. 인구정책에 대한 탐구는 이상은 높았으나 실천이 따르지 않았으며, 방향에서는 처음으로 인구통제에 대한 찬성태도를 표명하였으며, 구상에서는 '계획성 있는 출생'이라는 웅대한 목표를 제의하였다. 하지만 아직 행동에서는 성숙한 사고와 시스템의 정책이 형성되지 않았다. 다만 민의에 순응하여 국민의 피임계획출산 수요를 만족하는데 착수하였으며 여전히 상황에 따라 적절한 조치를 취하는 자각반응단계에 처해 있었다. 하지만 독립적인 이론지도. 새로운 정책구상, 성공적인 초보 시도들은 모두 중국 특색의 인구변화의 길이 이미 잉태하기 시작했음을 상징했다.

제3절
제3차 인구위기와 중국인구 변화방향의 형성

1. 짧은 인식의 동요와 업무침체

1958년부터 1977년까지는 중국의 국민경제에는 곡절이 많은 발전의 시기였다. 이 기간에는 '좌'의 지도사상이 줄곧 주도적인 지위를 차지하고 있어 몇 차례의 운동은 모두 국민경제에 심각한 파괴를 주었다. 1956년 사회주의개조의 완성에서부터 1966년 '문화대혁명'의 시작까지는 곡절 많은 발전시기의 전반기이며 또 중국이 전면적으로 사회주의 건설을 시작한 10년이었다. 경제방면에서 이 기간에 총 노선, '대약진'과 '인민공사화'등의 운동을 겪었다. 실속 없이 성과를 부풀리는 행태의 성행은 사람의 능력이 과도하게 돌출되고 신격화하여 인구형세의 정확한 판단을 하는데 심각한 방해가 되었으며 인구영역에서 얻은 통일사상을 금방 동요하게 하였다.

평균주의의 범람도 경제발전의 규칙을 완전히 위반하여 국민경제발전의 정상적인 질서를 심각하게 손상시켰으며, 계획출산을 포함한 각종 업무도 한동안 침체상태에 처하게 하였다. 정치방면에서는 세계와 대만, 티베트와 신강 등 지역의 정세가 비교적 긴장되고 사회주의 건설의 우여곡절들이 국내모순을 격화시킴으로 인하여 마오쩌둥을 리더로 한 중공중앙은 형세의 엄중성을 잘못 추측하여 점차적으로 계급투쟁 확대화의 오류에 빠졌다(치펑페이, 원러췬, 2010). 경제와 정치방면의 폭풍은 금방 인구에 대한 연구영역을 뒤덮었고 '반우' 투쟁의 심각한 확대는 마옌추(馬寅初)를 비롯한 많은 전문가들의 비판을 받고 인구영역에 대한 이론탐구의 소리를 멈추게 하였다.

제1차 5개년 계획 완성 이후 중국의 사회경제 건설은 신속한 발전을 가져왔고 국민생활수준도 큰 향상을 가져왔다. 잇따라 오는 승리에 판단력이 흐려지고 인민을 동원하고 의지하는 힘은 백전백승의 열쇠가 된다고 생각한 많은 사람들은 높은 목표를 정하고 군중운동을 대대적으로 하면 중국은 곧 역사상 유례가 없는 경제기적을 창조할거라고 여겼다. 이런 전국곳곳에서 표현되는 무모한 돌진경향이 끊임없이 쌓여 끝내는 국민경제 '대약진운동'의 발생을 초래하였다. 1958년 5월 중국공산당 제8대 2차 회의에서 '빠르게 많이 사회주의를 건설'이라는 총 방향이 통과되었다 하지만 사실이 알려주듯이 이 방향을 집행한 결과 '많이'와 '빨리'라는 두 글자만 남았다. '대약진운동' 중 무모하게 현실에 부합되지 않는 과대한 목표를 제출하고 또한 목표의 완성기한을 단축시켰다. 이런 생산력 발전수준을 훨씬 초월한 목표를 실현하는 것은 아무리 군중을 동원해도 소용이 없는 것이었다.

그것은 투자를 추가하고 품질을 희생하고 심지어 속여야만 완성 가능한 것이었다. 높은 목표에 부합하기 위하여 사람들은 거짓말과 과장으로 목표와 현실의 차이를 속였으나 과장된 성적을 또다시 믿게 되어 이것이 기초가 되어 더욱 높은 목표를 제출하였다. 이런 악순환 중 사람들은 거짓된 승리에 두 눈을 가리고 냉정한 두뇌와 객관적인 분석 판단능력을 잃었으며 인구발전의 형세에 대해서도 잘못된 판단을 하였다. 중국공산당 제8대 2차 회의에서 정식으로 '사람이 많으면 발전을 방해한다는 것을 철저하게 뒤 집는다'는 평가를 선포하였다. 6차 회의에서는 심지어 1958년 농업 대풍작의 사실이 표명하듯 각종 노력을 통하면 고액의 풍작을 거둘 수 있으며, 그때가 되면 '인구가 많은 게 아니라 노동력이 부족하다'(펑페이윈, 1997)고 제기하였다.

1957년부터 '민주 새로운 길'의 정풍운동은 '반우'투쟁으로 변하고 끝내 '반우' 투쟁 확대의 착오를 빚었다. 국가발전을 위하여 많은 방안과 대책을 내놓고 붓을 들어 사실대로 기록하며 하고 싶은 말을 마음껏 하는 지식인들은 타격을 받았다. 〈우파들이 인구문제를 이용하여 정치음모를 하는 것을 허용하지 않는다〉는 문장이 인구영 역에 대한 비판의 서막을 열었다. 학술문제 상의 의견 차이는 계급 투쟁으로 표현되고 원래 인구문제에 관한 토론은 자산계급의 '인구 문제를 이용하여 반공, 반사회주의와 자본주의의 부활'의 공격으로 규정하였다(리푸, 1957). 이때부터 마엔추, 우징초우, 천창헝 등 많은 사회, 경제학자와 인구학자들의 학술토론은 정치토벌이 되고 모두가 맹렬한 공개적인 비평을 받았으며, 그들의 천지를 뒤덮는 문장들의 관점을 정치적 각도에서 정의하고, 심지어는 학자 본인에 대하여 평가하고 공격하였다.

창의력과 서로 협력하며 열렬하고 다원화된 학술문화는 한순간에 절대적이고 통일되고 복종하며 차가운 단일화 된 정치문화로 대체되었다. 옛날에 사회의 관심을 일으켰던 인구영역은 아무도 감히 묻지 못하는 금지구역으로 되었으며 중국인구이론에 대한 연구는 20년간 멈췄다.

인구문제에 대한 토론은 사람들을 놀라게 할 방식으로 끝났으나 이는 결코 우연이 아니며 이는 역사의 필연성이 있으며 인구발전규칙의 탐구과정 중 특정된 사회경제적 배경의 표현이었다. 당시 중국은 사회주의혁명과 건설을 실천한지 10년이 안되어 사회주의 발전 규칙(경제규칙이나 인구규칙을 막론하고)에 대한 인식과정 중에 필수적으로 반복과 실수가 생길 수밖에 없었다.

복잡하고 긴장된 국내외의 형세는 정치투쟁의 범람을 초래하고 인구라는 국가경제와 국민생활에 관계되는 기초영역은 자연히 폭풍의 휩쓸림을 피할 수 없었으며, 허위적인 경제발전목표는 사람들의 맹목적이고 낙관적인 정서를 키우고 인구과다와 고속성장이 가져오는 문제를 감추었다. 심지어는 이번 비판의 '사실'이 근거가 되었다. 이런 사회경제 배경 하에서 인구발전규칙에 대한 인식의 착오도 자연히 이상하지 않았다. 다만 이런 착오가 가져온 대가는 크고 영향이 깊었다.

당과 정부는 인구발전 형세에 대하여 잘못된 판단을 하고 중국인구문제 대한 연구는 금지되고 인구성장을 격려하는 사상이 우세를 차지하게 되어 경제상황의 악화와 정치 환경의 혼란을 야기하여 정부의 각종 정상적인 업무질서를 어지럽혔다.

이런 요소들은 직접적으로 피임업무의 실시에 영향을 끼쳤다. 1950년대 말부터 1960년대 초까지 금방 시작한 계획출산업무는 전국에 보급되기 전에 심한 영향을 받아 한동안 침체 상태에 처하였다.

역사는 굴곡과 반복 중에 끊임없이 앞으로 전진하는 것이다. 중국인구 변화의 길에 대한 탐구는 이런 과정을 겪었다. '대약진' 시기의 중국인구 변화의 길에 대한 탐구는 명실상부하게 전면적으로 후퇴하였다.

인구형세 방면의 판단이 방향성 착오를 범하고 인구이론방면의 연구는 조용히 멈추고 장기간 회복되지 못하여 인구정책을 제정하고 실시하는데 있어서 침체되고 앞으로 나아가지 못했다. 하지만 이러한 반복과 실패를 겪고 침통한 대가를 지불한 후에야 중국인구 변화의 길은 정확한 방향을 모색하고 확정할 수 있었다.

2. 천재와 인재는 인구의 변화과정을 재촉해야 할 중요성을 인도하였다.

'전민 제련 철강'과 농촌에서 나타난 '인민공사화'운동은 전체 '대약진운동'의 중요 표현이었다. "철강을 중심으로, 힘을 집중하고 전력투구하여 철강을 보호하자"는 발전전략은 기타 각 업계에 철강생산임무를 완성하는데 길을 열어주고 전폭적으로 지지할 것을 요구하였다. 이런 안배는 농, 경, 중간의 비례가 심각하게 균형을 잃고 많은 농업노동력이 점유당하여 농업자원과 성과에 낭비와 손해가 크게 되었다. 또한 대량의 원료를 취하여 공업건설에 제공함으로써 농촌의 생태자원은 파괴를 당했다.

농업생산 '대약진' 목표를 실현하기 위하여 농촌지역에서는 농사규칙을 위반하면서 땅을 깊이 갈고 빽빽하게 심게 됨으로써 농촌생산력의 큰 파괴를 초래하였다. '인민공사화'운동은 생산력수준의 발전정도와 객관적인 경제규칙의 제약을 너무 빨리 무시하였고 노동에 따라 분배하는 것과 상품경제를 부인하는 평균주의사상은 농민의 생산적극성을 손상시켰으며, 경제효과가 아주 나빠서 농업생산이 대폭 하락하였다. 더욱이 1959~1961년에 발생한 자연재해는 이미 한 발자국도 나가기 힘든 농업생산에 엎친 데 덮친 격의 작용을 하여 농산품의 생산량은 대폭 하락하였다. 농업 총생산액은 1957년의 537억 위안에서 1960년에는 457억 위안까지 신속하게 하락하였으며 하락폭은 15% 전후에 달하였다(중화인민공화국국가통계국, 1983).

전국적으로 사회경제 발전의 어려움의 영향을 받아 국민의 생활수준도 급속한 하락추세가 나타났다. 심지어 국민 일상생활의 기본수요인 의식주도 문제가 되었다. 1957년부터 1960년까지 1인당 평균소비의 식량은 19% 하락하고 솜옷 수량도 59% 하락하였다.(중화인민공화국국가통계국, 1983) 기본생활물자의 심각한 부족으로 많은 사람들은 생활을 유지하기 힘들어 영양불량, 장기간 기아로 인한 병에 걸리거나 죽는 현상이 빈번히 일어났다. 전국인구의 출생률은 1958년의 29%에서 1961년에는 18%까지 하락하고, 사망률은 1957년의 11%에서 1960년에는 25%까지 급속하게 성장하여 건국이전의 수준으로 돌아가고 자연성장률은 더욱 급속하게 떨어져 1960년에는 -5% 전후의 수준까지 달하여 건국 이래 지금까지 나타난 마이너스 성장현상이었다. (도표 4-2)

천재, 인재와 같은 두 가지의 커다란 타격은 국민경제의 각 항목별 비율이 심각하게 균형을 잃게 되었으며 전국경세는 어려움이 발생하고 경제형세는 험준했으며 사회는 동요하고 불안하며 인구도 침통한 대가를 지불하고 또 다시 위기의 끝에 처했다. 하지만 잔혹한 현실이 따끔한 경고를 하듯이 사람들의 주관적인 능동성에 대한 지나친 자신감과 사회주의제도 아래에서는 인구의 지속적인 고속성장을 실현할 수 있다는 환상에 취해있는 사람들을 일깨웠다. 이때에는 많은 논쟁이 필요가 없었다. 이미 사람들은 적나라한 현실 앞에 놓여있어서 그들은 사회주의 조건 아래에서 인구가 장기적으로 지속적인 고속 성장을 유지할 수 있는지에 대한 문제에 대답을 하지 않아도 천하에 저절로 알려지게 하였다. 또한 방대한 인구규모와 취약한 사회, 경제, 자원, 환경기초간의 모순은 극단적으로 어려운 조건아래에서 남김없이 폭로되었다.

사람들은 사람의 주관적인 능동성이 객관적인 조건의 제약을 받아야 한다는 것을 깨달았다. 인구규모의 우세에 대하여는 군중의 힘에 대하여 어떠한 개발을 진행하고 동원을 할지라도 그들이 발생하는 작용은 한도가 있는 것이다. 이런 우세와 군중의 힘은 결국 사회경제 발전수준과 자원 환경 지지능력의 제한에서 벗어날 수가 없다. 인구성장이 사회경제 발전에 가져오는 압력을 완화시키려면 생산발전은 사물의 한 개 방편일 뿐 완전한 답이 아니다. 더욱 직접적이고 효과 있는 다른 한 방편은 인구의 성장속도를 통제하고 인구 변화의 과정을 재촉하는 것이다.

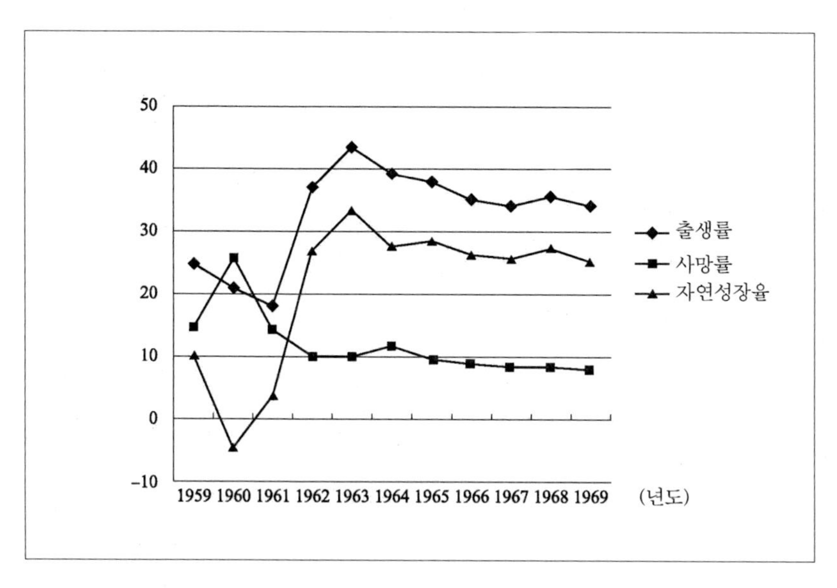

도표 4-2 중국인구의 출생률, 사망률과 자연성장률(1959-1969년)
자료출처: 국가통계국 인구와 취업통계사: 〈중국인구주요 수치(1949-2008), 북경, 중국인구 출판사, 2009

3. 명확한 인식: 인구성장에 대한 통제와 무질서에서 질서로

1961년부터 당과 정부는 국민경제발전을 곤경에서 벗어나게 하고 정산적인 궤도로 돌아오게 하기 위하여 '조정, 견고, 충실, 향상'의 방침을 실행하여 국민경제에 대하여 대폭의 조정을 진행하였다.

기본건설전술을 압축하고 공업생산속도와 구조를 조정하고 인민공사체제를 조정하고 무노동 무임금 정책을 관철하고 농업건설을 강화하는 등의 조치를 실행하여 국민경제의 상황은 개선되었고 공업과 농업간의 생산액은 1960년의 78:22에서 1965년에는 63:37로 하락하였고(중화인민공화국국가통계국, 1983) 농산품생산량은 급속하게 증가하고 식량생산량은 1957년의 수준으로 회복하였고 재정수지 균형이 회복되고 시장수급모순이 완화되어 국민생활수준이 어느 정도 향상되었다.

경제상황의 호전과 사회의 점차적인 안정에 따라 '대약진'운동과 3년 자연재해로 인하여 한동안 중단되었던 인구성장이 다시 시작되었다. 운동과 재해 중 혼인과 출산을 놓쳤던 사람들은 잇따라 보상결혼과 출산을 하여 이 시기에 결혼과 출생수의 신속한 상승을 초래하였다. 1959년부터 1962년 사이 초혼부녀자의 수는 239만에서 577만으로 증가하고 증가폭은 141%에 달했다. 1962년의 출생인구는 2,464만 명으로 2년 전 출생인구의 합계와 비슷하다(국가인구와 계획출산위원회, 2007). 1963년은 건국 이래 출생률, 출생수준이 가장 높은 1년으로 출생률은 43.6%에 달하고 합계 출산율도 7.5에 달하였다.

이후 1960년대에 비록 중국의 출생률이 약간의 하락이 있었지만 1950년대와 비슷한 수준으로 회복했을 뿐이고 35% 전후를 유지하였다. 전체 국민경제의 회복과정 중에 생활수준과 의료수준의 지속적인 향상은 사망률이 다시 계속 하락하는 궤도로 돌아오게 하였다. 1962년에 사망률은 다시 10.1%의 수준으로 하락하고 이미 1957년의 수준과 비슷하였으며 이 기초에서 계속 하락하여 1960년대 말에는 이미 8.1%의 수준에 달하였다(도표4-2). 1960년대도 중국의 가장 빠른 인구성장기이며 전국인구의 자연성장률은 줄곧 25% 수준에 있었으며 또한 1963년에는 최대치 33.3%에 달하였다.

이 8년간 매년 평균 성장한 인구수는 2,000만에 달하였으며 1963년에만 순증가인구는 2,270만에 달하였다(도표4-3).

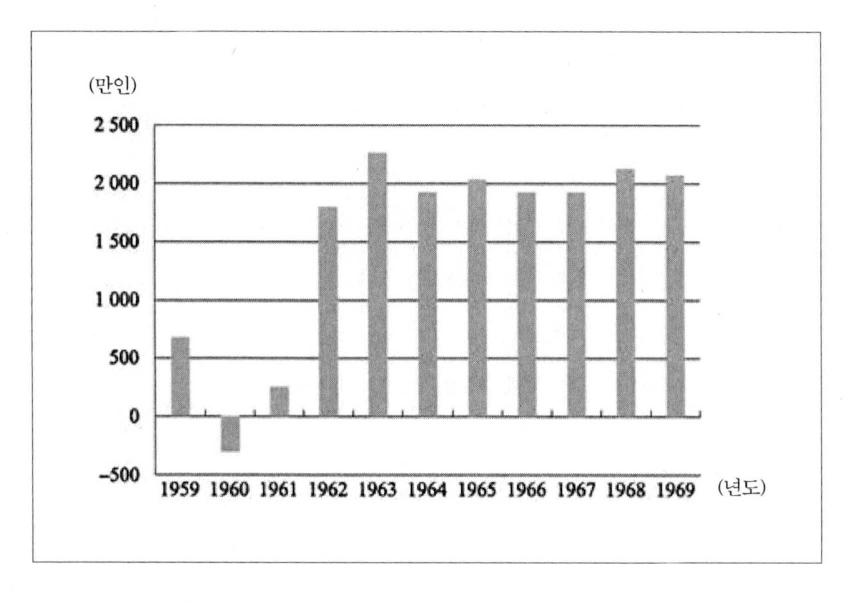

도표 4-3 중국 순증가 인구 (1959-1969년)
자료출처: 국가통계국인구와 취업 통계사: 〈중국인구 주요수치(1949-2008))〉 북경, 중국인민출판사, 2009

1960년대의 인구성장은 사실상으로 50년대 인구성장추세의 연속이며, 다만 자연재해와 '대약진'운동의 우연한 자연, 사회사건의 발생으로 이 과정을 중도에서 중단하여 두 개의 발전시기를 형성했을 뿐이다. 양자의 표현과 동기는 모두 비슷하다, 즉 사망률이 점차적으로 하락하는 과정에 처해있으나 출생률은 상대적으로 안정된 높은 수준에 있어 형성된 것이다. 사망률 하락의 원인은 1950년대와 비슷하며 사회안정, 경제상황 호전, 의료수준 향상과 공공위생사업 발전은 큰 공을 세웠다.

높은 출생률 수준은 기타 인구변화를 겪은 국가들과 같은 특징을 가지고 있을 뿐만 아니라, 또한 뚜렷한 중국 특색을 지니고 있었다. 한 방면으로는 기타 국가들과 비슷한 출산행위의 변화는 객관적인 조건과 주관적인 의사와의 결합된 산물이고 주관적인 의사의 변화는 더욱 긴 시간이 필요하여 출생률의 변화는 사망률변화보다 느렸다. 다른 한 방면으로는 사회주의제도의 영향을 받아 높은 수준의 출생률의 지속적인 경향이 매우 뚜렷하였다.

당시 국가는 국민들이 가정의 속박에서 해방되고 적극적으로 사회건설에 뛰어들게 하기 위하여 국민들에게 각종 양육자녀의 편리한 조건을 제공하였기 때문이었다. 또한 당시의 사회주의 복지제도는 자녀양육의 비용은 국가가 모든 것을 도맡은 전면적인 단계에 있어 대부분 사회에서 부담하였다. 이런 조건에서 사람들은 자연적으로 원래의 출산상태를 유지하는데 치우치고 애써 출산행위를 통제하려고 하는 강한 동력은 없었다.

비록 인구발전의 형세는 매우 비슷하나 이 때 중국인구성장문제에 대한 사람들의 인식은 1950년대와 비교했을 때 새로운 단계에 올라 있었다. 만약 아직도 50년대처럼 인구통제를 할 것인가 말 것인가에 대한 문제에서 쟁의가 있고 심지어 '대약진'시기 인구통제정책을 계속 견지할 것인가에 대하여 동요와 위축이 있다고 한다면, 1950년대 말과 1960년 초에 사람과 땅의 모순이 첨예화되고 이후 인구는 거의 통제력을 잃은 듯이 성장하는 등 일련의 사건들에 영향을 받았기 때문에 사람들 모두는 반드시 인구통제를 해야 한다는 인식에 대해서는 이미 모두 일치하였으며 태도 또한 엄청 단호하였다. 각종 시련을 겪은 후 사람들은 시대의 특징과 중국국정에 근거하여 중국의 인구발전의 길은 소련의 방법을 배워 인구성장을 방치해서는 안 된다.

왜냐하면 중국의 방대한 인구규모는 이미 사회경제자원 환경에 심각한 부담을 가져왔기 때문이다. 그리고 단순한 군중동원, 생산발전을 통하여 해결할 수도 없었다. 경제발전과 인구발전은 모두 객관적인 규칙과 제약을 받으며 열정과 노력으로 뛰어 넘을 수 있는 게 아니기 때문임을 깨달았다. 그리하여 중국인구 변화의 길은 이미 기본적으로 명확해졌다.

중국의 계획출산정책의 윤곽은 날이 갈수록 뚜렷해지고 일부분 중요한 기본정신과 특징도 이미 형성되었다. 먼저 제일 중요한 것은 그의 국가성이다. 정반대되는 두 개 방면의 교훈은 모든 사람들에게 동일한 사실을 알려주었다. 인구의 성장은 이미 자녀양육이라는 개인차원을 초월하여 국가이익과 긴밀히 연결되었기에 국가에서 이에 대하여 간섭하는 것 또한 도리에 합당하고 이치에 맞는 것이다. 다른 나라들이 가정과 개인의 각도에서 출발한 계획출산과 가정계획정책과는 다르게 중국의 계획출산정책은 처음부터 국가이익, 집단이익과 사회주의건설의 국면에서 출발하여 설계하였으며, 저우언라이의 말을 인용하여 개괄하면 나라의 원대한 이익을 위하여 개인이익을 희생하는 '선공후사'의 충분한 표현이었다(펑페이윈, 1997). 그의 두 번째 특징은 계획성이다.

이 특징의 형성은 경제실천의 경험과 과거의 인구규칙에 대한 연구성과에서 온 것이다. 국민경제건설 중 계획적인 인구증가는 경제발전과 서로 적응해야 하므로 마찬가지로 발전계획을 제정해야 한다. 중국의 인구통제정책이 계획출산정책으로 불리는 것도 그것은 국민경제의 계획적인 비율에 따른 진행방법을 모방하여 인구증가도 국가계획에 포함시켜 인구성장을 반대하는 맬목론, 자율론, 인구의 목표가 있고 계획이 있으며 질서 있게 성장하는 것을 강조하여 인류자체의 통제를 실현하는 것이기 때문이다. 마지막으로 계획출산정책은 아주 강한 군중성을 가지고 있었다.

중국의 계획출산정책을 단순히 당과 정부의 요구로 이해해서는 안 되었다. 그것은 먼저 광범위한 군중의 요구였다. 당시 다자녀는 농촌과 도시 극빈가정을 초래하는 비교적 보편적인 원인이었다(펑페이윈, 1997). 당시의 중국은 특히 도시지역에서의 과다한 출산은 일과 생활에 부담을 가져왔다. 이미 많은 사람들이 요구 또는 주동적으로 계획출산을 실시하였다. 이는 그 시대의 중국 국민들이 가정발전문제와 중국인구문제에 대한 사고와 선택을 반영하였다. 계획출산정책은 처음부터 이 일부를 잘 이용하여 군중에 의지하고 군중을 동원하는 사고의 방향을 취하여 국민의 수요를 만족하고 그들이 적극적으로 계획출산정책을 제정하도록 불러일으켰다. 계획출산정책은 실시부터 지금까지 이미 몇 십 년을 겪었다. 만약 군중의 지지와 협조가 부족했다면 단순히 정부의 명령만으로는 어떠한 정당과 정권도 모두 견지하지 못했을 것이다.

4. 도시와 농촌의 계획출산업무의 전개를 이끌다

방향의 확정과 정책사고방향의 뚜렷함은 업무실천의 발전을 추진하였다. 1962년 중공중앙, 국무원에서는 〈계획출산을 진지하게 제창하는데 관한 지시〉(아래 〈지시〉라고 함)를 발표하였다.

〈지시〉첫머리에서는 전국도시와 인구가 밀집한 농촌에서 계획출산을 제창해야 하며 목적은 인구의 자연성장률에 대하여 통제를 하고 전혀 계획 없는 출산상태에서 계획적인 상태로 변화시키기 위함이라고 적당하게 요지를 밝혔다(평페이윈, 1997). 이는 중앙이 계획출산에 관한 전문적인 첫 번째의 문건이었다.

그것은 계획출산의 목적을 부녀자와 아동의 건강을 보호하고 후대교육에 유리하고 노동자 부담을 감소하고 민족의 건강과 번영을 위함이라고 서술하였다. 이런 방식을 통하여 광범위한 군중의 요구와 중국 사회주의건설을 계획적으로 발전하려는 요구는 유기적으로 연결되었다. 이 문건에서 당 중앙은 또다시 계획출산업무에 대한 중시를 강조하였으며, 또한 계획출산업무를 어떻게 전개할 것인지에 대하여는 전문적이고 구체적으로 지시를 하였다. 당 중앙은 문건의 형식으로 뚜렷하게 전 국민에게 계획출산정책에 대한 지지입장을 밝혔으며 건국 이래 중국의 인구문제에 대한 의혹과 사고에 답을 제공하였고 인구통제를 할 것인가에 대하여 마침표를 찍었다.

1962년〈지시〉가 발표된 이후 도시와 일부 인구밀집 농촌을 중점으로 도시와 농촌의 계획출산업무를 이끌어나가는 것을 전국곳곳에서 펼쳐나갔다. 이런 전략중점의 선택은 필요성과 실행가능성 두 가지 방면의 결합에서 발원한 것이었다. 먼저 도시인구의 출생률, 자연성장률은 1950년대 이래 줄곧 농촌보다 높았다. 1957년에 도시의 출생률은 45%, 자연성장률은 36%, 농촌의 대응되는 지표 수치는 33%와 22%였다(국가인구와 계획출산위원회, 2007). 또한 당시 중국은 대규모적으로 무에서 유를 창조하는 도시건설 물결 중에 있어 너무 빠른 인구성장은 도시발전에 거대한 충격을 형성하였다.

그리하여 도시인구의 빠른 성장을 통제하는 것도 도시발전의 절박한 임무가 되었다. 다음은 도시의 많은 부녀자들이 가정에서의 지위와 역할에 큰 변화가 발생하였다. 그들은 잇따라 가정에서 나와 사회로 나아갔으며 전통적인 생활방식과 생활중심도 이에 따라 변화가 발생하였다. 그리하여 도시의 부녀자들은 원래 비교적 강렬한 출산통제의 소원이 있었기에 계획출산업무는 그들에게 더욱 좋은 기초가 되어 비교적 전개하기 쉬웠다.

그러면 전체 계획출산정책시스템은 어떤 것인가? 이때의 계획출산정책은 '상하합력, 중간어유'의 상태를 나타나고 있었다. 먼저 국민경제발전계획의 방법을 참고하여 정부는 국가차원에서 인구성장의 구체적인 목표를 제정하여 총체적인 방향성의 지도를 하였다. 1963년 중공중앙, 국무원은 3년 조정 시기, 제3차 5개년 계획과 제4차 5개년 계획시기의 인구 자연성장 속도를 규정하였다.

다음으로는, 가정차원에서 주로 홍보교육과 기술서비스제공을 통하여 가정출산자녀의 수를 낮추었다. 홍보교육을 통하여 한 방면으로는 군중의 전통 관념을 변화하고 출산통제가 가져오는 이익을 인식하게 하며 다른 한 방면으로는 군중의 출산통제에 대해 사회주의경제건설과 민족이익과 번영의 차원으로 인식을 향상시켰다.

피임서비스와 기술제공을 통하여 많은 군중들의 출산통제능력을 향상하고 원치 않는 출산을 피하도록 하였다. 마지막에 정부의 목표요구와 가정의 출생수 간에 엄격한 연결점이 없으므로 큰 자유공간이 존재했다. 비록 이 과정 중에 '하나는 적지 않고 둘은 딱 좋고 셋은 많다'와 '늦게, 귀하게, 적게'라는 구호들이 있기도 하였지만,

그것은 모든 척도를 여유 있게 정하여 여러 번 따라하고 격려하는 정도의 방향일 뿐 반드시 준수해야 하는 엄격한 요구는 아니었다.

이러한 정책설계는 거시적으로 국가차원의 총체적인 목표가 있어 제때에 전체인구성장상황을 감독하는데 유리할 뿐만 아니라 미시적인 가정차원의 구체적인 조치가 있어 정확하게 직접적으로 각 가정에 영향을 끼쳐 효과적으로 인구수를 하락하는데 유리하였다.

하지만 중간층의 여유 있는 공간은 전체 정책 시스템의 척도를 아주 정확하게 잡을 수 있게 하였다. 왜냐하면 출산은 전형적인 가정기능이며 중국 수 천 년의 문화전통 중 양육자녀는 개인의 일이 므로 만약 국가정책목표를 층층이 분해하여 가정출산자녀수에 대하여 직접적으로 관여하면 어느 정도 불편함도 생기고 심지어는 간섭이 될 수 있기 때문이었다. 또한 가정차원에서 취한 정책과 조치의 접속점은 매우 정확하여 광범위한 군중의 수요를 만족시키는 데서 접근하였으며, 중국인의 '나라의 흥망성쇠는 백성에게도 책임이 있다'는 책임감, 애국열정과 책임의식을 자각적인 계획출산행위로 효과적으로 변화시켰다. 사실이 증명하듯이 1960년대의 계획출산정책은 효과가 양호하며 도시인구의 출생률과 자연성장률은 1964년 이후 줄곧

농촌보다 낮았다.

하지만 사물은 항상 양면성이 존재한다. 〈상하합력, 중간여유〉의 정책구조도 어느 정도 결함이 존재한다. 중간 작용 고리의 모호함은 정부가 거시적인 목표를 실현하는데 명령과 금지를 엄하게 집행하는 통제능력을 잃어버리게 하였다. 이 우환은 이후 중국인구 변화의 길을 탐구하는 과정에서 나타나 직접적으로 정책동향의 전면적인 긴축을 초래하였다. 또한 계획출산업무는 오직 도시와 일부 농촌지역에서 전개되었다. 이는 중국의 절대다수 농촌지역에서의 사람들은 여전히 전통적인 궤도에서 자기들의 생활을 하고 있었음을 의미한다.

낙후된 생산력 위에 인민공사의 실적제도와 식량제도는 너무 선진적인 생산관계를 지탱하여 모든 사람들이 출산을 통하여 더욱 많은 이익을 얻는데 노력하므로 농촌의 계획출산 업무는 진행하기 어려웠다. 이는 당시 농업인구가 중국의 86%를 차지하고 있어 도시 계획출산업무의 성과는 외롭고 부질없는 일이 되었다.

제4절
제4차 인구위기와 스스로 인구변화의 길을 걷다

1. '문화대혁명' 이 가져온 부정적인 영향

1960년대에 중국은 아직 사회주의를 탐구하는 길에서 힘겹게 걸어가고 있었다. 이때의 사회주의 실천은 시작단계에 있어서 어떻게 사회주의 경제, 사회, 문화를 발전시켜야 할 것인지가 중국 앞에 닥친 참고할 게 별로 없는 선례였다. 서방 선진국에서 실행한 자본주의 제도를 모범으로 삼기에는 부족했다. 사회주의 진영의 선두주자인 소련의 사회주의 방식의 폐단은 날이 갈수록 나타나 중국공산당에게 충분한 경각과 경종을 불러 일으켰다. 중국에 적합한 중국특색이 있는 사회주의 발전의 길을 모색하는 것이 시급하였다.

하지만 짧은 십여 년간의 사회실천을 기초로 해서 인류역사상 전혀 없었던 새로운 청사진이 될 만한 사회를 창조하고 상세하게 그린다는 것은 쉽지 않았다. 이는 어떤 걸출한 리더, 정당 또는 정부가 할 수 있는 것이 아니며 이는 역사의 국한성이었다. '대약진'이래 경제영역에서의 좌파사상은 적절한 시기에 시정과 조정을 받았다. 하지만 정치상의 '좌'사상은 가득 누적되어 있어 중국의 지도자들은 계급투쟁과 국민의 사상정신에서 중국사회의 전진동력을 찾는 곳으로 바꾸었다(치펑페이, 원러춘, 2010). 그리하여 결국 중국이 이런 사회주의의 길을 선택하게 하였다: 계급투쟁을 강령으로 실적, 3대 차별 및 상품을 제한하고 소멸하며 자급자족, 작지만 완전한 폐쇄적인 사회주의 사회를 실현한다(왕넨이, 1989). 하지만 이 길을 실현하는 방식은 오직 한 가지였다. 그것은 바로 무산계급 독재하의 계속적인 혁명과 끊임없는 계급투쟁이다. 이런 선택은 중국에 새로운 사회주의 방식을 가져오지 않았을 뿐만 아니라 오히려 10년간의 긴 '문화대혁명'이었다.

1966~1976년의 동란 중 전국은 커다란 손실을 입었으며 경제발전은 심각하게 발목이 잡히고 민주와 법제는 제멋대로 짓밟히고 과학과 문화사업은 심한 파괴를 당했다. 더욱 심각한 것은 당과 정부의 각 기구는 심하게 약화되고 '낡은 국가기구'는 모두 파괴되고 '혁명위원회'로 대체되었으며 이는 '문혁'전 당과 정부의 정상적인 공무질서를 어지럽히고 각종 업무는 모두 침체되었음을 의미한다. 계획출산정책도 예외가 아니었다.

일부 계획출산기구는 철수되고 사람들은 좌천 되었다. 인구는 다시 자유방임하는 발전상태로 돌아가 1966~1972년에 매년 출생인구는 모두 2,500만 이상이어서 인구규모가 사회경제 발전에 가져오는 부담도 더욱 커져갔다. 건국 이래 두 차례(1950년대와 1960년대 상반기)에 걸쳐 인구의 신속한 성장과 다른 것은 이때 인구의 사망률은 이미 8% 전후의 안정적인 상태에 처해있었는데 이 시기의 인구성장은 동란 중 인구의 통제력을 잃음으로 인해 고출생률을 초래한 것이다(루위, 훠전우, 2009). 중국사회주의 길의 탐구에 대한 실수는 또 다시 중국의 인구를 위태로운 상태로 몰았다.

2. 끊임없이 증가하는 인구가 취약한 경제발전에 가져온 거대한 압력

'문화대혁명'은 민주현대화 과정에 전면적인 후퇴를 가져온 정치재난일 뿐만 아니라 더욱이 경제발전에 엄청난 방해와 파괴를 가져온 충격파였다. '문혁'의 영향을 받아 많은 생산지휘 부문은 정상적인 운영을 할 수가 없었고 생산 질서가 혼잡하고 교통운수가 방해받았으며. 일부 노동에 따른 분배원칙과 경제발전규칙의 제도는 엄한 비판과 철저한 부정을 받았다.

1966-1968년 '대약진' 후의 조정 중에서 숨을 돌이키고 호전의 기색을 보이던 국민경제는 또다시 전면 후퇴하는 늪에 빠졌다. 농공업 생산액은 1966년의 2,534억에서 1968년에는 2,213억으로 하락되고 국민수입도 1966년의 1,586억 위안에서 1968년에는 1,415억 위안으로 하락하였다(중화인민공화국 국가통계국, 1983). 생산의 하락은 직접적으로 국민의 생활수준을 위협하고 보너스 제도는 취소되었고 수입이 감소되고 각종 생활물자의 시장공급도 긴장상태로 나아가고 상업과 서비스업종은 대량 축소되며 과학교육문화위생 등의 활동은 침체상태에 처했다.

10년 동안 농민의 평균수입은 증가되지 않고 도시직장인의 평균급여는 오히려 4.9%나 하락되었다(중화인민공화국국가통계국, 1983). 다른 한 방면으로 끊임없이 증가하는 인구는 원래 매우 취약했던 경제발전에 큰 압력을 가져왔다. 인구와 경제의 모순은 다시 돌출되었다. 도시지역이 먼저 충격을 받아 취업자리, 주택, 생활물자, 서비스 등 모든 것은 새롭게 증가되는 인구의 수요를 만족시키지 못했다. 도시주민의 생활의 어려움과 불편은 날이 갈수록 늘어났다. 정부가 먼저 생각한 것은 이런 부담을 농촌과 변방지역으로 돌리는 것이었다. 그리하여 도시지식청년의 '상산하향'등의 운동이 일어나고 이동인구는 십년동안 합계 1,600만 명에 달하여 중국인구모순을 해결하는 중요한 방법 중의 하나가 되었다. 하지만 도시인구는 끊임없이 밀려들고 농촌이라는 '저수지'의 용량은 한계가 있었다.

과다한 인구는 자연환경에 대한 파괴적인 개발과 낭비성 이용을 초래하였다. '호수 막아 논을 만들기', '삼림을 파괴하여 개간하는' 등의 행위는 매우 보편적이었다. 이런 약탈적인 개발과 많은 농민들이 1년 동안 바삐 일하지만 겨우 끼니만 때울 뿐 심지어 어떤 지방에서는 한 끼니만 배부르기를 원하였지만 이 또한 불가능하였다.

이런 무거운 부담아래 인구문제는 또다시 중국정부와 국민의 신경을 아프게 건드렸다. 사람들은 끝내 이렇게 거대한 인구규모를 인구이동과 개간에 의지하는 것은 다만 일시적인 해결일 뿐 대가가 크고 효과도 뚜렷하지 않고 또한 지속시간이 짧다는 것을 깨달았다. 만약 뿌리를 치료하려면 반드시 처음부터 출발하여 직접적으로 인구통제를 진행해야 했다.

또한 중국의 인구문제는 중요할 뿐만 아니라 잠시도 늦출 수 없었다. 일단 태만하면 심각한 결과를 초래하게 된다.

이때 '문화대혁명'은 아직도 진행 중이지만 당과 정부는 방치되었던 일들이 다시 시행되고 심하게 뒤얽힌 조정업무에서 빠져나와 먼저 인구문제에 대하여 신중한 고려와 신속한 처리를 진행하였다. 1968년 이래 반년 동안 매우 어려운 조건하에 계획출산 업무는 다시 시작했고 저우언라이 총리의 직적적인 책임 하에 영도소조와 직무기구를 설립하였다. 사람들은 중국이 사회주의 길의 탐구 과정 중에 생겨난 착오에 따른 선택은 사람들로 하여금 주동적인 인구성장통제의 중요성을 깨닫게 하고 그들로 하여금 인구변화 길의 탐구과정에서 정확한 선택을 하게 하였음을 전혀 생각하지 못했다.

3. 중국특색의 인구변화 이론을 탐구하고 자신의 인구변화의 길을 명확히 가다

사망률의 지속적인 하락을 중심으로 하는 중국인구 변화의 과정이 시작된 이후 중국에는 인구가 급증하는 큰 압력과 이러한 무거운 짐을 감당할 수 없는 경제사회 지탱 능력간의 모순이 줄곧 존재하였다.

또한 사회주의의 길을 탐구하는 성패에 따라 성공 시에는 어느 정도 완화되고 실패 시에는 갈수록 긴장되는 변화가 발생하였다. 이 모순은 마치 중국정부와 국민의 머리위에 양날의 칼처럼 시시각각 잠재적인 위협에 직면하게 하였다.

또 마치 부정기적인 활화산마냥 매번 일어나는 분출은 국가사회경제 발전과 국민생활에 큰 손실을 가져왔다. 수동적으로 인구위기를 해결한 한 차례 과정을 겪은 후에야 중국정부와 국민은 중국인구문제에 대해 인식을 깊이하게 되었으며 인구통제의 정책경험을 통해 인구문제를 해결해야 한다는 결심을 굳히게 되었다.

그러면 어떻게 해결방법을 찾을 것인가? '역사를 거울로 삼으면 성쇠여부를 알 수 있고. 사람을 거울로 삼으면 득실을 알 수 있다'는 말처럼 제일 직접적인 방법은 당연히 고금의 경험을 참고하는 것이다.

중국의 수천 년 발전역사를 돌이켜 보면 인구수는 시대흥망에 따라 증감하였는데 그 사이에 사람과 땅 사이의 모순이 발생하는 시기도 있었다. 하지만 봉건군주들의 사고방향은 '개척'이라는 문자를 초월하지 못함으로써 황무지를 개간하고 또는 변경지역을 확장만 하였다. 정세를 잘 살펴보면, 이때에 중국의 황무지에 대한 개간은 이미 극단까지 발전하였지만 지금 막 침략자의 말발굽 아래서 해방되어 전쟁의 음기가 아직 사라지지 않았고 장기적으로 '내가 원하지 않는 바를 남에게 행하지 말라'는 이념의 영향을 받은 중화민족은 침략의 방법으로 국토를 확장하여 인구부담을 완화시킬 수가 없었다.

시야를 넓혀 세계를 내다보면, 인구의 지속적인 성장에 대한 발자취를 찾을 수 있었다. 서방의 많은 선진국들도 인구과다의 몸살을 겪은 적이 있어 많은 인구통제 문제에 관한 이론과 실천을 파생하였다. 하지만 이때에 중국이 직면한 환경은 이미 18, 19세기 유럽과 아메리카 등의 나라와 동일하게 논할 수 없었다. 사망률의 초고속 하락과정은 인구성장 물결을 더욱 거세지게 하였고 신대륙 개발과 세계 식민지 건립을 통하여 자원을 약탈하고 인구를 수출하였던 유럽과 아메리카 등의 국가와 같은 우월한 조건을 가지고 있지 않아 인구와 사회경제, 자원 환경의 균형을 실현할 수 없었다.

모든 신흥산업국가(지역)들은 비록 비교적 짧은 시간 내에 출생률의 빠른 하락을 실현하였지만 이런 지역은 모두 토지면적과 인구규모가 비교적 작은 지역에 속하였으며 또한 출생률 하락은 신속하고 고도산업화의 기초위에서 형성된 것이었다. 중국의 방대한 인구규모와 빈약한 경제기초는 중국이 단기간에 고도산업화를 실현할 수 있는 조건을 구비하지 못하게 했을 뿐만 아니라, 또한 실현했다 할지라도 농업을 희생하여 편향적으로 공업을 발전하는 방식은 중국이라는 대국에 적합하지 않으며 지속하기 어려웠다.

이때 많은 개발도상국들도 인구가 급속 성장하는 급류에 빠졌다. 인구성장 속도통제에 급한 그들은 약속한 것처럼 눈길을 출생률에 초점을 맞추었다. 이것은 직접적이고 효과적으로 국가인구성장속도를 유일하게 통제할 수 있기 때문이었다. 1966년 말 적어도 16개의 개발도상국은 출생통제 정책을 취하였다. 절반이 넘는 국가는 아시아에 속하며 중국을 포함하지 않더라도 개발도상국 총 인구의 31%가 이러한 정책에 의해 영향을 받았다(United Nations, 1982).

비슷한 인구성장 경력과 사회경제 발전수준에 있던 이런 국가들의 방법은 중국의 중요한 참고자료로 결정되었다. 하지만 출생통제정책을 실시하는 것을 선포하는 것은 정부에서 출생수량 감소와 출생간격을 넓히고 싶은 사람들에게 다만 지식과 방법을 제공할 뿐임을 의미했다.

많은 국가에서의 이러한 지원은 사람들 사이에 엄청 불균형적으로 분배가 되었다. 일부 사람들은 아직도 출생통제에 대한 수단과 지식이 부족했고 근본적으로 출생통제를 원치 않는 사람들은 더욱 얘기할 필요가 없었다. 이는 이러한 국가들에게는 출생통제의 효과가 만족스럽지 못한 상황을 초래하였다. 일찍이 인도는 1950년대 초기에서 중기까지 출생감소를 목표로 전국 성가정계획프로젝트를 추진하였다. 인도는 인구지표를 최초로 경제계획에 포함한 개발도상국 중의 하나이기도 하였다, 하지만 인도의 출생통제정책은 효과가 아주 미미하여 1970년대 초기에 이 정책의 효과적인 복개인구는 12%밖에 안 되었다(United Nations, 1987). 1950년대 초기부터 1960년대 말 사이의 인도의 총 출생률은 5.5 전후의 수준을 유지하고 있으며(United Nations, 2009) 어떠한 하락의 추세도 나타나지 않았다. 더욱 까다로운 것은 중국처럼 많은 인구를 가진 국가가 없었다. 기타 국가들은 출생률하락방면에서 실험도 할 수 있고 기다릴 수도 있지만 중국은 인구정책방면에서 착오를 범하거나 지연될 기회가 없으며 세계에서 제일 방대한 인구수는 어떠한 정책의 결과든지 간에 모두 무한대로 확대될 것이다. 오늘의 '털끝만한 차이'는 바로 내일의 '큰 잘못을 초래'한다. 이때의 중국에게 절박하게 필요한 것은 속도와 효과였다. 그리하여 개발도상국의 경험은 중국에 방향을 제공할 뿐 어떻게 효과적으로 출생수준을 하락할 것인가에 대해서는 아직은 공백상태였다.

중국은 탐구하여 얻은 결과를 반드시 태연하게 참혹한 현실로 받아들여야 한다: 중국은 인구문제를 해결하기 위해서 모델로 쓸 수 있는 이미 형성된 길이 없었다. 중국은 인구문제를 해결하려면 반드시 시대특징과 중국자체국정에 부합되는 별도의 길을 개척하여 인구변화의 길을 탐구하여야 했다. 길은 어디에? 여러 차례의 인구위기는 중국에 많은 단서와 계시를 제공해주었다.

그 중에 제일 중요한 한 가지는 반드시 주도적이고 단호한 인구통제를 해야 하며 또한 끝까지 견지해야 했다. 일단 태도가 동요되거나 업무에 태만하게 된다면 인구손실을 당할 뿐만 아니라 국가사회경제발전과 국민생활수준의 향상이 모두 방해를 받게 되었다. 따라서 그것은 중국으로 하여금 망망대해에서 인구변화 길의 방향을 찾게 하였다. 건국 초기 군중위생운동, 사회주의 개조와 건설운동 및 도시계획출산업무의 성공은 중국으로 하여금 이 길의 초석을 다지게 하였다.

마지막으로 중국은 다른 선진국들과 다르고 기타 개발도상국들과는 구별된 인구변화의 길을 선택하였다. 중국은 사회경제의 발전이 사망률과 출생률의 자발적인 하락을 이끄는 것을 앉아서 기다리지 않고 사회경제 발전이 비교적 아직 낮은 수준에 처했을 때 적극적으로 전국적인 정책을 이용하여 주도적으로 인구의 변화과정을 간섭하여 사망률과 출생률의 변화과정을 가속화하였다.

실현방식에서 중국은 거시적인 목표제정을 통하여 전체 인구발전과정에 대하여 감독과 통제를 하였다. 완전한 인터넷 망과 엄밀한 행정체제를 통하여 정부의 인구에 대한 관리와 서비스가 사회의 구석구석까지 펼쳐지게 하였다. 대중들에 대하여 홍보, 교육, 동원 등을 통하여 그들의 애국열정과 책임감을 최대한 불러일으켜 그들로 하여금 국가와 중화민족의 최고이익차원에서 인구문제를 인식하고 정책호소에 호응하고 엄격히 정책요구에 복종하도록 하여 자신의 출생행위를 조정하게 하였다.

인구와 사회경제 발전 모순의 격화는 근 20년 동안 정지되었던 인구이론연구의 새로운 시작을 추진하였다. 중국 특색의 인구변화의 길이 출범 된 후, 기세 높게 전개되던 계획출산 실천의 활동도 인구이론에 지지하고 지도를 요구했다. 1970년대에 인구연구에 종사하는 기구들은 잇따라 설립되고 인구이론에 대한 학습과 연구토론도 새롭게 시작되었으며 인구이론에 관한 서적과 문장도 대중들의 시야로 돌아왔다.

그 중 제일 주목 받은 것은 '두 가지 생산(물자의 생산과 인류자체 생산)' 이론연구에 대한 점차적인 회복과 발전이었다. 그리고 초보적으로 이론체계를 형상하였다. 마르크스주의 '두 가지 생산'이론에 대한 연구는 중국의 건국 이후에 시작하여 많은 사연을 거쳐 끊임없이 발전하는 과정을 겪었다.1950년대 중기의 학술토론회의에서 '두 가지 생산'이론은 신속한 발전을 하였지만 1960년대에서 1970년대 초까지는 '두 가지 생산'이론에 대한 연구는 줄곧 침체된 상태에 처해있어 '사회주의 사회에서 인구문제가 존재하지 않는다', '인구가 끊임없이 신속하게 성장하는 것은 사회주의 인구규칙이다' 등의 사상이 자리 잡고 있었으며 1970년대 초 이후에는 정반대로 두 방면의 실천은 사람들로 하여금 사회주의 인구규칙에 대한 인식을 깊게 하여 인구가 끊임없이 성장하는 것은 사회주의 사회의 인구발전규칙이 아니며 인류자체생산과 물자원생산이 계획적으로 서로 적응하며 발전하는 것이 모든 사회에서 공동으로 나타나는 규칙임을 명확히 제기하였다(초우밍궈, 1983).

물론 당시의 정치환경 아래에서 인구이론의 연구는 아직도 마르크스주의 인구이론 탐구방면에 집중 되어있어 아주 강한 정치성을 지녔다. 하지만 강한 정치색깔은 빛처럼 고귀한 중국화의식의 빛을 가릴 수는 없었다. 마르크스주의의 두 가지 생산이론에 대한 발전이나 또는 사회주의 인구규칙에 대한 탐구에 대해 모든 중국학자들은 창의적인 정신과 큰 용기를 충분히 나타내었다. 학술연구는 언제나 전체사회에 대한 선진사상의 태동과 풍향계였다. 그것이 반영하는 것은 사회의 어떤 영역문제에 대한 보편적인 의혹과 깊은 사고였다. 이 시기에 중국인구규칙과 사회주의 인구규칙 연구에 대한 회복은 우연이 아니었다. 그것은 중국의 독특한 인구실천의 현실적인 수요였다. 1950년대 이래 형성된 이러한 연구는 인구이론 '금지구역'의 얼음을 깨는 작품으로 이후에 중국특색의 인구이론이 진일보되는 연구에 길을 깔아주고 기초를 다졌다.

4. 세계의 기적: 출생률의 지속적이고 신속한 하락과 인구 재생산 유형의 변화

1970년대에 계획출산 업무는 전국곳곳에서 보편적으로 전개되었다. 또한 이 시기는 중국 계획출산 업무에 있어 많은 방면에서 무에서 유를 창조해낸 중대한 진전을 겪은 시기이다. 1971년 7월 국무원은 위생부 군사관제위원회, 상업부와 연료부에 〈계획출산업무를 잘하는

데에 관한 보고〉를 전재하며 '4.5기간' 인구발전의 목표를 제시하였고, 또한 처음으로 전국 도시농촌 범위 내에도 보편적인 계획출산정책을 시행할 것에 대하여 명확히 제시하였다. 1973년 7월 국무원은 계획출산 영도소조를 설립하여 계획출산업무는 전문적인 지도기구가 있도록 하였다. 또한 지방의 계획출산 보고회에서 처음으로 '늦게, 귀하게, 적게'라는 구체적인 출산정책을 제시하였다.

그 후 지방에 계획출산직무기구, 사업단체와 군중조직도 잇따라 설립되었다. 1978년 계획출산은 〈중화인민공화국 헌법〉에 편입되어 계획출산 업무의 전개에 법적근거와 보장을 제공하였다. 구체적인 정책방면에서는 기존의 홍보교육, 기술제공과 서비스 수단 이외에 더욱 많은 직접적이고 강력한 조치를 취하였다.

비록 전국의 통제목표는 아직 인구성장률의 요구 위에 멈춰 있지만 일부 도시에서는 이미 자녀수의 구체적인 요구가 나타났다. 이는 계획출산정책체제가 형성된 초기의 '중간 여유'와 뚜렷하게 구분되며 점차적으로 인구의 거시적인 목표와 가정출산행위간의 통로를 열었다. 청년들에게 늦은 결혼의 이익을 광범위하게 홍보하고 일정한 제한과 장려조치를 결합하여 중국인구의 초혼 연령이 대폭적으로 상향되어 세대 간 교체의 발자국을 늦추었다. 1971-1979년간에 중국 농촌부녀자들은 24세 이전에 결혼하는 비율이 89%에서 76%까지 하락하였고, 도시부녀자들의 비율은 58%에서 20%까지 하락 하였다(United Nations, 1987).

이런 일련의 강력한 정책의 직접적인 추진 하에서 중국인구의 변화과정은 대대적으로 빨라지고 재생산유형도 상응하여 변화가 발생하기 시작하였다. 인구의 출생률은 1968년의 35.8%에서 1978년에는 18.3%까지 지속적으로 하락하였다.

자연성장률도 27.5%에서 12%까지 하락하고 순수증가 인구수도 1960년대에 고공행진을 하던 상황을 변화시켜 점차적으로 하락하는 추세가 역사적으로 나타나 1968년의 2,121만에서 1978년에는 1,147만으로 빠르게 하락하였다.(도표 4-4) 사망률의 빠른 하락에 이어 출생률도 이렇게 빠른 하락과정을 겪었다. 이는 전체 인류발전 역사상에서 모두 보기 힘든 것이다. 중국국민은 또 다시 전 세계가 감탄과 탄복하는 인구기적을 창조하였다. 제일 중요한 것은, 이런 빠른 변화는 사회경제 발전수준이 비교적 모두 낮은 전제하에 주요하게 정책의 힘을 의지하여 실현한 것이다.

연구결과에서 나타나듯이 만약 계획출산정책의 영향을 받지 않았으면 1978년 중국의 사회경제 발전수준으로 총 출생률은 4.5전후여야 하며 중국을 제외한 개발도상국의 평균수준은 5.3이어야 한다(토우토우, 양판, 2011). 하지만 그해 중국의 실제 총 출생률은 2.7이었다. 출생수준 외에 중국인구의 출생방식도 큰 변화가 발생하였다. 초혼의 연기는 출산시간도 상대적으로 늦게 되었으며 출생행위의 발생시간은 고도로 집중되었다. 출생수준과 출생방식으로 볼 때, 중국의 상황은 이미 서방 선진국과 비슷하며 중국인구의 재생산유형이 현대유형으로 변화되었음을 의미했다.

이 모든 성과의 취득은 모두 중국이 선택한 인구변화 길의 정확성을 충분히 설명하고 또 세계를 향하여 유럽을 대표로 한 선진국의 인구변화의 길은 인류의 유일한 방식과 길이 아님을 선포한 것이었다.

중국은 이미 다른 유럽과 아메리카의 인구발전 과정과 다른 길을 찾았으며 또한 초보적인 성공을 읻었다. 이때부터 중국국민은 이 길에서 계속 앞으로 나아갈 것이며 중국의 인구문제를 해결하고 중국인구의 발전규칙을 탐구해 갈 것이다.

제5절
소결

1949년에서 1978년까지 30년간의 비바람의 역정을 돌아보면 중국은 중국특색의 사회주의의 길을 건립하고 탐구하는 동시에 중국인구 변화의 길에 대한 탐구와 선택을 진행하였다. 사회주의제도 방면의 탐구와 마찬가지로 인구변화의 길에 대한 탐구도 우여곡절이 많았다. 중국은 건국초기부터 질병과 사망에 대응하여 승리를 얻어냄으로써 인구의 변화과정을 시작하였으며, 1950년대 초에 처음으로 인구의 과속성장문제에 직면하여 초보적 수준으로 인구성장통제의 태도와 구상을 형성하였다. '대약진' 시기에는 사상의 동요와 업무의 침체가 가져온 인구와 사회경제 발전에 대한 모순의 급격한 증가를 겪고 교훈을 얻는 과정에서 인구변화 길의 방향을 형성하였다.

마지막으로 '문혁시기'에는 날이 갈수록 늘어나는 인구부담 앞에 중국은 인구변화 길의 방향에 대하여 마침내 선택을 하게 되었다. 중국정부와 국민은 중국인구문제와 규칙에 대한 인식을 계속적으로 심화하였고 주도적으로 인구를 간섭하려는 태도는 점차 확고하여졌으며 중국화의 의식은 날이 갈수록 명확해졌으며 인구정책체계에 대한 구축은 점점 더 완벽해졌다. 그 중 제일 중요한 점은 수동적으로 인구문제를 해결하는 것에서 주도적으로 인구발전 과정을 간섭하는 것으로 변화한 것이다. 이것은 중국인구 변화의 길에 있어서 첫 번째 역사적인 비약이었다.

이 과정에서 우리는 시대특징과 국정특징의 흔적을 보았다. 시대의 발전은 우리에게 더욱 좋은 생활조건과 선진적인 질병치료 및 출산통제의 기술을 가져왔다. 이것은 우리로 하여금 기타 개발도상국과 같이 유럽과 아프리카 등의 나라보다 훨씬 빠른 인구의 변화과정을 겪었고. 바로 중국이 사회경제 발전을 실현하는 과정 중에 시대의 변천은 유럽, 아프리카를 모방하여 인구의 자연적인 변화과정에 대해 조용히 앉아서 발생하기를 기다리거나 또는 필요시 인구이동과 식민확장을 통하여 인구의 느린 증가가 되도록 하여 압력을 완화시키는 것을 못하게 결정하였다.

사회주의의 국가특성은 국민의 이익이 국가 각종활동의 첫 번째 목표임을 결정하였고, 건국 초기 각종 일들이 방치되고 있는 배경 아래에서도 국민생명건강의 업무에 대하여 고도의 관심과 보장을 우선시 하였다. 이는 사망률을 단기간 내에 신속하게 하락하도록 실현하는 중요한 원인이 되기도 하였다. 공공자원에 대한 거대하고 효과적인 조정력이 있는 사회주의제도와 사람들에 대한 구속과 제한으로 정책의 집행력을 대대적으로 강화할 수 있는 사회주의 계획경제체제는 단기간 내에 사망률과 출생률의 하락을 실현하는데 큰 공헌을 하였다.

전쟁 시기에 충분히 단련되고 형성된 엄밀한 조직체계와 광범위하게 군중의 힘을 동원하는 경험과 방법은 언제나 효과가 있었다. 경제건설, 군중애국위생운동과 계획출산업무에 모두 커다란 위력을 발휘하였다. 중국 국민들의 특별하고 강한 애국사상, 전체이익에 대한 존중, 국가발전에 대한 책임감과 역경을 극복하는 정신은 모두 사망률과 출생률의 초고속 하락과정 속에서 최대한도로 드러나고 그 가치를 발휘하였다.

제 5장

한 방면에서 여러 방면으로 급속히 발전하다

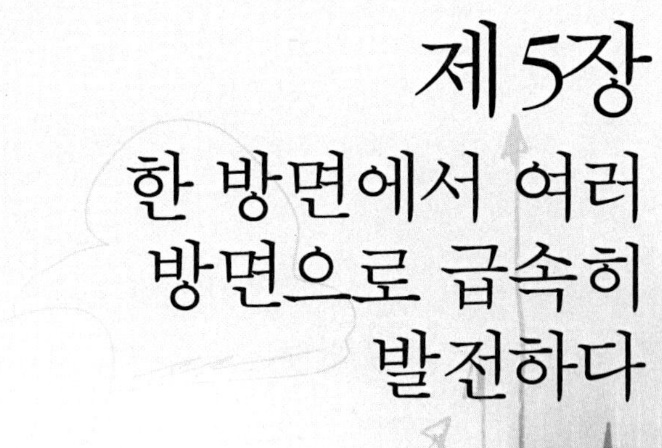

제5장
한 방면에서 여러 방면으로 급속히 발전하다

1978년 12월에는 위대한 역사적 의의를 지닌 11기 3중 전회가 성공적으로 개최되어 대규모 사회주의 현대화 건설과 완벽한 사회주의 시장경제체제를 구축하는 새로운 장을 열었다. 현대화의 주제는 이미 새 시대 중국 국민의 집단의식이 되었지만 인구와 현대화의 충돌은 사람들 앞에 무겁게 놓여있었다. 더욱 많은 부부의 자각적인 선택이 된 기초에서 계획출산은 사회주의 현대화 목표를 건설하는 절박한 요구 아래에 '한 부부가 한 자녀를 낳는다'는 인구정책이 세상에 나타났다. 하지만 사회경제수준이 아직 구비되지 않은 조건 아래에서 군중교육과 군중동원수단의 힘을 이미 최고도에 달하도록 발휘하였지만 특히 농촌지역에서의 계획출산업무의 전개는 매우 어려웠다. 당과 정부는 끊임없는 실천 탐구 중 사회상황과 국정에 근거하여 계획출산의 정책, 방향과 방법에 대하여 조정을 하여 사회경제 발전의 맥락에 순응하고 경제건설과 국민생활 수준을 향상하는 발걸음과 일치하게 하였다.

중국인구 변화의 길은 단순히 교육과 군중동원의 일방적인 돌진에서 사회경제 발전의 조건하에 인구정책을 통하여 인구변화의 빠른 완성을 촉진하는 병렬분산으로 변화하여 역사적인 제2차의 비약을 실현하였다.

제1절
현대화를 실현하는 갈망과 인구변화의 일방적인 급속발전

1. 개혁개방: 현대화 건설과 새 시대의 도래

1978년 12월에 개최한 중국공산당 11기 3중 전국대회는 중국 역사상 깊은 의의를 가진 위대한 전환이었다. 이번 회의는 전면적으로 '문화대혁명' 전환 및 그 전환과정 중 '좌익'의 착오를 시정하고 새롭게 마르크스주의 정치노선과 조직노선을 확립하였으며, 또한 국민경제발전의 방침과 정책을 새롭게 제정하였다. 이번 회의에서 당은 업무중심의 사회주의 현대화 건설로 전환을 실현하였으며 또한 개혁개방을 실현하는 중대결정을 제시하였다.

이번 회의 이후 두 차례의 큰 조정을 통하여 국민경제는 안정적이고 건강한 발전의 길에 들어섰다. 국민경제건설 경험과 교훈을 총결한 기초에서 당의 12차 회의는 중국의 국정과 역사발전단계에 새로운 평가와 중요한 판단을 하였다. 사회주의 초기단계에 처해있어 정식으로 중국특색의 사회주의를 건설하는 지도사상을 제의하였으며 또한 역사적으로 사회주의 현대화 건설을 진행하는 새로운 임무를 제기하였다.

바로 시대주제의 변화는 사람들을 '문화대혁명'의 열광에서 현실사회로 점차적으로 돌려 놓았으며, 그들로 하여금 방대한 인구 부담과 현대화의 충돌을 의식하기 시작하도록 하여 인구통제가 또다시 절박하게 의사일정에 놓이게 되었다.

현대화의 전략목표를 실현하기 위하여 당과 정부는 경제체제개혁과 대외개방 두 가지의 실시를 중요한 방법과 수단으로 삼았다. 기존의 중국 경제체제 중 공유제 경제는 절대적인 주도적 지위를 차지하고 있어 국가정부부문에서 통일적으로 지도하고 행정적인 방법으로 관리하고 계획적인 수단을 이용하여 조정을 진행하였으며, 가치규율과 시장의 작용을 중시하지는 않았었다. 이러한 특수한 배경 아래에서 예를 들어 전쟁시기와 건국초기 유한자원을 집중하여 통일적으로 관리하고 단기간 내에 국민경제체계를 구축하는 데에는 큰 작용을 하였다. 하지만 사회주의제도가 더욱 깊숙히 발전함에 따라 이런 경제체제는 점차적으로 적응하지 못하여 기업과 노동자의 적극성을 불러일으키지 못하였고 지방과 부문 간에 단절이 심하고 양호한 운행체제가 미흡한 각종 폐단이 나타나게 되었다.

11기 3중 전회 이후 경제체제개혁은 먼저 농촌부터 실시하였다. '세대별 생산책임제'에서 가정연합 생산도급 책임제의 확립, 마지막에는 정부와 사기업을 분리 설치하기까지, 농촌유통체제의 개혁을 통해 각종 경영을 발전시키고 향진기업을 발전시켜 농촌의 생산을 극성화시키고 발전에 대한 활력을 단번에 불어넣어 줌으로써 농민의 생활수준을 어느 정도 향상시키게 되어 농촌경제는 전문화, 상품화와 현대화의 방향으로 한걸음 크게 내딛게 되었다. 그 후 경제체제개혁이 전면적으로 펼쳐져서 전국적으로 경제책임제가 추진하게 되었고 기업의 자주권을 확대하여 적극적으로 기타경제 형식과 경영방식을 발전시키고 또한 기존의 재정, 세수, 가격, 유통, 급여 등의 체계에 대하여 전면적인 개혁을 진행토록 하였다. '자주, 활성, 효익'은 이런 일련의 개혁에 있어서 중요한 단어가 되게 되었다.

경제체제의 개혁은 실제적으로 경제주체의 적극성을 발휘하기 위한 권력의 하방(下放)과정이었다. 동시에 이런 경제권력의 하방은 기타 방면에 대한 국가의 통제능력이 이에 따라 점차적으로 약해졌다. 이러한 경제기초의 변화에 따라 기존 경제체제 중 일부 효과적인 방법의 작용과 효과도 감소됨을 암시하게 되었고, 계획출산 정책 또한 바로 이 중의 하나였다. 사회경제 발전수준이 비교적 낮고 출생수준하락을 촉진하는 사회경제체제가 아직 형성되지 않은 상황에서는 국가가 개인에 대한 엄격한 통제체제의 협조와 보장을 하기 위한 군중교육과 군중동원의 방법은 빠질 수 없는 일이었다. 이런 보장체제가 약해진 후 정책의 작용효과는 자연적으로 감소되었다. 하지만 격변 중에 처해있는 사람들은 처음부터 이런 변화를 느끼고 사고할 틈이 없었다.

11기 3중 전회는 대외개방을 중국의 기본국책으로 정하여 세계 각국의 경제, 기술교류와 합작을 적극적으로 펼쳤다. 일부지역에서는 특수한 정책실시와 경제특구 설립을 통하여 중국 연해지구, 내륙의 대외무역을 점차적으로 개방하고 또한 외국의 자금, 기술과 관리경험을 이용하여 경제발전을 추진하였다. 대외개방정책의 실시를 통하여 사람들의 시야는 점차적으로 넓어지고 세계에 대한 이해도 날이 갈수록 늘었다. 이에 비하여 중국경제의 낙후 정도도 남김없이 드러나게 되었다. 이런 강렬한 자극 하에서 전국곳곳에서는 경제발전과 빠른 현대화를 실현하는 요구가 나날이 절박해져 갔던 것이다.

2. 인구문제의 전략화

현대화를 실현하는 과정 중에서 경제체제개혁과 대외개방정책은 초보적인 성과를 얻었다. 국가의 산업구조는 균형 추세로 나아갔고 제3산업은 비교적 빠른 성장을 하였으며 경제성장속도는 빨라졌다. 1952-1978년 사이에 사회 총생산액은 매년 평균 7.9%가 성장하였으며 1979-1986년에는 10.1%에 달하였다. 도시와 농촌의 생활은 개선되고 1978부터 1986년까지 농민의 연평균 순수입은 134위안에서 424위안까지 증가하고 도시의 1인당 평균수입은 316위안에서 828위안으로 증가하여 물가요소를 공제하고 각 160%와 80%이상 증가하였다(쑨쩬, 2010).

국가든 국민이든 모두 현대화 실현과정에서 승리의 맛을 보았다. 이는 더욱 사람들의 현대화 실현의 목표와 신념을 확고히 하였고 사람들의 현대화 실현에 대한 무한한 갈망도 증가하였다. 하지만 사람들은 곧바로 방대한 인구규모는 날이 갈수록 현대화 목표실현의 장애가 됨을 이미 발견하고 있었다. 1978년의 전국의 총 인구수는 이미 9.63억에 달하여 인구의 부담은 사회생활에 있어 주거, 공공시설, 취업, 취학 등 모든 방면에서 나타났다. 이러한 배경 하에 인구문제를 현대화 실현의 웅대한 주제와 연결하여 인구정책도 중요한 의미를 지닌 전략적인 정책이 되었다. 1978년의 계획출산은 〈중화인민공화국헌법〉에 쓰여 져 전체 국민의 공통의지의 표현이 되었다. 당의 제12차 대회에서 계획출산은 기본국책으로 확정되었다.

인구문제의 전략화는 사회주의 초기단계이론과 현대화 건설 임무의 제의와 긴밀하게 연관되었다. 먼저 현대화 건설은 반드시 국정에서 출발하여야 한다. 하지만 중국의 제일 큰 국정은 바로 인구가 많고 기초가 약한 것이다. 사회주의 초기단계이론의 중요한 구성 일부는 바로 중국 국정에 대한 판단이었다. 중국의 인구가 많고 성장속도가 빠르며 경제발전에 대하여 큰 압력을 형성하는 것은 중국의 가장 현실적이고 가장 기초적인 국정이었다.

덩샤오핑의 여러 차례 이야기 중에 중국이 4가지 현대화를 실현 하려면 반드시 기초가 약하고 인구가 많은 중국의 국정 특징을 보아야 하며, 중국식의 현대화 건설은 반드시 중국의 특징에서 출발해야 한다고 지적하였다. 다음, 현대화 건설의 목표는 1인당 평균목표와 연관됨을 피할 수 없다고 했다. 당의 제12차 대회에서 1981년에서 2000년까지 농공업의 총생산액을 4배로 늘리고 도시와 농촌 수입을 두 배로 성장시켜 국민물자 문화생활이 중산층 수준에 달하도록 하는 웅대한 목표를 제기하였다. 비록 이 전략목표 중에는 명확한 1인당 평균목표를 제기하지는 않았지만, '국민수입의 두 배 성장' 또는 '중산층 수준'이라는 결정적인 표현은 필연코 1인당 평균목표로 이루어질 것이라 생각했다. 1987년 덩샤오핑은 그의 유명한 '3단계'를 통하여 기본적으로 현대화를 실현하는 전략절차와 전략구상 중에서 1980년대, 20세기 말과 21세기 중기에 국가경제발전의 목표를 1인당 국민총생산액을 각각 500달러, 1000달러, 4000달러에 달하도록 정하였다. 이는 현대화를 실현하기 위한 전략목표와 인구통제는 반드시 경제발전과 동시에 진행해야 함을 결정한 제시였다.

3. 4개 현대화를 실현하기 위하여 자녀를 적게 낳다

인구통제는 국가차원에서 중대한 의미를 가진 전략정책으로 상승되었을 뿐만 아니라, 점차 더욱 많은 국민들의 자각의식에 따라 국민의 생활 속으로 침투되었다. '문혁'의 열광이 점차적으로 흩어지고 현대화라는 시대의 발전주제가 모든 중국인의 집체의식이 되었을 때, 광장에서 주택으로 돌아온 사람들은 그제야 비좁은 공간에서 절실하게 현대화의 원대한 목표와 인구부담 간의 격렬한 모순을 느꼈다. 이런 격렬한 역사전환의 격랑 속에서 중국국민은 어떤 선택을 할 것인가?

1978년 천진의과대학의 44명 교직원들은 공동명의로 대학교 당위원회에 호소문을 제출하여 자발적으로 둘째 자녀를 포기한다는 것을 표명하였다. 1979년 3월 산둥성 옌타이(煙台)지역 룽청현의 136쌍 농민부부는 전 공사, 전 현의 가임연령 부부에게 〈혁명을 위하여 자녀 한 명만 낳는다〉는 한 통의 호소문을 보냈다. 그들의 행위는 전통적인 출생관념의 속박을 타파하고 호소문에 반영된 용감 한 정신과 발생되었던 영향은 당시 안후이성 펑양현 샤오강촌의 18호 농민이 서명한 〈토지도급책임서〉보다 뒤지지 않은 것이었다.

〈토지도급책임서〉는 중국경제문제를 해결하는 첫 국면을 열었고, 그때부터 토지연합생산도급책임제는 전국으로 신속하게 보급되었다. 하지만 호소문은 중국의 인구문제를 해결하는 새로운 방향을 제공하였으며 한 부부가 한 자녀를 낳자고 호소하는 여론은 전국으로 확장되었다.

1979년 중국인민대학 인구이론연구소의 학자들은 중공중앙, 국무원에 〈중국인구성장통제에 대한 5가지 건의〉를 제출하였다.

〈건의〉는 미래의 빠른 인구성장추세를 추측케 하였고 인구성장을 진정으로 국민계획에 포함시키고 셋째자녀를 엄격히 통제하며 적극적으로 한 자녀 낳기를 제의하였으며, 이는 인구성장속도를 하락시키는 실행 가능한 방안임을 제기하였다. 이런 호소문과 학술연구는 중국의 인구문제에 대한 인식과 해결방안 방면에서 놀랄 만큼 합당한 답을 내었다. 이는 시대발전 형세와 국가기본 국정의 공동작용하에 형성된 공동의지의 표현이며 중국국민의 애국열정, 희생정신, 위대한 지혜와 창의적인 용기를 충분히 나타냈다.

한순간에 공장, 삼림, 학교와 부대 등의 기층에서 나온 계획출산 청원서와 학술계 인구연구자들의 인구성장 통제문제에 대한 건의와 계책이 잇따라 나와 마치 봄비 후의 죽순처럼 각급 정부의 시야에 나타났다. 하루 빨리 현대화 실현을 절박하게 희망하는 염원과 무형의 인구부담 앞에 '4개 현대화를 위하여 자녀를 적게 낳자'는 강렬한 시대특징을 지닌 구호는 이미 더욱 많은 사람들의 자각적인 선택이 되었다.

4. 군중을 충분히 의지하고 동원하여: '독생자녀' 정책의 형성

이렇게 방대한 인구규모와 거센 인구성장의 기세는 전 인류역사상 어떠한 나라, 정부 또는 정당이 모두 겪어 본적이 없는 것이었다. 현대화 건설의 청사진은 이미 결정되어 현대화, 국민생활수준과 인구성장의 관계를 정확하게 인식 한 후 인구통제와 계획출산을 실행하는 방향은 이미 확고해졌다. 하지만 어떻게 단기간 내에 신속 하게 인구의 빠른 성장발전추세를 억제할 것인가? 일부정책에서의 학자와 전국 방방곡곡에서의 일반국민에 이르기 까지 모두 마음속으로 이 문제를 위하여 자기의 답안을 준비하고 있었다.

이는 국가와 정부에게 1960년대와 1970년대 초기보다 더욱 명확하고 의심할 바 없이 엄격한 정책이었다. 거시적인 차원에서의 목표는 이미 오래전에 존재하였다. 만약 정책을 긴축하면 오직 한 가지 방향만 있다. 그것은 바로 거시적인 목표와 미시적인 목표 간의 대로를 철저히 열어 이것을 가시화와 통제화가 되게 하여 즉 직접적으로 매 가정의 수를 규정하는 것이다. 이때에 기층에서는 엄격한 출산통제를 요구하는 소리가 날이 갈수록 커졌으며 한 자녀를 호소하는 사회여론은 점차적으로 형성되었다. 심지어 1980년에 〈인민일보〉는 사설을 발표하여 계획출산업무의 중점은 '한 부부가 한 자녀만 낳는 것을 호소'하는 것이라고 하였다. 이런 호소는 한순간에 사회 각 계층의 관심과 토론의 이슈와 초점이 되었다.

이와 동시에 쑹젠을 리더로 하는 몇 명의 과학자들은 체계적인 과학방법을 통하여 서로 다른 출산수준조건하에서 중국의 미래 인구 발전추세를 추산해내었다. 추산에 의한 결과는 2000년에 인구가 12억을 초과하지 않는 목표를 실현하려면 한 부부의 출산자녀수는 응당 1.5명이어야 한다는 것이었다(국가인구와 계획출산 위원회, 2007). 심지어는 '한 부부가 한 자녀를 낳는다'는 정책은 법률적으로 이미 시행될 것 같았다.

하지만 이때 당과 정부는 다른 방식을 선택하여 '한 자녀'정책의 출범을 실현하였다. 1980년 9월 25일 중공중앙은 공개서신을 발표하여 공산당원, 공청단원들이 앞장서 한 부부가 한 자녀를 낳는 것을 실행할 것을 요구하였으며 또한 많은 군중에게 홍보하고 교육하였다. 이런 방식을 이용하여 '한 자녀'정책을 추진함을 심사숙고한 것이다. 먼저 중화민족이 수천년간 형성된 문화전통은 다복이다. 세계에서 어떠한 나라도 가정출생 수에 대하여 엄격한 규정을 한 적이 없었다. 이런 방법은 예로부터 없는 것이므로 만약 직접 입법하여 집행하면 난이도는 엄청 클 것이다.

다음 비록 인구통제는 개혁개방과 국가발전의 객관적인 수요지만 여전히 국민이익에 일정한 손해를 가져왔다. 만약 강압적으로 집행하면 중국 실정과는 부합되지 않는다. 그다음으로 당의 특성은 공인계급의 선봉대이며 당원, 단원과 간부로부터 시작하여 그들로 하여금 모범이 되고 솔선수범하여 군중을 교육할 것을 요구하는 것이 당의 선진적인 요구에 부합되고 업무전개도 쉬워지며 중화민족의 '적은 것을 걱정하지 않고 고르지 못한 것을 걱정한다(不患寡而患不均)'는 사상전통에도 부합되어 양호한 시범작용을 했다. 마지막에 '공개서신'의 형식은 항일전쟁, 항미원조(抗美援朝)시기부터 좋은 효과를 얻었고 군중교육, 궁중동원 등의 수단은 더욱이 전쟁 시기, 사회주의건설시기와 지난 계획출산업무 중에 단련을 받아 운용하는 것이 숙달되었다. 이런 방식으로 전 국민의 힘을 모아 어려운 조건에서 높은 목표를 실현하는 것에 당과 정부는 숙련되고 자신이 있었다.

공개서신의 발표는 일파만파로 퍼져 사회에서 격렬한 반응을 일으켰다. 각지와 각 계층의 정부는 정부를 위주로 본지 출생정책을 제정하였으며 인구통제는 새로운 발전단계에 들어섰다. 중앙, 당원과 군중의 거리는 단번에 가까워졌다. 당원들은 적극적으로 중앙의 호소에 호응하여 응집력과 전투력을 또다시 불러 일으켰다. 비록 임무는 여전히 힘들고 고되지만 중국인은 마치 한 번에 인구변화의 길에 번진 방향을 똑똑히 본 것처럼 몸의 천근부담을 덜어내고 현대화의 역정에서 앞으로 전진하였다.

평가할 만한 것은, 현대화 실현을 위하여 각 가정의 자녀출생 수에 대하여 통제를 하는 과정에서 위대한 중국인민의 큰 희생정신을 볼 수 있을 뿐 만 아니라 당과 정부가 바친 용기와 대가도 높이 보아야 한다. 당과 정부 앞에 놓인 선택은 다양했다.

하지만 그들은 효과적이지만 제일 어려운 선택을 하였다. 비록 이 길은 전체 중국, 전체 중화민족에게는 이익이지만 직접적으로 국민의 출생행위를 간섭하는 것은 당과 군중, 간부와 군중간의 관계를 긴장하게 하며 필연코 일부 당과 정부에서 몇 십년간 분투하고 기초에서 어렵게 건설하고 배양한 집권기반을 희생해야 한다. 심지어 당과 정부의 지위도 동요될 위험에 직면해야 한다. 반면에 만약 인구통제를 하지 않으면 국가, 민족의 장기적인 발전에 어려움과 손실을 가져오거나 또는 느슨한 인구통제정책을 취하면 국가발전이 조금 느리게 되고 국민 생활이 조금 어렵지만 전체 당과 정권에게는 질책과 비난이 적어지며 화기애애하고 안전한 선택이다. 그러므로 많은 군중이익을 대표한 당과 매우 견고하고 양호한 군중기초를 가진 정권만이 이런 사심이 없는 선택을 할 수 있었으며 용기와 박력으로 이런 모험적인 결정을 할 수 있었다.

제2절
인구변화의 굴곡 중에 나타난 험난함과 제2차 역사적 · 비약적 조성

1. 의견 차이가 점차 나타나다: 엄격한 출생정책이 저항을 받다

1981년 국가계획출산위원회의 설립부터 1982년 〈헌법〉에 부부는 계획출산을 실시할 의무가 있다고 규정하기까지, 그리고 당의 12차 대회에서 계획출산을 기본국책으로 규정하기까지 개인의 출생과정은 이미 국가행정관리의 범위 안에 들어갔다. 비록 1980년 국무원은 정식으로 계획출산정책 조정 때와 중공중앙의 공개서신의 글에서 여전히 '한 부부는 한 자녀만 출생할 것을 제창 한다'고 제기했지만 이때의 '제창'은 이미 1970년대에 '한 부부는 한 자녀만 낳는 게 좋다'는 호소와 동일하다고는 볼 수 없었다. 그것은 이미 전국인민은 반드시 엄격히 준수해야 할 정책규정이 되었다. 이는 도시와 농촌에게 통일되고 보편적인 '한 자녀'정책이며 중국인구 변화 길의 발전과정 중 가장 엄격한 출생정책이기도 했다.

하지만 아직 사회경제 발전수준이 비교적 낮고 출생 수준하락을 촉진하는 사회경제체제가 아직 형성되지 않은 상황에서 이런 엄격한 출생정책은 비난과 도전을 받았고 각종 압력과 어려움에 직면해야 했다. 특히 농촌지역에서 계획출산업무의 전개는 걸음걸음마다 어려웠다. 많은 지방의 농민들은 이 정책에 대하여 이해하지 못하고 받아들이지 않고 협조하지 않으며 또한 일부 간부들은 이 업무를 추진할 때 서둘러 목적을 달성하려고 과격한 수단을 사용하였다.

그리하여 간부와 군중관계에 과거에 없던 긴장이 나타나고 모순이 자주 발생되고 업무는 침체되었다. 하지만 중국의 농민이 무지하고 안목이 짧다고는 할 수 없으며 계획출산업무의 실패라고 설명할 수도 없고 다만 시대발전의 특수성과 한계성을 반영하였다. 경제체제개혁을 통하여 가정은 이미 점차적으로 자주독립의 경제실체로 되었다. 경제효과의 발전목표와 노동밀집형의 발전단계는 가정이 노동력, 특히 남자노동력에 대한 강렬한 수요를 결정하였다. 그러나 인구통제정책의 긴축방향은 이것과는 반대였다. 경제체제개혁은 집체의 통제와 분배기능을 약화시켰다. 이것은 국가의 개인에 대한 견제능력을 점차 약해지게 하였고 따라서 계획출산정책의 집행력도 약화되었다. 이런 조건에서 계획출산업무의 전개는 자연히 난관이 중첩되었다.

'한 자녀'정책은 중국인구 변화과정에서 제일 많은 비난을 받은 인구통제정책이었다. 만약 역사발전단계와 현실국정을 결합하여 변증론적인 안목으로 분석하면 '한 자녀'정책은 방향 면에서는 정확하다. 다만 집행을 하기에는 너무 앞섰다. 먼저 이미 10억을 초과한 인구규모를 대상으로 개혁개방 초기에 급하게 현대화 실현을 해야 하는 중국은 엄격한 통제 외에는 다른 선택이 없었다.

1982년 제3차 인구조사의 결과가 표명하듯이 당시 전국의 인구는 이미 103,188만 명에 달하였다(루위, 전우, 2009). 중국은 이미 사회경제 발전으로 자연적인 출생률 하락을 앉아서 기다릴 수는 없었다. 반대로 중국이 필요한 것은 바로 '시간 차이'였다. 즉, 하루 빨리 인구출생수준과 성장속도의 하락을 실현하여 이것으로 시간을 쟁취하여 빨리 사회경제의 발전을 추진하는 것이다.

다음 '한 자녀'정책을 제정한 것은 순간의 충동이 아니라 장기적인 연구와 충분한 고려를 겪은 것이었다. 공개서신에서 인구의 과속 성장에 대한 폐단과 '한 자녀'정책의 실행이 가져오는 인구노령화, 노동력공급과 남녀성별비례의 불균형 문제에 대하여 모두 상세한 서술을 하였다.(펑페이윈, 1997). 이는 '한 자녀'정책을 실행하는 것은 당과 정부가 득과 실을 따져본 후 얻은 신중한 결론이라는 것을 설명한다. 마지막에 '한 자녀'정책이 '워털루'를 만나게 된 것은 정책의 엄격한 정도와 앞선 정도가 이미 사회경제 발전수준을 훨씬 많이 초월했기 때문이었다. 하지만 이런 과분한 초월은 현대화 건설의 절박함에서 왔으며 당과 정부가 군중의 힘과 사람의 주관능동성에 대한 과대평가에서도 나왔다. 어떤 차원에서 볼 때 '한 자녀'정책은 마치 인구영역에서 발생한 '대약진'과 같았다. 빠른 사회주의건설을 원하는 소망은 '대약진'운동의 발생을 초래하였다. 빨리 사회주의를 건설하는 목표는 틀리지 않았다. 다만 군중을 동원하여 발생하는 힘과 사람의 주관능동성에 대하여 과대평가함으로써 사회경제 발전의 기본규칙을 벗어났다. 빨리 현대화를 실현하기 위한 목표는 '한 자녀'정책의 출범을 초래하였다.

빨리 현대화를 실현하는 방향은 틀리지 않았다. 사회경제 발전수준이 높지 않은 조건에서 군중교육, 군중의 주관능동성을 불러일으켜 인구통제를 진행하는 것도 틀리지는 않았다. 문제는 목표가 너무 높고 정책이 너무 냉혹하여 완전히 사회발전의 기초를 초월한 것이므로 자연히 실패할 수밖에 없었다는 것이다.

2. 실사구시, 전진을 위하여 물러서다: 적절하고 유연하게 목표와 정책을 조정하다

'한 자녀'정책이 좌절을 당한 후에 당과 정부는 이를 낙심하지 않고 더욱 적극적으로 조사를 전개하여 민의를 충분히 듣고 실제상황에 따른 분석을 하여 끊임없이 목표를 조정하고 출생정책을 완벽하게 하였다. 일부정책목표와 요구의 완화로 전체 정책에 대한 사회의 접수정도와 집행효과를 증가시켰다. 1980년대 초 중국은 정책목표차원에서 20세기말 인구통제의 목표를 줄곧 12억 이내로 하였지만 인구성장의 발전변화와 계획출산 업무의 전개상황에 따라 80년대 후기에 이 목표는 12억 전후로 점차적으로 수정되었다.

구체적인 정책차원에서 농촌에서의 업무전개의 어려움과 책임제를 실시한 후의 새로운 상황에 따라 농촌은 정책조정의 중점지역이 되었다. 1981년 9월 중앙서기처는 계획출산정책을 적당히 완화해야 한다고 제기하였다. 여러 차례의 포럼과 토론을 통해 의견을 구하여 마지막에 〈진일보 계획출산 업무를 잘하기 위한 지시〉에서 도시주민과 국가간부는 특수한 상황 외에 여전히 엄격한 '한 자녀'정책을 집행하고, 농촌은 보편적으로 한 자녀를 제창하고 실제 어려움이 있으면 두 자녀를 비준할 수 있다(국가인구와 계획출산위원회, 2007)고 확정하였다.

1982년 〈전국 계획출산 업무회의 요록〉은 '실제 곤란'에 부합되는 상황에 대하여 구체적인 예시와 확장을 진행하였다.

엄격한 계획출산정책을 실행하는 과정에서 많은 문제가 폭로되었다. 제일 두드러진 것은 인구통제와 출생률하락을 너무 중시하고 당과 군중간의 관계개선을 소홀히 하여 일부 지방에서는 강제명령과 위법현상이 나타났다. 이런 현상들에 대하여 중공중앙은 국가계획출산업무보고에 대한 문건(중공중앙 1984년 7호 문건) 중에 '구속해제'와 '구속'을 합친 방법을 지시 전달하여 해결하였다. 한 방면으로는 농촌의 계획출산정책을 계속 완화시켜 업무난이도가 하락하고 다른 한 방면으로는 출생문제에서 부정하는 간부를 단호하게 처분할 것을 강조하였다. 이 문건의 탄생은 정식으로 계획출산정책에 대한 조정을 선포하였으며 '한 자녀'정책의 마침을 상징하였다. 7호 문건의 원칙적인 규정과 각 성, 구, 시의 규정에 따라 1984년 이후 전국은 둘째 자녀를 출생할 수 있는 부부는 가임연령부부 중의 비율이 10%이상에 달하였으며. 1988년 '요구하는 농촌의 독녀가정에게 둘째출산을 허락한다'는 규정을 재확인 후에 이 비율은 50% 전후로 상승하였다(국가인구와 계획출산 위원회, 2007).

업무가 어려움이 발생했을 때에 원인을 이해하고 변호가 발생한 새로운 정세, 새로운 문제를 조사하며 또한 상응한 정책에 대하여 신속하게 조정을 진행하며 일부 정책요구의 후퇴로 전체적으로는 업무의 전진으로 바꾸는 중국정부는 전진을 위하여 물러서는 정치지혜, 용감하게 착오를 시정하는 우수한 품질의 유연한 업무태도와 실사구시의 기본원칙을 나타냈다.

3. 출생률의 쾌속상승을 분명하게 인식하고 정책안정을 유지한다

계획출산정책 조정 후 한동안 인구반등의 압력이 방출되기 시작하였다. 사망률이 상대적으로 안정된 조건하에 출생률은 1984년의 19.90%에서 1987년에는 23.33%로 점차 성장하였으며 자연성장률도 14.26%에서 16.61%로 성장하였고 순증가 인구도 1,351만에서 1,796만으로 확대되었다(도표 5-1). 출생률의 갑작스런 반등은 사회 각 방면의 고도 관심을 일으켰으며 어떤 사람들은 반등의 원인을 계획출산정책의 조정으로 지적하였다(루위, 전우, 2009). 이는 사람들로 하여금 방금 완화된 출생정책이 다시 긴축운명으로 직면하는 것을 의미하는 것이 아닌지 분분하게 추측하였다.

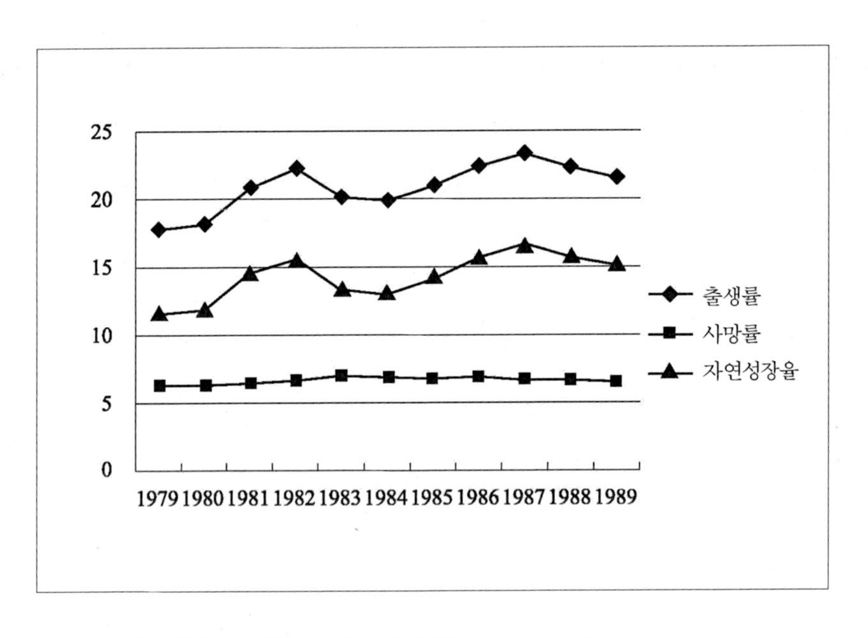

도표 5-1 중국인구의 출생률, 사망률과 자연성장률(1979-1989년)
자료출처: 국가통계국인구와 취업 통계사: 〈중국인구 주요수치(1949-2008), 북경, 중국인구출판사, 2009

중국정부의 정치지혜와 박력은 충분히 표현되어 급하게 출생정책을 다시 조정을 한 것이 아니라 인구반등을 초래한 각종 요소에 대하여 깊은 연구를 진행하였다. 결과적으로 표명하듯이 출생률의 쾌속반등은 많은 요소들에 의한 시너지가 초래한 것이었다. 출생정책의 조정은 주범이 아니었다. 먼저 출생정책의 조정은 확실히 지방지도자와 계획출산 관계자들에게 매우 큰 곤혹과 부적응을 가져와서 '대구'를 막은 목적은 달성하지 못하였고 '소구'를 개방 후 또 계속 통제를 잃었다.

다음 1980년의 새로운 '혼인법'은 남녀의 초혼연령을 만 22세와

20세로 규정하였다. 원래 제창한 혼인연령보다 몇 살 빨라져서 1980년 이후의 결혼 수는 1980년과 비교하여 배로 성장하였다. 마지막으로 60년대의 고 출생 중에 태어난 사람들이 점차적으로 혼인연령에 들어서고 결혼하여 자녀를 출산하기 시작하였으므로 이번 고출생의 주기성 영향을 받아 출생수준은 어느 정도 반등하였다. 따라서 출생률의 반등은 많은 일시적인 요소들의 시너지로 발생한 결과이며 체계적이고, 장기적인 문제가 존재하지 않았음을 알 수 있었다. 그리하여 당시 실행한 출생정책을 조정할 필요가 없었다.

1988년 중공중앙 정치국상무위원회에서는 국가계획출산위원회의 업무보고 요강을 토론할 때 중국의 국가간부, 직장인과 도시주민은 한 부부가 한 자녀만 낳으며 농촌의 독녀가정을 포함한 실제 어려움이 있는 군중은 간격을 두고 둘째 자녀를 낳을 수 있으며 소수민족지역도 계획출산의 기본출생정책을 제창해야 하며 또한 이 정책은 장기적으로 관철하고 집행하며 안정을 유지할 것이라고 재차 언급하였다(국가인구와 계획출산위원회, 2007).

각 지방은 중 앙과 국가의 요구에 따라 자체 실정에 맞게 현지 상황에 부합되는 계획출산정책을 제정하고 완벽하고 기본적으로 한 부부가 한 자녀를 낳고 서로 다른 조건에서 농촌독녀 가정은 둘째 자녀를 낳을 수 있으며 보편적인 농촌독녀 가정은 둘째 자녀를 낳을 수 있고 농촌은 보편적으로 둘째 자녀를 낳을 수 있는 것과 소수민족자치구 출생정책 등 5가지 유형정책으로 구성된 출생정책시스템을 형성하였다. 이 정책시스템의 기본 틀은 지금까지 줄곧 연속되었다.

1980년대 초 출생정책의 조정과 80년대 말기의 출생정책은 안정,

조정과 안정, 움직임과 기다림은 선명한 비교를 형성하였다. 이는 중국의 인구문제 인식상의 점차적인 심화와 중국인구 변화 길의 점차적인 성숙함을 반영하였다.

4. '3위주' 업무방침의 확립과 확장은 일방적인 돌진의 반성이다.

만약 인구통제목표 완화와 출생정책조정이 1980년 이래의 일방적인 출생정책의 대응이라고 말한다면 이런 대응은 수동적이고 잠시적인 것이며 어쩔 수 없는 행위와 책략적이고 우회적인 것이다. 진정 적극적이고 주도적인 방식은 사회경제가 출생률하락의 촉진체제가 형성되기 전에 계속 업무를 진행할 수 있으며 군중의 협조와 호응을 얻어 인구통제목표를 실현할 수 있는 기초위에서 구축되어야 한다. 이런 배경 하에 '3위주'의 업무방침은 미망과 흑암 중에서 탐구중인 사람들에게는 새로운 빛을 가져다주었다.

앞서 1979년에 산뚱성의 룽청현은 계획출산업무 중의 경험을 '3위주'로 개괄하였다: 업무방식 면에서는 홍보교육과 경제제한 중에서 홍보교육을 주로 해야 하고. 통제수단방면에서는 피임과 인공유산 중 피임을 주로 해야 하며. 업무체제방면에서는 평상적인 업무와 돌격활동 중 평상적인 업무를 주로 해야 한다. 룽청현에서는 이런 업무방침의 관철을 통하여 당과 군중관계를 밀접히 하고 계획출산관리의 난이도를 하락시키고 군중의 계획출산에 대한 적극성을 향상시켰으며 계획출산의 각 항 지표는 전국 각 현에서 우승을 차지하였다. 1983년 국가계획출산위원회에서는 '3위주'의 경험을 전국에 보급하고 각지에서 실제와 결합하여 이 경험의 정신을 배우라고 호소하였을 뿐만 아니라 전국 계획출산의 업무방침으로 확정하였다. '3위주'의 출범은 확실히 양호한 효과를 보았고 출생수준도 반등하지 않았으며 여전히 계속 하락하였다.

현재의 시각으로 볼 때 '3위주' 업무방침은 보기에는 소박하고 심화되고 복잡한 도리가 없는 것 같지만 실제적으로 사람들은 원래의 계획출산업무에서 무조건 군중교육, 군중동원의 일방적인 업무방식에 대한 심각한 반성을 반영하였다. 사람의 주관능동성의 발휘는 한계가 있다. 국가경제발전수준이 높지 않고 사람들의 출생통제에 대한 인식이 아직 충분히 형성되지 않았을 때 계획출산 정책은 군중에게 도리를 가르치고 군중의 애국열정을 불러일으켜 그들에게 국가민족의 장기적인 이익을 위하여 개인이익을 희생하라고 요구하는 방식으로 진행할 수는 있지만 눈앞의 이익에만 급급하고 끊임없이 이런 방식에 영원히 의지할 수는 없었다. 현재의 이런 방식은 이미 충분히 발휘되어 끝까지 왔으므로 반드시 변화를 고려해야 한다. 변화의 방향은 어디에 있을까? 군중을 생각하고 그들의 이익에서 출발해야 그들로 부터 최대의 인정과 협조를 얻을 수 있다. '3위주' 업무방침은 이런 변화를 실현하기 위하여 군중의 경제처벌을 감소하고 그들의 신체건강을 고려하여 온건하고 부드러운 태도를 취하였다. 이처럼 보기에는 간단하고 소박한 업무변화에서 중국인구 변화의 길은 역사적인 제2차의 비약의 초보적인 방향이 준비되고 있었다.

제3절
종합적으로 인구문제를 다스리고, 사회경제의 발전 중 인구변화를 촉진시키다

1. 사회경제의 신속한 발전과 국민생활수준의 향상은 인구변화에 양호한 환경을 제공하였다

제11기 3중 전회부터 1990년대 초까지 개혁개방의 정책을 실행 함으로써 중국의 경제체제구조는 중대한 변화가 발생하고 사회경제는 신속하게 발전하고 도시와 농촌발전의 면모는 새롭게 달라지고 주민생활수준은 뚜렷하게 향상되었다.

중국의 국민총생산액은 1978년의 3,588억 위안에서 1990년도에는 17,686억 위안으로 성장하였다. 이 12년간 매년의 평균성장속도는 8.8%에 달하였다. 하지만 과거에 1963~1978년의 성장속도는 6.1%밖에 되지 않았다. 1978년에는 1인당 국민수입도 104위안에서 1,276위안으로 증가하였다. 12년간 1,172위안 증가하여 1952~1978년 26년간 증가한 261위안과 비교할 때 거대한 진보라고 할 수 있다. 개혁 10년간의 가격요소를 공제하고 도시주민 1인당 평균수입은 매년 평균 6.5%가 증가하고 농민의 1인당 순수입의 증가는 11.8%에 달하였다(쑨쩬, 2010).

이런 성과는 인구통제성과의 지지를 떠날 수가 없었다. 1980년대의 10년간의 굴곡과정 중에 중국인구의 고도성장추세는 끝내 효과적인 억제를 받았다. 1990년 전국의 총 출생률은 이미 2.17에 달해 교체수준에 가까웠다. 인구성장 발자국의 둔화는 사회경제 발전에 부담을 감소시키고 소중한 시간을 쟁취하였다. 반대로 경제와 사회의 발전은 인구변화의 실현에 양호한 조건을 제공하였다.

경제운행체제는 지령적 통제에서 점차적으로 계획경제체제와 시장경제가 서로 결합하고 또한 시장경제를 주로 하는 방향으로 변화하였다. 사회분배방식은 '평균 분배'의 평균주의에서 점차적으로 노동에 따라 분배를 주체로 하는 여러 가지 분배방식으로 변화하였다. 처음으로 빨리 부유해지는 것이 경제발전 성과를 맛본 사람들의 공통목표가 되었다. 시장경제의 조건하에 격렬한 경쟁에서 뛰어나려면 의지해야 하는 것은 관리와 기술이며, 더 이상은 노동력의 많고 적음이 아니었다. 비교적 높은 수입을 얻기 위해 의지해야 하는 것은 지식과 능력이며 더 이상 인원수에 따라 평균급여를 가져가는 게 아니었다. 그리하여 사람들은 자녀출생이 아닌 정력을 자발적으로 경영수준과 자신의 능력향상 방면에 투자하였다.

많은 부녀자들이 가사노동에서 해방되어 사회경제활동에 참여하였다. 1982년 전국의 가사노동자는 8,014만 명이며 1990년에는 6,893만 명으로 감소되었다(중화인민공화국국가통계국, 1983). 기초교육의 보급과 고등교육의 발전은 사람들의 문화정도를 보편 적으로 향상되게 하고 인구통제의 중요성과 이익에 대한 인식이 깊어지고 계획출산정책에 대한 태도를 이해하고 더욱 너그럽게 하였다.

2. 새와 새장에서 사회주의 시장경제체제: 계획과 시장의 관계를 정리하다

건국초기 시작부터 여러 차례의 개혁을 시도하였지만 중국은 계획경제의 발전방식을 정하고 계획경제 일부는 줄곧 주체이고 시장조절 일부는 종속된 것이며 부차적인 지위에 속하였다. 천윈은 이 점에 대하여 매우 형상적인 설명을 한 적이 있었다. 그는 시장과 계획의 관계는 마치 새와 새장 같아 새는 손에 꼭 쥐면 죽을 것이고, 새장이 없으면 달아날 것이다. 경제도 시장을 통하여 활성화되지만 계획의 지도를 떠날 수는 없다. 당의 12차 대회는 계획경제를 정식으로 하고 시장이 조절하는 경제체제를 제기하였다.

상대적으로 단일한 계획경제체제는 이미 매우 큰 한걸음을 내딛었다. 그 후에 중국은 경제정책을 계속 실천 중에도 끊임없이 계획과 시장의 관계에 대한 탐구를 강화하고 중국국정에 부합되는 계획경제와 시장조절의 운행체제를 찾는데 노력하였다. 이 과정에서 사람들은 이미 상품생산과 상품교환이 경제발전에 대한 촉진작용을 한다는 것을 인식하였다. 하지만 중국 사회주의의 사회특성 때문에 시종 아무도 시장경제발전을 감히 제기하지 못했다.

마지막에 남방담화에서 덩샤오핑은 날카로운 판단을 단번에 결정함으로써 계획과 시장의 관계는 마침내 정리되었다. 그는 계획과 시장은 모두 경제를 조절하는 수단으로 어느 것이 많든 사회주의와 자본주의를 구분하는 상징이 아니라고 여겼다. 이때부터 사람들의 사상은 크게 깨우침을 받아 더 이상 얽매이지 않고 결국 14차 보고 대회에서 중국은 사회주의 시장경제체제를 구축하는 목표를 확립 하였다.

사회주의 시장경제체제의 확립 후 중국인구 변화 길의 전환에도 깊은 영향을 끼쳤다. 장기적인 실천이 증명하듯이 고도의 계획경제체제는 건국초기 유한된 자원을 집중하여 빠른 회복과 경제기초를 건립하는데 점차적으로 양호한 작용을 하였다. 하지만 이런 체제의 폐단은 1950년대 후기에 드러나기 시작하였다. 주요 요지는 경직된 방식이 경제의 활력을 잃게 하여 개인의 적극성을 발휘하는데 불리했다.

경제체제가 사회주의 시장경제체제로 변화한 후에 시장은 자원 분배에 대하여 국가의 거시적인 조정 하에 기초적인 작용을 할 것을 요구하여 개인의 적극성을 충분히 불러일으키고 노동생산율과 경제 이익을 향상시켰다. 중국의 인구통제정책은 계획경제 배경 하의 산물이며 장기적으로 계획목표, 지표통제, 행정명령, 인터넷 시스템, 군중동원 등의 계획체제방법수단에 의지하여 업무를 전개하였다. 사회주의 시장경제체제의 개혁방향이 확립된 후 인구통제정책의 업무 방향과 업무방법도 변화가 발생하기 시작하였다.

적극적으로 시장경제의 큰 물결에 뛰어든 사람들에게 빨리 부유해지는 것이 그들의 제일 큰 소망과 제일 절박한 요구가 되었다.

시장경제와 인구통제를 어떻게 결합할 것인지 어떻게 경제수단을 의지하여 사람들의 계획출산정책의 실시를 이끌 것인지 모든 정책제정자와 집행자의 고민과 탐구를 시작한 변화방향이 되었다.

3. 세계인구 변화와 국제교류는 인구변화의 방향을 확장하였다

개혁개방정책 실시 전에 중국의 경제체제는 폐쇄된 경제체제였다. 이런 체제의 영향을 받아 대외관계 면에서 중국은 장기적으로 독립자주, 자력갱생의 외교정책을 고수하여 대외합작과 교류에 대한 발전을 소홀히 하였다. 개혁개방정책의 실시에 따라 중국은 국제사회에 각 방면의 교류와 합작도 날이 갈수록 활발해졌으며 인구방면도 예외가 아니었다. 유엔인구기금, 국제인구방안관리위원회와 국제계획출산연합회 등 각종 인구조직과 합작관계를 설립하는 것을 통하여 중국은 인구조사, 인구연구, 계획출산홍보 등 각 방면에서 이런 인구조직의 자금지지와 기술지도를 받았다.

세계 기타 지역의 정부, 비정부조직을 통하여 인구영역에서 합작과 교류를 전개하고 중국은 세계 각국의 인구발전역사와 동태를 깊게 이해하였으며 그들의 인구계획출산방면의 업무경험을 배우고 참고하였다. 각종 국제인구회의에 참가하고 회의를 개최하는 것을 통하여 중국은 세계인구의 거시적인 좌표에서 자기의 자리를 찾았고 세계인구발전의 차원에서 새롭게 인구문제 및 인구문제해결의 방법과 수단을 인식하고 연구하였으며 또한 세계에서 중국이 세계인구 제1대국으로써 자발적이고 적극적으로 인구문제를 책임지고 해결하는 양호한 형상을 수립하였다.

국제교류를 통하여 세계인구의 변화규율과 인구변화의 이론은 점차적으로 중국인의 시야에 들어왔다. 1980년대 초부터 중국 학자들은 점차적으로 인구변화 이론을 도입하였다(짱춘윈, 1983. 꿔썬양, 1985). 그들은 서방인구이론의 기본관점과 역사발전에 대하여 상세한 소개, 정리와 평론을 진행하였다. 사람들은 출생률 쾌속하락으로 시작된 인구의 신속한 성장 과정은 중국의 특유한 현상이 아니며 사회주의국가의 우월성의 표현도 아니고 세계에 파급된 전 세계적인 역사변혁임을 발견하였다. 유럽본토에서 미주대륙까지 또 다시 신흥선진국(지역)까지 마지막에는 개발도상국까지 많은 나라들은 이미 완성하거나 또는 이러한 변혁을 겪고 있었다. 또한 비교적 빨리 인구변화를 완성한 서방 각국의 경험에 근거하면 인구의 변화과정은 한 개의 독립된 과정이 아니라 사회경제의 발전변화와 밀접한 관계가 있으며 심지어 초기의 인구변화론자는 경제사회변동요소로 출생률 하락을 해석하는 방법을 표준해석으로 여겼다. 이는 중국의 인구통제에 거대한 계시를 가져다주었다.

먼저 건국초기 사망률의 하락시작부터 이후에 인구의 신속한 성장까지 중국은 이미 자기도 모르게 세계인구변화의 큰 물결에 휩싸였다. 이는 전 세계인구발전의 공통 추세다. 다음으로 이미 인구 변화를 완성한 국가들의 경험에 근거하면 출생률 하락은 미래인구의 발전방향이며 중국이 인구를 통제하고 출생수준을 하락하도록 했던 정책은 역사발전의 흐름에 순응한 것이었다. 마지막에 경제발전은 인구변화에 관건적인 작용을 하였다.

중국이 실시한 것은 인구과정에 직접 간섭하여 출생률을 하락시키는 방법으로 인구에 의한 경제 부담을 감소시켰다. 중국이 이런 힘든 방법을 선택한 것은 중국의 사회경제 발전을 통하여 인구변화를 실현하는 방법을 배척하는 것이 아니었다. 전에 이런 방법을 사용하지 못한 것은 사회경제 발전의 조건이 구비되지 못하였기 때문이다. 너무 많은 인구가 곧바로 경제발전을 방해하는 요소 중의 하나가 되어 경제가 발전된 후 다시 출생수준의 하락을 실현하려고 의도하는 것은 불가능하였다. 하지만 현재 사회경제의 발전은 이미 급속히 발전하는 상태에 들어섰으며 인구변화 길의 전환도 필연적인 형세가 되었다.

4. 기존의 인구변화의 길에 대한 긍정과 견지

대외개방정책 실시를 통하여 중국의 사회경제면모는 거대한 변화를 발생시켰다. 이때 중국인구 변화의 길은 역사의 사거리에 처해있어 인구출생수준은 이미 대체수준에 달하였으며 사회경제의 변화에 근거하여 상응한 조정을 하는 것은 의심할 바 없는 명확한 방향이었다. 하지만 무엇을 조정할 것인지 어떻게 조정할 것인지는 모두가 반드시 심사숙고하고 신중하게 대해야 하는 문제가 되었다. 사회경제 발전수준의 향상과 출생수준이 대체수준에 달함에 따라 계속 인구정책을 실시하는 것에 대한 염려도 점차적으로 증대하였다.

첫째, 사회주의경제체제의 확립은 계획경제체제하에 건립된 인구정책이 이미 무용지물이 되어 응당 역사의 무대에서 완전히 퇴출해야 함을 설명하는가? 둘째, 사회생산력수준의 향상, 국가 경제실력의 증대와 국민생활수준의 향상은 사회경제 발전이 출생 수준의 자발적인 하락을 촉진하는 체제가 이미 중국에서 건립된 상황에서 인구통제의 정책이 공명신뢰 할 수 있음을 설명하는가? 셋째, 사람들의 세계에 대한 이해는 점차적으로 심화되고 세계인구 변화의 규칙은 인구변화가 반드시 실현되는 결과이므로 이렇게 거대한 국가자원소비와 사회대가를 통하여 얻어야 할 필요가 없음을 설명하는가?

여러 가지 동요와 질의에 직면한 당과 정부는 인구통제영역에서 얻은 승리에 취하지 않고 그들은 〈계획출산업무를 강화하고 인구성장통제를 엄격히 하는데 관한 결정〉으로 전국인민에게 태도를 표명하고 이런 문제에 대하여 강력한 답을 주었다. 그것은 바로 중국은 반드시 계속 인구출생수준과 인구수에 대한 통제정책을 견지해야 한다는 것이다.

이런 결정을 내린 것은 중국의 국정과 민족미래전도에 대한 충분한 고려와 기초위에서 건립된 것이며 깨어있고 이성적이며 예견성이 있는 것이다. 먼저 중국의 기본국정은 변화가 발생하지 않았고 중국은 여전히 세계에서 인구가 제일 많은 개발도상국으로 인구가 많고 기초가 약하며 1인당 자원 점유량 부족은 여전히 중국의 제일 현실적인 국정이다. 인구 쾌속성장은 여전히 사회경제 발전에 무거운 부담을 가져왔다.

그 다음으로 비록 1990년대 이래 중국 출생수준은 대체수준까지 하락했지만 인구발전형세는 여전히 험준하며 방대한 인구수와 인구관성은 여전히 매년 새로운 증가인수 1,600만 이상을 결정하고 인구출생수준 반등의 위험도 여전히 존재했다.

셋째, 1990년대는 중국의 현대화 건설과 인구변화 역사과정에 관건적인 시기였다. 만약 효과적으로 인구성장통제를 못하면 직접적으로 이후에는 중국 현대화 건설의 두 걸음의 전략목표의 실현에 영향을 끼친다. 그리하여 1990년대 중국은 기존의 인구변화 길의 방향에 어떠한 변화도 발생하지 않았을 뿐만 아니라 더욱 긍정과 견지를 하였다. 1991년부터 중공중앙, 국무원은 매년 전국인민대표대회기간에 중앙계획출산업무좌담회를 열어(1997년 이후에는 중앙계획출산과 환경보호업무좌담회로 확장하고 1999년 이후에는 중앙인구자원 환경업무좌담회로 확장되었다.) 중앙정치국 상무위원회와 지방 당정주요지도자들이 출석하였고 중공중앙 총서기와 국무원총리도 좌담회에서 발언을 하고 인구와 계획출산업무에 안배를 하였다.

이런 방식을 통하여 당과 전 사회는 계획출산업무의 중요성에 대하여 더욱 깊은 인식이 생겼고 현재 진행하고 있는 계획출산정책은 변하지 않았으며 이미 결정한 인구통제목표를 견지하는 것도 변하지 않으며 각급 당정의 최고지도자가 직접 책임지는 원칙을 견지하는 것도 변하지 않아 당시의 인구변화 길의 방향을 진실되게 긍정하고 견지한다는 것을 단적으로 보여주었다.

5. '3결합' 이 인구변화를 촉진하는 힘을 통합하다

비록 인구변화 길의 방향은 변화가 없었지만 인구변화를 촉진하는 업무방향과 업무방식은 중대한 변화가 발생하였다. 이전에 중국인구

변화가 의존하는 중요한 힘은 제도와 문화였다. 엄밀한 국가계획과 인구통제목표의 작용 아래에서 인터넷 시스템과 간부 스스로의 실천을 통하여 군중에게 홍보교육을 전개하고 군중의 애국열정과 책임의식을 불러일으키며 또한 국가의 개인에 대한 강력한 구속력을 이용하여 보장을 하고 사회경제조건의 지지가 부족한 상황에서 가정출생사무에 대한 간섭과 출생수준의 통제를 실현하였다. 1990년대 초 이런 인구통제체계가 처음 효과를 보일 때 중국은 시장경제의 봄날을 맞이하여 단번에 미흡한 경제시대와 작별하여 배급표 경제와 물질부족은 역사가 되었다.

사람들은 인구와 경제가 이미 조화와 상호작용의 길에 들어서고 인구의 기복율동은 응당 경제발전의 발걸음에 부합 되어야 하며 뜻밖에도 경제와 인구가 이렇게 밀접하게 연결되어 있음을 발견하였다. 그렇다면 사회주의시장경제의 개혁방향을 확립한 후 위풍당당한 노동력 대군이 시장경제의 큰 물결에 뛰어 들었을 때 인구변화를 촉진하는 정책은 어떻게 이런 새로운 추세를 이용하게 되었을까?

1990년대 이전에 각 지역에서는 모두 계획출산가정에 경제도움을 제공하는 업무방식이 존재하였다. 전 국민이 더욱 빨리 부유해지려는 절박한 소원을 직면하고 다년간 탐구와 총결경험의 기초위에서 각 지역에서 한차례의 계획출산 전형의 실험이 조용히 전개되었다. 장쑤성 엔청에서 정부는 '소생쾌부 합작사'를 설립하여 정부에서 계획출산을 하는 농민에게 정책혜택과 자금지원 실시 및 사원간의 상호도움과 경제수단을 통하여 군중이 계획출산을 실시하도록 유도하였다. 〈인민일보〉는 또 전문적으로 엔청의 경험에 대하여 소개하고 이런 경험은 금방 전국에서 시행되었다. 계획출산업무는 경제발전과 농민을 도와 부지런히 일하여 부자가 되는 것과 문명행복가정을 건설하는 것과 서로 결합하는 방식의 업무가 점차적으로 형성되었다. '3결합'의 방법은 이전의 명령식 업무방향을 바꾸고 경제발전을 섭점으로 하여 빈곤에서 벗어나고 부유해지려는 것과 문명행복가정을 건설하려는 군중의 소원을 정확하게 파악하고 그들에게 각종 도움을 제공하는 것을 통하여 그들로 하여금 계획출산이 가정과 개인에게 가져오는 이익을 느끼게 하여 자발적으로 국가의 요구에 도달하게 하였다. '3결합'의 방법은 국가와 개인의 목표를 통일시켜 국가이익과 가정이익의 2중의 이익을 나타내고. 그것은 일부의 힘을 통합시키고 각종 정책과 상호 결합하여 기본국책의 실현을 보장하였다. 또한 그것은 인구변화를 촉진하는 사회경제 발전, 제도와 문화의 3가지 역량간의 유기적인 결합을 실현하였다. 결국 중국의 계획출산정책의 업무방향과 업무방법은 중대한 변화가 발생하였다. 고립된 행정명령에서 사회경제 발전과 결합된 종합적인 조치를 취하여 인구문제를 해결하는 것으로 변화하였다. 사회제약에서 이익방향과 결합되고 홍보, 서비스, 관리를 서로 통일하는 것으로 변화하였다. 이 두 가지 변화는 중국의 인구문제를 종합적으로 다스리는 길이 형성되었음을 상징하고 중국인구 변화 길의 역사적 제2차 비약의 완성을 상징하기도 하였다.

제4절
인구변화의 초보적 성공

1990년대 중국의 출생수준은 대체수준이하로 하락하였다. 반세기를 종횡했던 중국인구 변화의 고속열차는 급정차를 겪은 후 마침내 속도를 늦춘 흔적이 나타났다. 세계의 일부 국가와 비슷하게 중국의 인구재생산 유형은 높은 출생률, 낮은 사망률, 고 자연성장률에서 낮은 출생률, 낮은 사망률과 저 자연성장률로 향하는 역사적인 변화를 실현하였다(도표 5-2). 출생수준은 짧은 30년 시간에 격렬한 변화가 발생하여 총 출생률은 1950~1960년대의 6~7의 수준에서 90년대에는 1.7~1.8의 수준으로 신속하게 하락하였다(도표 5-3).

이는 중국의 인구연령구조가 미래의 시간에 격렬한 변화가 발생할 것을 예시하는 것이다. 인구관성은 일정기간 지속될 것이며 인구총수는 계속 성장할 것이다. 하지만 이런 성장의 실제는 이미 방향성 변화가 발생하여 만약 저 출생수준이 지속되면 인구는 결국 거의 최고치에 달할 것이며 도리어 성장을 멈추거나 심지어는 감소할 것이다. 또한 사회경제 발전의 과정 중에 선진국이 인구변화를 천천히 완성했던 것과 다른 점은 중국은 사회경제 발전수준이 아직 높지 않은 상황에서 신속하게 인구변화를 실현하였다. 이는 중국인구 변화의 길이 마침내 초보적인 성공을 하였음을 상징한다.

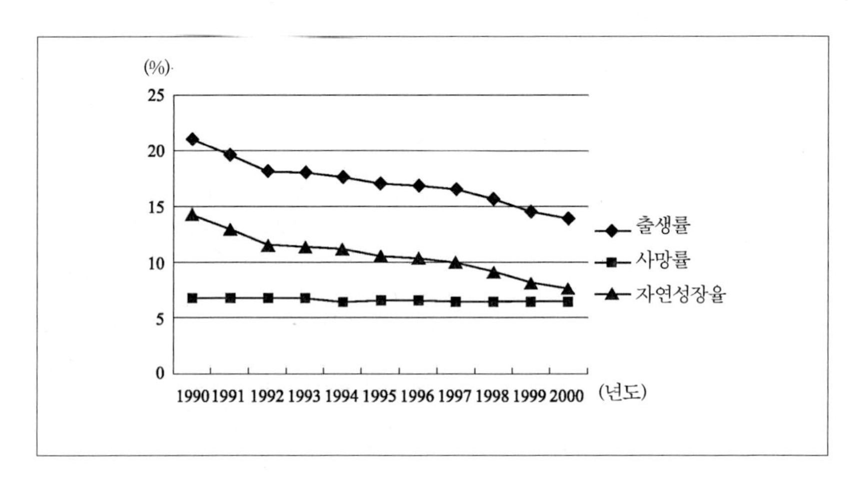

도표 5-2 중국인구의 출생률, 사망률과 자연성장률(1990-2000년)
자료출처: 국가통계국인구와 취업통계사: 〈중국인구주요수치(1949-2008)〉, 북경, 중국인구출판사, 2009

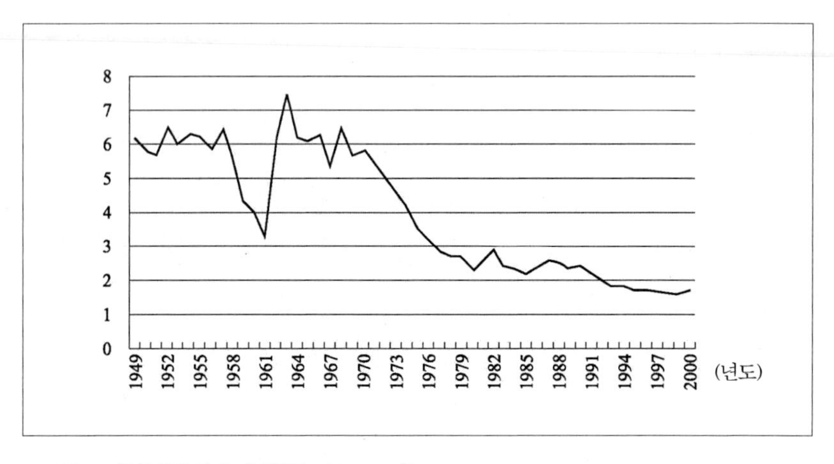

도표 5-3 중국인구의 총 출생률(1949-2000년)
자료출처: 루위, 전우: 〈신중국인구60년〉, 북경, 중국인구출판사, 2009

신 중국 건립부터 20세기까지 50년의 시련의 발전역정을 돌이켜 볼 때 중국인구 변화의 길은 줄곧 미망, 고난, 굴곡, 의심과 동요에서 성장하였지만 정부와 국민은 이 길에 대한 탐구와 건설을 멈춘 적이 없었고 또 승리를 쉽게 예견하지도 않았다.

20세기 중기에 중국인민은 금방 전쟁과 혁명에서 걸어 나와 공산주의 이론의 지도 하에 건립된 새로운 중국을 직면하였다. 사람들은 이런 사회를 어떻게 건설해야 하는지에 대해 아는 것이 너무 적음을 인정하지 않을 수 없었다. 이런 사회에서 인구를 어떻게 발전시켜야 하는 지에 대하여 머릿속은 더욱 공백이었다. 하지만 역사는 중국인민에게 숨 쉴 기회를 주지 않았다. 한차례 또 한 차례의 인구위기는 잇따라 다가오고 건국초기의 질병성행과 높은 사망률에서 1950년대에 처음으로 나타난 인구과속성장문제, 또 '대약진' 시기의 사상동요와 '문혁' 시기의 업무침체까지 중국인구와 사회경제 발전의 모순은 갈수록 격렬해졌다. 하지만 바로 이런 과정 중에 중국의 인구문제에 대한 인식도 끊임없이 심화되고 중국인구문제해결에 대한 방법과 수단도 점차적으로 누적되었으며 중국인구발전에 대한 방향은 날이 갈수록 명확해져서 마지막에 중국은 선진국과 완전히 다른 인구변화의 길을 선택하였다. 이때 중국인구 변화의 길은 금방 건립되어 앞길이 멀고 도저히 그의 성패를 가늠할 수 없었다.

인구변화 길의 방향이 확정된 그 후의 발전과정에서도 순조롭게 진행되지 않았다. 현대화 실현의 원대한 목표와 초반기의 성공경험은 사람들로 하여금 끊임없이 정책을 긴축하고 기존의 수단과 방식을 막바지에 이르게 하였으며 사회경제의 변화방향과 어울리지 않아서 업무를 근본적으로 계속 전개하기 어려워졌다.

이는 또 인구변화의 길에 실패의 한 획을 보태주었다. 비록 그 후에 사람들은 정책에 대하여 적시에 조정을 하였고 새로운 시기에서의 인구변화 길의 방법과 방식에 대하여 다시 생각을 하였지만 또 다시 여러 가지 요소들의 겹침으로 인하여 출생률 반등을 겪었다. 이런 상황에 직면하여 사람들은 성공을 장담하지 못하였다. 사회경제 발전이 비교적 낙후한 상황에서 여전히 업무전개를 견지하는 시기를 넘기고 있을 때 개혁개방의 새 시대를 맞이한 후 중국은 끝내 사회경제 발전, 제도, 문화 여러 가지 요소들과 인구변화를 실현하는 길에 들어섰다. 이때 또 중국인구 변화의 길을 계속 견지해야 하는데 대하여 의심이 생겼으며 이 길의 성패에 대한 판단은 더 말할 필요가 없었다.

20세기 말이 돼서야 사람들은 기존의 길의 긍정과 견지의 기초에서 단순히 정책명령과 군중동원을 이용하여 인구변화를 촉진하는 일방적인 돌진방식에서 정책조절, 군중협조와 사회경제의 발전이 서로 결합된 병렬 방식의 변화를 실현하였으며 또한 인구수와 출생수준이 예상목표에 달한 후에야 사람들은 정식으로 중국인구 변화의 길이 성공했음을 선포할 수 있었다.

제5절
소결

1978년에서 20세기 말까지의 중국은 대규모적인 사회주의 현대화 건설과 완벽한 사회주의 시장경제체제를 건립하는 시기였으며 사회경제 등 모든 분야에서 뜻깊은 의의가 있는 위대한 전환을 겪었다.

이때 중국인구 변화의 길도 전환에 직면하였고 또한 전환 중에 더욱 성숙해졌다.

사회주의 초기단계 이론과 현대화 건설임무의 제출은 거시적인 차원에서 인구문제의 전략화를 초래하였다. 기존의 수단과 방법의 성공은 당과 정부가 계속 긴축정책의 결심과 자신감을 강화하였,고 경제체제 개혁은 미시적인 차원에서 가정이 노동력 수요에 대한 증가를 촉진하였고, 권력 하방의 과정에서 국가의 개인에 대한 통제를 약화하였으며, 두 가지 다른 방향의 작용력은 심각하게 충돌하여 인구통제정책의 집행이 어렵게 되었다.

당과 정부는 역사흐름과 사회경제 변화에 순응하여 물러섬으로써 전진하는 방식을 이용하여 목표를 완화하고 정책을 조정하고 또한 업무수단과 방법의 변화를 준비하였다. 정책조정 후 출생수준의 반등은 사람들의 인구발전형세에 대한 판단을 방해하지 않았으며, 오히려 출생정책의 안정을 계속 유지하였다.

개혁개방이 효과를 본 후 사회경제 발전의 인구에 대한 작용이 나타나기 시작하였으며, 중국인구 변화의 길을 계속 견지해야 하는지에 대한 우려 앞에 당과 정부는 또 기존의 길의 방향을 긍정하고 견지하는 기초 위에서 중국인구 길의 실현방식 수단과 의존역량에 대하여 조정을 하여 중국인구 변화 길의 역사적인 제2차 비약을 실현하였다. 기간 중에 두 차례의 '조정'과 두 차례의 '안정'을 겪어 선명한 비교를 형성하였으며 중국인구 변화의 길은 이 과정에서 날이 갈수록 성숙해지고 이 길에 대한 탐구과정은 시종 역사발전 추세에 대한 정확한 판단과 중국 국정에 대한 충분한 인식과 정책의 영속성과 안정성의 통일을 나타냈다.

이 과정에서 우리는 여전히 시대특색과 국정특징이 중국인구 변화에 미치는 영향을 보았다. 현대화가 시대발전의 제일 강한 목소리가 되었을 때 인구변화의 발자국도 따라서 빠르게 할 수 밖에 없었다.

현대화 과정의 전진에 따라 사회경제 발전의 인구변화에 대한 영향은 점차적으로 증가하고 또 기존의 인구변화의 길을 변화하게 하였고, 사회경제 발전의 힘을 반드시 인구변화 요소의 틀에 포함시켜야 했다.

중국의 인구가 많고 기초가 약하며 1인당 자원이 적은 현실적인 국정은 우리들로 하여금 중국 특유의 인구변화 길의 방향을 변화시켜 인구통제의 정책을 포기하고 자율방임의 인구발전의 길로 나아가면 안 되도록 결정하였다.

따라서 여전히 국가의 계획목표와 가정의 출생 수 제한을 서로 결합하고 교육과 군중을 동원하여 국가이익을 위하여 출생통제를 진행하고, 또한 이 기초 위에서 이익방향과 양질의 서비스를 통하여 군중의 이익을 실천하여 그들이 출생통제의 이익을 인식하고 자발적으로 출생수를 하락하도록 촉진하는 것을 견지해야 했다.

제6장

단일한 인구성장의 통제에서 총괄적으로 인구문제를 해결하다

제6장
단일한 인구성장의 통제에서 총괄적으로 인구문제를 해결하다

21세기 이래 중국은 현대화 건설을 실현하는 전략목표의 세 번째 중요한 단계에 들어섰다. 21세기 첫 10년은 중국 경제실력과 종합국력이 극대로 증가하여 세계 두 번째의 경제대국으로 급부상한 10년이며, 국민의 생활수준이 배부름에서 작은 성공으로 역사적인 약진을 실현한 10년이었으며, 또한 중국의 국제적 지위가 신속하게 향상되어 국제무대에서 절대적인 힘이 발휘된 10년이었다.

국제 경제발전의 새로운 추세에 직면하여 중국은 창의력을 전면적인 핵심동력으로 하여 경제성장의 질과 이익향상을 중심내용으로 국제경쟁력과 종합국력 증강을 주요목표로 하는 발전전략을 실행하기 시작하였다. 경제발전에 대한 추구는 양에서 질로, 단일한 성장에서 종합적이고 전면적인 면으로 바뀌었다. 인구변화 길의 기복도 중국사회경제 발전의 맥박을 감지하고 단일한 인구성장 통제에서 통합적으로 인구문제를 해결하는 것으로 바뀌어 역사적인 제3차 비약을 실현하였다.

제1절
중국인구 변화의 성공

1. 사회경제 발전이 빨라지고 국민생활이 소강수준에 들어서기 시작하였다

21세기에 들어선 후 중국의 사회경제는 고속으로 발전하고 중국의 발전 속도는 전 세계에서 선두를 달려 세계를 놀라게 하였다.

10년이라는 눈 깜짝할 사이에 중화대륙에는 커다란 변화가 일어났다.

이 10년 동안 중국의 경제실력과 종합국력은 신속하게 증가하였다. 개혁개방 이래 30여 년 사이에 중국의 GDP는 줄곧 매년 약 10%의 속도로 발전하였으며, 이런 속도로 성장을 그렇게 오래도록 유지하는 것은 기타 어떤 경제체제도 도달한 적이 없는 수준이었다. 2000년부터 중국은 단 10년이라는 시간으로 GDP 4배 성장의 목표를 완성하여 이탈리아, 영국, 프랑스, 독일 등 4개국을 연속해서 추월하였을 뿐만 아니라, 2010년에는 경제생산량이 일본을 추월하여 아메리카 다음의 세계 두 번째 경제대국으로 성장하였다.

2010년에 중국의 외환저축은 2.8만 억 달러이며 재정수입도 8.3만 억 위안에 달하여 세계 선두를 차지하였다(중화인민공화국 국가통계국, 2011). 중국 강철, 시멘트, 석탄, 유색금속과 식량 등 중요 농공업상품의 생산량도 세계의 선두 위치에 확고하게 자리 잡았다. 유인 우주비행, 달 탐사공정, 대형 컴퓨터, 대형 비행기 항목 등 많은 중요과학기술영역의 연구는 모두 중대한 성과를 거두었다.

칭장철도, 남수북조, 고속철도 건설 등 많은 중대한 공정은 순조롭게 진행되어 잇따라 승전보가 전해졌고, 북경올림픽대회, 장애 인올림픽대회, 상해세계박람회 등 많은 중대한 활동의 개최가 원만하고 순조로이 이루어져 세계가 주목하였으며, 큰 홍수와 사스 전염병과 싸워서 이기고 지진재해 재 건설 등 많은 사회의 돌발적인 사건에 대처하는 투쟁에서 승리를 거두어 민족응집력이 크게 증가하였다. 중국 대륙에서는 매일매일 사람을 놀라게 하는 변화가 일어나고 있다.

이 10년 동안 국민의 생활수준도 현저하게 개선되어 전체적인 소강 발전단계에 들어섰다. 첫째, 도시와 농촌 주민의 수입이 대폭적으로 증가되었다. 2000년부터 2010년까지 중국의 1인당 GDP는 856달러에서 3,000여 달러로 증가했고. 전년도 농촌주민 1인당 평균 순수입은 2,253위안에서 5,919위안으로 증가하였으며. 도시주민 1인당 가처분소득은 6,280위안에서 19,109위안으로 증가하였다.

둘째, 가정재산이 보편적으로 증가하였다. 도시와 농촌 주민의 저축액은 2000년의 6.43만억위안에서 2010년의 30.72만억위안으로 신속하게 증가하였으며. 2010년 말 전국의 민간 자동차 보유량은 9,086만대에 달하였으며 그중 개인 자동차 보유량은 이미 6,539만대에 달하였다(중화인민공화국 국가통계국, 2011). 셋째, 주민소비구조가 최적화되어 의식주수준이 끊임없이 향상되었다. 2001년부터 2010년까지 농촌과 도시의 가정엥겔지수는 각각 37.9%와 47.8%에서 35.7%와 41.1%로 하락하였고. 전년도 국내여행인구수도 2000년의 7.4만억에서 2010년에는 21.0만억으로 증가하였다(중화인민공화국 국가통계국, 2011). 넷째, 사회보장제도가 초보적으로 설립되고 빈곤인구는 계속 감소되었다.

이 10년 동안 중국의 국제지위는 전례 없이 향상되었다. 건국 이래 중국은 한 번도 지금처럼 번영하고 번창하고 인민은 안정된 생활을 누리고 즐겁게 일하며 정신이 진작되고 전체 민족이 기를 펴고 동방에 우뚝 선 적이 없었다. 세계의 눈길이 중국을 향하고 중화민족의 응집력, 구심력과 자신감은 더욱 강해질 것이다. '중국의 지적', '중국의 길', '중국의 속도', '중국의 형식'과 '중국의 경험'은 더욱 빈번하게 사람들의 시야에 나타날 것이고 사람들의 중국에 대한 기존의 인식과 인상은 끊임없이 변화할 것이다.

2. 지속적으로 저 출산수준이 유지됨에 따라 중국인구 변화의 길은 성공하였다.

중국인구 변화의 길에서 사회경제 발전 낙후에 따른 선천적인 부족함은 비록 수십 년간 뒤떨어져 있었지만 마지막에는 보충이 되었다. 사회경제 발전은 인구변화에 대한 추진을 날이 갈수록 분명하게 하였고, 경제성장이 직접 또는 간접적으로 가져온 각종 유리한 요소들, 예를 들어, 부녀자의 취업수준, 문화수준, 의료보건수준과 사회보장수준의 향상 등은 모두 낮은 출생률과 사망률의 계속적인 안정을 촉진하였다(두원전, 1994). 다만 이때 중국의 사회경제 발전은 유럽과 아프리카의 각국처럼 이미 출생수준 하락을 촉진케 하는 가동기가 아니며 오히려 더욱 출생수준 하락을 촉진하는 유리한 결과와 계속 저 출생수준을 유지하는 안정기였다. 2000년 중공중앙은 세계의 인구형세와 미래의 인구발전 추세 에 대하여 정확한 판단을 하고 다시 한 개의 〈결정〉(〈인구와 계획 출생 업무를 강화하고 저 출생수준을 안정화하는데 관한 결정〉)으로 중국인구 변화의 길을 견지하는데 대하여 긍정적인 대답을 하였다. 〈결정〉에서는 미래의 중국인구는 저성장에서 점차적으로 제로 성장으로 이동할 것이지만, 여전히 인구과다는 인구와 사회경제, 자원 환경 간의 모순을 첨예하게 하는 주요 방면이므로 2000~2010년의 기간은 저 출생수준을 안정화시키는 중요한 시기였다(루위, 훠전우, 2009). 이러한 판단은 곧 사실검증을 받았고 또한 그의 정확성도 증 명되었다. 2000년 이후 중국인구의 저 출생수준은 안정을 찾아 성장속도는 지속적으로 안정된 하락추세를 나타냈다. 비록 중국인구규모의 성장은 아직 정지되지 않았지만(도표 6-1) 이때의 중국인구의 내적 자연성장률은 이미 마이너스가 되었으므로, 성장속도는 1990년대에 형성된 발전추세를 계속 유지할 수 있었고, 성장이 갈수록 느려지게 되었다. 마침내 인구성장은 최고봉에 달할 것이고 제로성장 또는 마이너스 성장의 상황이 나타날 것이다.

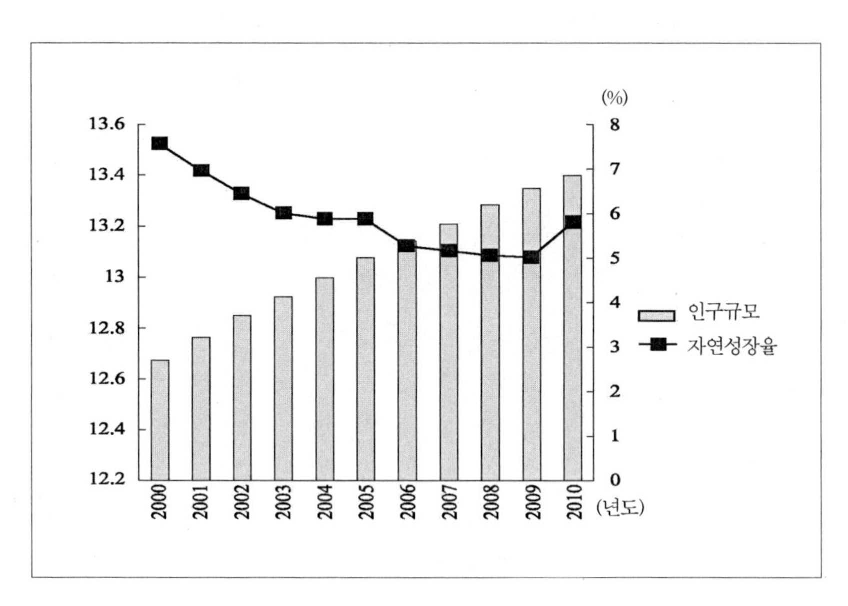

도표 6-1 중국의 인구규모와 자연성장률(2000-2010년)
자료출처: 중화인민공화국 국가통계국: 〈중국통계연감 2011〉, 북경, 중국통계출판사, 2001.

영향력 있는 세계인구 발전의 경험에서 볼 때, 인구의 변화과정은 사망률의 하락에서 시작하여 일정시간을 거친 후 출생률도 같이 하락하였는데, 인구는 초기에 신속한 성장을 초래하다가 후기에는 성장속도가 점차적으로 느려지며 마지막에는 안정된 쪽으로 변화했다. 높은 사망률과 출생률 간의 균형상태가 비교적 낮은 사망률과 출생률 간의 균형 상태로 변화하는 것은 인류가 겪은 인구의 변화과정이었다. 그리하여 한 국가와 지역의 '낮은 사망률, 낮은 출생률과 저 자연성장률'의 상태가 일정기간 지속 후 또한 내적인 작용체제도 미래 에 방향성의 역전 또는 돌변의 상황이 발생하지 않을 거라는 것을 결정한다. 중국의 출생수준은 1990년대부터 이미 대체수준보다 낮아지기 시작했으며 현재 낮은 출생률, 낮은 사망률과 저 자연성장률의 형식도 이미 틀을 갖추었고, 또한 안정적으로 십 여 년을 유지하였고 사회경제 발전, 제도와 문화의 3가지 역량은 이미 출생률하락을 촉진하는 체제로 구축되었다. 이러한 의미에서 이야기할 때 중국은 이미 인구변화를 실현하고 중국인구 변화의 길은 여기에 이르기까지 이미 승리를 얻었다.

3. 새로운 발전형식이 새로운 변화를 요구한다

중국의 발전 속도가 향상된 후 사람들은 곧바로 품질방면으로 발전의 초점을 돌렸다. 즉 빠르게 발전하는 사회경제 실현이념을 제출한 후 전면적인 소강사회 건설의 요구에 도달하기 위해 현재 중국의 사회발전 과정에서 나타난 문제와 모순에 대하여 당과 정부는 과학발전관을 제기하였다. 이것은 새로운 발전형식이며 그것은 발전을 첫 번째의 중요한 이치로 보고 핵심은 사람을 근본으로 삼아 여러 방면으로 통일하는 계획을 근본적인 방법으로 정해서, 전면적이고 협조적이고 지속적으로 발전하기를 요구하였다.

이런 발전형식은 최소한 3가지 측면에서 옛날 발전형식에 대한 돌파를 실현하였다. 발전의 추진방향에 있어서 그것은 먼저 속도와 총수량 중심에서 질과 이익중심으로 변화하였다. 다음으로는 발전목적과 발전효과에 대한 판단을 국가차원 중심에서 인민 군중을 중심으로 변화하도록 하였다. 마지막으로는 경제중심에서의 단일한 발전내용을 경제, 정치, 문화, 사회 등의 각 방면이 서로 결합하는 것으로 변화하였다.

발전형식상에서의 거대한 변화는 근본성, 전략성의 변화이다. 그것은 사회 각 방면이 모두 여기에 반응하여 상응하는 조정을 하도록 요구하였다. 중국인구 변화의 길은 비록 성공을 하였지만 만약 이 길을 계속 걸어가려면 새로운 발전형식의 요구에 따라 변화를 하는 것은 피할 수가 없었다. 또한 발전방식의 변화도 이러한 변화에 뚜렷한 단서를 제공하였다. 먼저 발전방향이 추구하는 변화에서 중국의 인구변화는 더 이상 인구변화의 속도, 인구규모의 변화만 고려하면 안 되고 당연히 더욱 많은 구조가 균형이 되는지, 분포가 합리적인지, 자연환경과의 관계는 조화가 되는지 등 일련의 문제를 포함한 인구변화의 질에 관심을 가져야 한다고 제시하였다.

다음으로 발전목적의 변화는 중국인구 변화 길의 목적도 국가이익에서 인민군중 이익으로 되돌아올 것을 요구하였다. 지난 수십 년 동안 우리는 줄곧 개인단기이익의 희생으로 전 국가와 민족의 장기적인 이익을 바꿀 것을 제창하였다. 현재 이 길은 이미 성공을 하였고 또한 전 중국의 거대한 발전을 촉진하였으며 이미 인민에게 이익을 돌려주고 인민이 함께 발전성과를 누릴 수 있는 시기에 와있다. 마지막으로 발전내용의 변화는 중국인구 변화의 길은 인구성장이 경제발전에 대한 효과에만 관심을 가지면 안 된다고 제시하였다.

당시 사회의 제일 중요한 문제는 경제발전의 수준이 낙후하였기 때문이었다. 현재 발전중의 문제는 날이 갈수록 복잡화, 다원화되어 우리는 인구변화의 경제발전에 대한 효과에 관심을 가질 뿐만 아니라 인구변화의 사회, 문화, 자원 환경에 대한 종합적인 효과에 관심을 더욱 가져야 한다. 새로운 시기 아래 중국인구 변화의 길은 역사적인 제3차의 대막이 서서히 열렸다.

제2절
인구변화가 가져온 인구문제의 다원화와 복잡화 추세

인구변화의 완성은 인구문제의 종결을 설명하는 것이 아니며 더욱이 중국인구 길의 성공신화를 선포하는 것이 아니다. 반대로 중국사회에서의 인구변화는 전반적, 근본성의 혁명이며 그것은 사회경제생활의 각 방면에 관련되고 또 이로 인하여 많은 표현이 상이하고 복잡한 인구문제를 파생하였다. 이러한 인구문제에서 어떤 것은 보편성을 띠어 인구변화를 먼저 완성한 국가에서 부딪쳤던 문제이고 어떤 것은 매우 특수하여 중국의 독특한 국정과 시대배경의 산물이었다.

1. 인구연령 구조변화: 보편성과 특수성

인구의 변화과정에서 사망률과 출생률의 변화로 인하여 초래된 인구연령 구조변화는 일찍이 사람들의 주의를 끌었다. 특히 노년인구는 총 인구 중에 비중이 증가하여 이미 인구의 변화과정 중의 한 가지 필연적인 현상이 되었다. 인구변화 이동 시기에는 인구의 사망률과 출생률이 모두 매우 높았고 자연성장률도 아주 낮았으며 인구총수량 변화는 느리고 연령구조변화도 아주 적었으므로 노년 인구는 총 인구 중의 비중에 큰 변화가 발생하지 않았다. 하지만 인구변화의 과정에서 사람들의 평균수명은 날이 갈수록 연장되어 사망률이 하락하고 또한 안정된 쪽으로 향하였고 이후에 출생률의 하락이 발생함으로 인해 청소년 인구비중은 하락하고 노년인구비중은 상대적으로 상승을 초래하였다. 인구변화에 있어 인구 노령화는 점차적으로 변화하는 과정이다: 초기에 사망률 하락으로 인하여 영 · 유아에 대한 영향이 제일 컸다. 먼저 인구 노령화의 현상에서 표현 된다. 인구변화 중기에 출생률의 하락은 주도적인 요소가 되어 노년인구 비중이 상대적으로 상승하는 '나부 고령화(일부 고령화)'현상이 나타났다. 인구변화의 후기에는 인구평균 예상수명이 증가하고 또다시 사망률이 주도적인 요소가 되어 절대적인 의의가 있는 '정상 고령화'현상이 나타났다(뤄춘, 2002).

이미 인구의 변화과정에서 인구 노령화 현상은 필연코 나타나는 '어느 곳에서도 다 정확하다'는 보편적인 규율이다. 또한 인구의 변화과정의 확산에 따라 전 세계의 범위 내에서 잇따라 발생하였다.

인구노령화는 최초 18세기 말기의 프랑스에서 시작되어 19세기에 이르러 점차적으로 기타 유럽과 아메리카 선진국으로 확산되었다. 제2차 세계대전 이후 인구의 노령화는 이미 매우 보편적인 사회현상과 세계적인 문제가 되었다. 도표 6-2에서 볼 수 있듯이 근 반세기 이래 거의 세계의 모든 지역은 모두 다른 정도의 인구노령화를 겪었다.

현재 유럽, 북미 등 최초 인구변화가 발생한 지역에서 노령화 정도가 제일 심각하고 동아시아와 라틴아메리카 지역은 금방 노령화 사회에 들어섰으며 남아시아, 중동과 아프리카는 아직 들어서지 않았다. 하지만 각 지역의 노령화 비중이 끊임없이 증가하는 추세는 일치한다.

인구 노령화 외에 인구변화가 가져온 '인구 보너스'도 사람들의 관심을 끌었다. 세계인구 변화의 보편적인 규율에 근거하여 사망률 하락과 출생률 하락 간에는 시차가 존재한다. 그러면 사망률은 하락하기 시작하고 출생률은 기본적으로 유지하고 변화하지 않는 일정 시간에 이 국가 또는 지역은 매년 출생 및 살아남은 사람 수는 뚜렷하게 증가할 것이다. 이런 사람들이 성장하여 노동연령이 되었을 때 노동력 연령 인구비중이 비교적 높고 인구부양이 비교적 낮은 현상이 형성된다. 각국의 실천경험에서 볼 때 모두가 확실히 잇따라서 노동연령 인구비중이 끊임없이 상승하는 과정을 겪었다(도표 6-3). 이런 인구현상은 경제의 영향을 많이 받으며 그것은 풍부한 노동력공급, 비교적 낮은 인구부담, 비교적 높은 저축과 투자 및 인력자본투자의 증가를 의미하며 경제발전에 양호한 기회를 제공하기 때문에 '인구 보너스'로 불린다. 인구보너스는 또 인구변화가 가져온 필연적인 결과라고도 여긴다. 특히 동아시아지역에서 인구변화가 가져온 풍부한 노동력 자원과 세계 산업구조 조정과의 시대적인 만남 및 각 나라에서 노동력 밀집형 산업발전을 주로 하는 공업화 전략이 잘 맞아 떨어져 국가경제의 신속한 발전을 촉진하는 중요한 원인중의 하나가 되었다. 어떤 연구에서 표명한 바로는 아시아 경제기적에 대한 인구보너스의 기여율은 25%~40%에 달하였다(Bloom E. David, David Can-ning, Jaypee Sevilla, 2001).

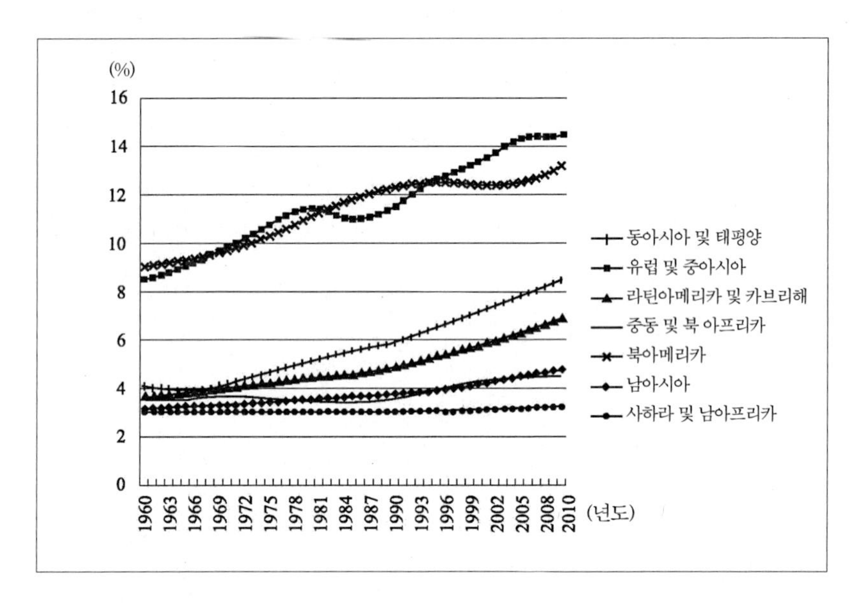

도표 6-2 세계 다른 지역 65세 및 이상 노년인구 백분율(1960-2010년)

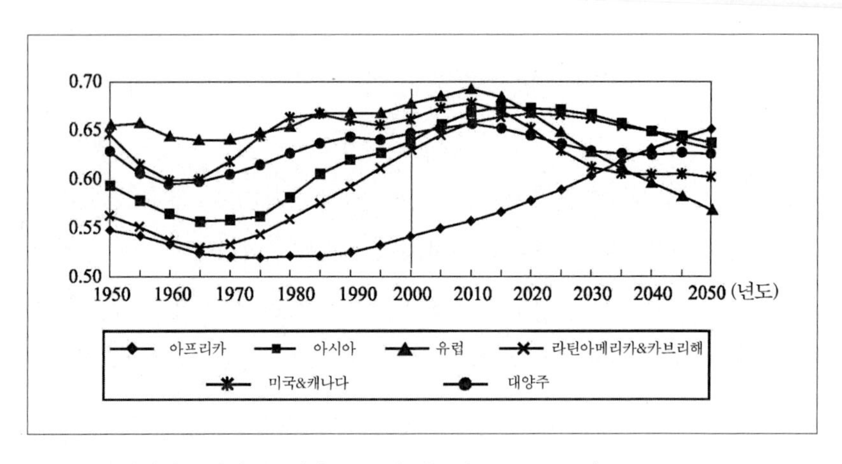

도표 6-3 세계 다른 지역 노동연령(15~54세) 인구비중(1950-2050년)

인구변화의 보편적인 규율로 인구노령화 현상과 인구보너스 현상은 중국에서 이미 모두 나타났다. 하지만 시대발전 특징과 구체적인 국정(사회경제 발전수준, 제도, 문화전통 등 요소를 포함)의 다름으로 인하여 중국인구 변화가 가져온 인구구조변화문제는 새로운 특징을 나타냈다.

신속하고 앞섰던 인구 노령화 방면에서의 인구의 변화과정은 노령화 발전의 빠른 속도와 노령화 대응에서 사회경제조건의 누적을 부족하게 하였고 장기적으로 가정을 중시하고 가정을 의지하는 독특한 문화전통은 중국의 사회보장의 의식과 기초를 부족하게 하였다. 이런 요소들은 모두 인구의 변화과정에서 인구연령구조노화가 가져온 문제가 기타 국가보다 중국에서 더욱 심각하게 보였다.

한편으로 중국은 사회경제 발전의 과정에서 자연스럽게 인구변화를 실현한 것이 아니고 주도적인 인구의 변화과정 간섭과 인구통제로 경제발전을 촉진하는 형식을 취하였기에, 중국의 인구의 변화과정은 매우 신속하고 그 발전과정도 사회경제 발전수준을 훨씬 초월하였다. 이는 중국의 노령화는 기세가 맹렬할 것이고 노령화가 가져온 일련의 문제들을 대응할 때도 축적과 기초가 부족함이 운명으로 정해졌다.

최초로 인구변화가 발생한 프랑스는 65세 및 이상의 노년인구 비중이 1801년의 5.5%에서 1921년에는 9.1%로 상승한 것이 120년이라는 시간이 걸렸지만(우종관, 1988) 중국은 65세 및 이상 노년인구비중이 1990년의 5.5%에서 2010년의 8.9%로 증가하기까지 오직 20년이라는 시간이 걸렸다. 만약 65세 및 이상 인구가 7%에 달하는 것을 노령화사회에 들어서는 표준으로 했을 때 일부 국가의 노령화 실현 시간과 이 국가의 당시 GDP수준은 도표 6-1에서 볼 수 있다. 선진국과 비교하든 개발도상국과 비교하든 노령화 사회에 들어설 때 중국의 경제발전 수준은 기타 국가보다 모두 멀리 뒤떨어져 있었으며 차이도 매우 현저했다. 빠른 노령화 속도와 상대적으로 약한 사회경제기초는 중국이 인구노령화에 대응하는 방면에서 다른 나라보다 더욱 어려웠다. 이런 어려움은 사회보장체계의 확산정도, 건설속도와 보장수준에 있어서 모두 매우 험준한 시험이었다.

표6-1 세계 일부 국가의 노령화 사회에 들어선 시간 및 1인당 GDP

국가	년도	65세 및 이상노인인구비중(%)	1인당GDP(달러)
중국	2000	7.0	949
한국	1999	7.0	9 554
싱가포르	1998	6.9	21 647
태국	2000	6.9	1 943
브라질	2010	7.0	10 710
칠레	1998	7.0	5 278

다른 한편으로 중국 특유의 문화전통은 중국 사회보장의 관념과 축적을 부족케 하고 노령화 대응 방면에서 '선천적으로 부족'해 보였다. 유럽은 아주 일찍부터 '어진 지팡이', '보건저축상자' 등의 사회

양로방식이 나타났고 중세기 때의 사회양로의 방식은 이미 보편적이고. 부유계층의 노년인은 수도원의 양로원에 가고 농민 수공업계층의 노년인은 재산 상속자와 양로계약을 체결하고 도시 상공업 계층에서는 퇴직제도가 비교적 보편화되었다(쑨꽝떠, 둥커용, 2008). 중국은 수천 년의 문명을 지닌 대국으로 일부 문화전통은 장기적인 시간의 누적과 계승으로 이미 뿌리가 깊다.

중국에서의 대가정과 가정관계망은 예로부터 다중적 기능성과 중요성을 가지고 있었다. 그리하여 가정은 줄곧 고도의 중시를 받고 있으며 그것은 사회의 기본구조와 기본결합 유대로써 사람들은 이에 대하여 강렬한 의존성을 가지고 있었다(로즈 머피, 2010 b). 장기적으로 양로의 책임은 몇 세대가 한 집에 살면서 주로 가정에서 모두 책임지고 노년인은 자녀가 봉양하여 천수를 누리는 양로방식을 행복의 표현으로 여겼고 정부정책과 도덕규범의 작용도 가정양로방식의 연장을 보장하는데 주목하였지 사회적인 양로의 조직은 아니었다.

이런 가정양로에 대한 의존으로 중국의 사회양로체계의 발전은 준비자금 부족과 서비스관리를 제공하는 사회수준을 모두 낮게 하였다. 1950~60년대에 중국은 비로소 정식적인 양로보장제도를 건립하기 시작하였으나, 70년대 말에 이르러서도 중국의 양로보장체계의 확대범위는 여전히 매우 낮았고 또한 기업은 가정을 대체한 양로책임부담자로 되었기에 여전히 사회화수준이 매우 낮은 상태에 처해있었다. 1980년대 이후에 중국은 연금사회총괄의 시범을 시행하기 시작하였고 '연금사회구제'의 작용과 특징이 비로소 나타나기 시작하였다. 현재 도시와 농촌주민을 복개한 양로보장체계는 아직 완벽하지 않으며 2011년의 〈정부업무보고〉에서는 여전히 농촌양로보험 시범의 범위 확대와 도시양로보험제도의 개혁추진을 '125'시기의 중요한 임무로 정하였다. 양로서비스의 제공방면에서는 동등하게 발전부족의 곤경에 직면하였다. 1970년 이래 가정규모의 지속적인 축소와 인구유동성의 점차적인 증가로 노년인과 자녀가 따로 거주하는 추세가 날로 뚜렷해져 중국에서 '가정전국화'의 발전추세 - 가정 중 자녀는 외지로 나가 공부하거나 직장에 근무함으로써 노년인과 멀리 떨어져있는 도시 또는 성에서 거주하는 현상이 나타났다.

이런 발전추세는 자녀가 장기적으로 부모의 일생생활을 돌보지 못하게 하여 가정에 의한 양로기능을 크게 약화시켰다. 또한 유럽과 아메리카 국가의 발전경험에 따르면 가정 소형화의 추세는 사회경제 발전에 따라 점차적으로 앞으로 나아갈 것이며 다시 대가족 형태로 회복할 가능성은 크지 않다. 이는 중국의 양로서비스형태가 가정에서 사회로 변화함이 필요하다. 중국 수 천 년의 전통에서 줄곧 가정성원 특히 자녀가 부모양로서비스를 제공하였으므로 사회양로서비스체계의 복개범위와 발전수준은 모두 비교적 낮았다.

2000년도에 선진국의 기관에서 양로하는 노년인구비율은 대략 5%~7%지만 중국의 2000년도의 상대적인 수준은 겨우 0.76%였으며 2010년도에도 겨우 1.37%였다(중화인민공화국 국가통계국, 2011). 집에서 여생을 보내는 방식은 중국에서 아직도 이론탐구, 움틈과 시범탐구의 시기에 있으며 멀리 확장하지 않았다. 현재 집에서의 양로서비스를 제공할 수 있는 내용은 파편화되고 체계성이 부족하다. 서비스를 제공하는 주체도 많이 분산되어 있고 규모성도 부족하며 개발된 사회역량과 이용도 충분하지 않다.

노동연령인구방면에서 중국노동연령규모는 줄곧 매우 방대하였고 또한 인구변화가 사회경제 발전을 초월하는 것은 노동연령이 신속하게 증가하는 과정에서 사회경제 발전수준은 비교적 여전히 낮았으며 경제는 노동력에 대한 수요량에 따라서 증가하므로 이를 충족한 노동연령인구가 중국에 가져온 것은 '인구보너스'가 아니라 취업문제임을 의미했다. 취업문제는 전체 국민경제의 발전과정을 관통하였다. 새로운 중국 성립초기에는 바로 과거의 중국이 남겨놓은 실업문제에 직면해야 했다. 당시 도시의 실업률은 23.6%에 달하였으며 또한 사망률의 빠른 하락에 따라 인구가속성장의 과정은 가동하기 시작하고 정부는 근 10여 년의 경제발전과 대규모 안치를 통해서 어느 정도 실업률을 완화시켰다(국가통계국 사회통계사, 1987).

'대약진'시기에 도시와 제2차 산업은 대량의 노동력을 흡수하였으나 이후의 경제탐구실패와 인구의 신속한 성장을 통해 더하여진 과잉의 노동력은 도시에 심각한 취업 문제를 가져왔다. 사람은 일위에 겉돌고 노동생산율은 저하되었다. 정부는 대규모적인 직원감원, 과잉노동력을 농촌으로 돌아가게 하는 방법을 통하여 해결하였다. '문혁'시기 취약한 사회경제 발전과정에서 인구는 계속 빨리 성장하고 취업문제는 또다시 나타났다. 정부는 취업압력을 농촌으로 이동시켰으며 시대의 상징적인 의의를 가진 지식청년들이 '산에 오르고 농촌에 내려가는'운동이 나타났다. 1980~90년대에 경제체제개혁의 큰 물결에서 도시직장인의 퇴직문제와 농촌과잉노동력의 이동문제는 또 돌출되었다. 현재까지 취업형세는 여전히 험준하고 취업압력은 장기적으로 존재할 것이다.

추산에 따르면 '125'시기 중국노동력연령인구는 9.97억으로 역사적인 절정에 달할 것이며. 도시평균으로 보면 매년 취업해야 할 노동력은 대략 2,500만 명이며 매년의 취업 자리는 1,300만 이상이고. 또한 아직 1억이 넘는 농촌 과잉노동력이 매년 취업을 위해 이동해야 하는 수가 약 800~900만 명으로 예상된다(중공중앙선전부이론국, 2011).

인구변화가 발생하는 국가는 대부분 비슷한 과정이 있지만 공업화의 과정에서 노동력 과잉현상이 나타나고 시대와 국정의 차이가 각 나라의 노동력 과잉문제의 표현과 해결방법에 큰 차이가 존재함을 결정하였다.

19세기 유럽의 경제우세는 유럽의 인구성장률을 세계의 기타 지역보다 높게 하였으며 토머스 맬서스의 '인구성장력이 토지생 산력을 크게 초월하는'이라는 이론이 반영한 것은 바로 그 시대의 신속한 인구 성장에 대한 심각한 우려였다.

이때의 유럽은 여전히 농업이 위주였다. 과잉 농업노동력문제는 두 가지 방식을 통하여 해결하였다. 하나는 농촌에서 도시 또는 공업화지역으로 갔다. 예를 들어 폴란드 사람은 프랑스북부 또는 독일 루르지방의 광산에 가서 일하고 아일랜드와 스코틀랜드 사람은 잉글랜드에 가서 도로, 철도와 운하 등을 건설했다. 둘째는 신대륙에 가서 기회를 찾았다. 1840년대 아일랜드에는 대 기근이 나타나 110만(총 인구의 1/7 차지)명의 아일랜드사람들이 해외 신대륙으로 이주하였으며 미국은 이를 최대한 받아들인 국가였고, 매년 유럽에서 해외로 이주한 이민자는 1830년대의 1만 명에서 19세기 말기에는 1,500만 명으로 빠르게 증가하였다(드니, 베르나르, 알더버트, 2010). 일본도 메이지유신 이후 실업문제를 해결하기 위하여 동일하게 대외이민의 방법을 취하였다. 다른 것은 일본이 최초 실행한 것은 아메리카로 노동력을 수출하는 것을 주로 하는 '차관이민'이었다.

이것은 국력이 비교적 약한 상황에서의 일시적인 대책이었다. 이후에는 침략과 식민통치 건립을 통하여 식민지에 대규모의 무장이민을 진행하여 자원을 강탈하고 장기적으로 정착하였다(리줘, 2010). 한국은 2차 대전 후 일어선 신흥공업국이다. 한국은 노동력 과잉문제를 해결하는 새로운 길을 선택하였다. 1960년대부터 한국은 세계 산업구조 조정의 기회를 이용하여 노동력 밀집형 산업을 중점적으로 발전시켜서 과다한 노동력을 흡수하였다. 또한 이 풍부하고 저렴한 노동력 자원을 이용하여 장기적인 고속경제성장을 하는 '한강의 기적'을 실현하였다. 하지만 한국은 2차 대전 이전에는 대부분의 아시아 국가와 동일하게 가난하고 낙후한 농업국이었으며 공업혁명 전에 비교적 높은 농업발전수준을 가진 유럽과 달리 수출위주의 공업을 우선 발전시키는 한국의 '불균형발전' 전략은 필연적으로 농업의 희생을 요구하였다. 2008년에 한국은 벼, 쌀 이외의 모든 농산품은 수입에 의존해야 했다(텐찡, 황헝퀘이, 츠푸쑤, 2010).

각국의 인구의 변화과정에서 보편적으로 나타난 노동력 과잉문제에 직면하면서 시대와 국정의 특징이 중국에 남긴 것은 더욱 복잡한 국면이었다. 먼저, 해외신대륙 개발과 식민지 건립의 시대는 이미 다시 오지 않을 것이므로 유럽과 일본의 방법은 참고할 수가 없었으며, 오직 공업, 서비스와 도시건설을 이용하여 농촌과잉노동력을 도시로 이동하는 방법을 통하여서만 노동력 과잉문제를 해결할 수 있었였다. 그 다음 중국의 방대한 인구수는 방대한 노동인구 규모를 의미했다.

그것은 중국의 농촌과잉 노동력 이동을 직접적이고 갑작스럽게 밀어붙이는 것은 안 되며 점차적이고 점진적인 과정으로서의 완충지대가 필요함을 결정하였다.

이는 또 중국의 농촌과잉노동력 이동 초기에 향진(鄕鎭)기업의 발전과 소도시 발전이라는 정책을 취하고, 또한 도시와 농촌유동에 엄격한 제한을 가한 원인이기도 했다. 마지막에 대다수 개발도상국과 마찬가지로 중국은 공업화 시작초기에 농업발전 수준이 매우 낮아 유럽처럼 농업의 고도발전이 공업화에 자본을 창조한 것과는 달라 반드시 농촌의 과잉노동력 이동문제와 농업발전 문제해결을 함께 고려해야 했다. 이는 결코 쉬운 일이 아니었다. 한국은 기본적으로 농업을 포기하는 방법을 취하여 공업을 성장시키는 방법으로 바꾸었다.

이로써 과잉노동력의 문제를 해결하고 이로 인하여 발생한 농산품 생산의 문제는 완전히 수입에 의존하여 해결하였다. 중국은 이 길을 그대로 옮길 수가 없었다. 왜냐하면 중국의 방대한 인구가 가져오는 농산품의 수요는 수입을 통하여 만족할 수가 없기 때문이었다. 예를 들어 2010년 중국 식량수요는 26,236만 톤, 식량 총수요는 51,618만 톤(마용환, 녀우원원, 2011)으로 이미 그 해의 세계 식량 총 수출액 27,555만 톤을 훨씬 초과하였다(려우쭝토우, 려루허꽝, 2011). 그러므로 중국은 도시발전과 공업이 농촌과잉 노동력을 흡수하는 동시에 또 반드시 농업의 발전을 고려해야 했다. 이는 중국이 노동력 과잉문제를 해결하는데 필요한 난이도를 증가시켰다.

인구변화의 지속적인 진행에 따라 세계의 많은 나라들은 노동력의 지속적인 증가 단계 이후에는 인구보너스가 점차적으로 사라지는 단계에 직면할 것이다. 즉 인구변화는 노동연령인구의 성장완화를 초래하고 노동연령인구의 상대적인 감소와 절대적인 감소의 잇따른 발생에 따라 노동력시장 수급관계는 근본적인 변화가 발생할 것이다. 공업화 과정에서 농촌과잉 노동력이 비 농산업으로 점차 이동함에 따라 농촌 노동력은 점차적으로 감소하여 끝내 농촌 노동력의 부족함과 도시급여의 상승을 초래하였다.

이런 현상을 '루이스 전환점'이라고 한다. 2004년부터 중국의 동남연해지역에서는 '농민노동자 기근'현상이 나타나기 시작하였다. 많은 기업들이 직원을 구하지 못하고 농민공의 부족은 이런 지역의 노동밀집형 산업기업의 보편적인 현상이 되었다. 이때부터 '농민노동자기근' 현상은 더욱 심해져 주삼각(朱三角, 주강의 삼각주), 장삼각(長三角, 장강의 삼각주) 등의 일부 연해지역에서 중국 중부, 서부의 일부 도시까지 확산되었으며 심지어 현재에는 일부 전통적인 노무수출 대상까지 이미 엄연히 지역구분이 없는 전국적인 난제가 되었다. 특히 춘절을 전후하여 이런 '기근'은 더욱 뚜렷하여 매년 명절 후 농민공이 일자리를 찾으러 나갈 때 일부 지역에서는 심지어 토지노동력 수출과 노동력 수입쟁탈전이 벌어지기도 했다. 많은 학자들은 '농민노동자 기근'은 인구 보너스가 점차적으로 사라짐과 동시에 루이스 전환점이 다가온 특징적 표현이라고 여겼다. 세계에서 '농민노동자 기근'현상을 겪은 대다수 국가와 비슷하게 이 현상은 비록 일정한 수준에서 인구변화가 가져온 인구 구조변화가 초래한 것이지만 중국 국정의 특수성으로 인하여 중국의 '농민노동자 기근' 현상은 더욱 복잡하게 보였다. 먼저, 중국의 '농민노동자 기근' 문제는 주로 노동력의 감소로 인하여 초래된 것이 아니고 노동력의 노화로 인하여 초래된 것이었다. 근 수년간 중국의 노동력인구 총수는 점차적으로 증가하고 또한 최소한 미래의 십여 년 동안 노동력 인구총수의 공급은 안정적이며 충분하였다. 현재 중국의 노동력 총수는 9.16억 명으로 미래 십년여 동안에 이 총수량은 천천히 9.27억 명까지 증가할 것이며 2020년 전후에 이르러서야 노동력인구 총수량은 하락하기 시작할 것이다.(도표 6-4) 하지만 인구파동의 큰 영향을 받아 노동력 연령인구 총수량의 증가와 동시에 노동 연령인구 자체의 연령구조는 거대한 변화가 발생하여 노동력 인구노화 정도는 끊임없이 증대될 것이다(도표 6-5).

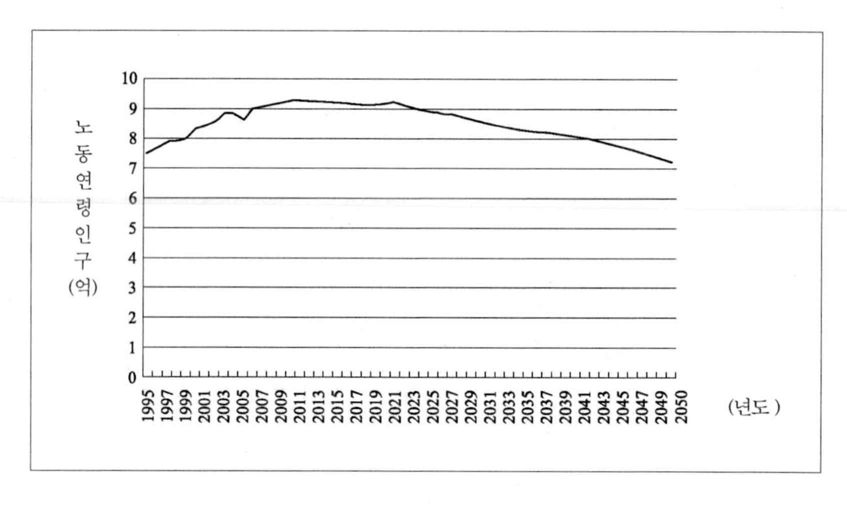

도표 6-4 중국노동연령인구(15~59세) 총량 (1995-2050년)

자료출처: 2010년 이전의 수치는 역대〈중국인구와 취업 통계연감〉(〈중국인구통계연감〉)에서 출처, 2010년 및 이후 수치는 천웨이 〈중국미래인구발전추세: 2005-2050년〉 연령인구 수치에 따라 계산

2000년부터 2005년까지 중국 노동연령인구(15~59세)의 연령 중 자리수가 3.4세 증가하고 노화속도가 엄청 빨랐다. 미래의 20여 년 동안 노동연령인구의 연령 중 자리 수는 계속 증가하고 2030년에는 39세를 초과할 것이다. 2000~2009년간 낮은 연력 노동연령인구(15~29세)는 노동연령인구에서 차지하는 백분율은 38%에서 31%로 하락하였고 비교적 고령인 노동연령인구(45~49세)가 차지한 백분율은 24%에서 32%로 증가하였다. 이런 노동연령인구자체의 연령구조의 노화와 '농민노동자 기근'의 발생은 밀접한 관계가 있다. 노동연령인구총량의 안정적인 공급의 전제하에 만약 낮은 연력 노동력이 고령 노동력을 완전히 대체할 수 있다면 연령구조가 노동력 시장에 대한 영향은 아주 미비할 것이다.

하지만 실제 경제운행과정에서 중국 고령노동력이 낮은 연력 노동력에 의한 대체 율이 매우 낮다. 중국은 현재 노동력 특히 농민노동자 사용과정에서 극히 사치한 '선택성고용'현상이 존재하기 때문이다. 기업은 '노동생명 중 제일 젊은 시간대를 이용하고 도시와 농촌 '4050' 연령대 노동력의 고용을 포기하는 추세'가 많이 존재한다. 각 기업은 구인을 할 때에 왕왕 연령기준을 25세 이하로 제한하고 심지어 18~22세도 있으며 30세 이상의 농민노동자모집을 원하는 기업은 아주 적다. 개혁개방 수십 년 이래 젊은 농민노동자의 특징은 이미 대중의 사고에 박혀있었고 이것이 바로 우리가 평소 농민노동자를 '아가씨 노동자', '청년 노동자'라고 부르고 그들을 '아줌마 노동자', '아가씨 노동자'라고 부르는 사람들이 없는 원인이다.

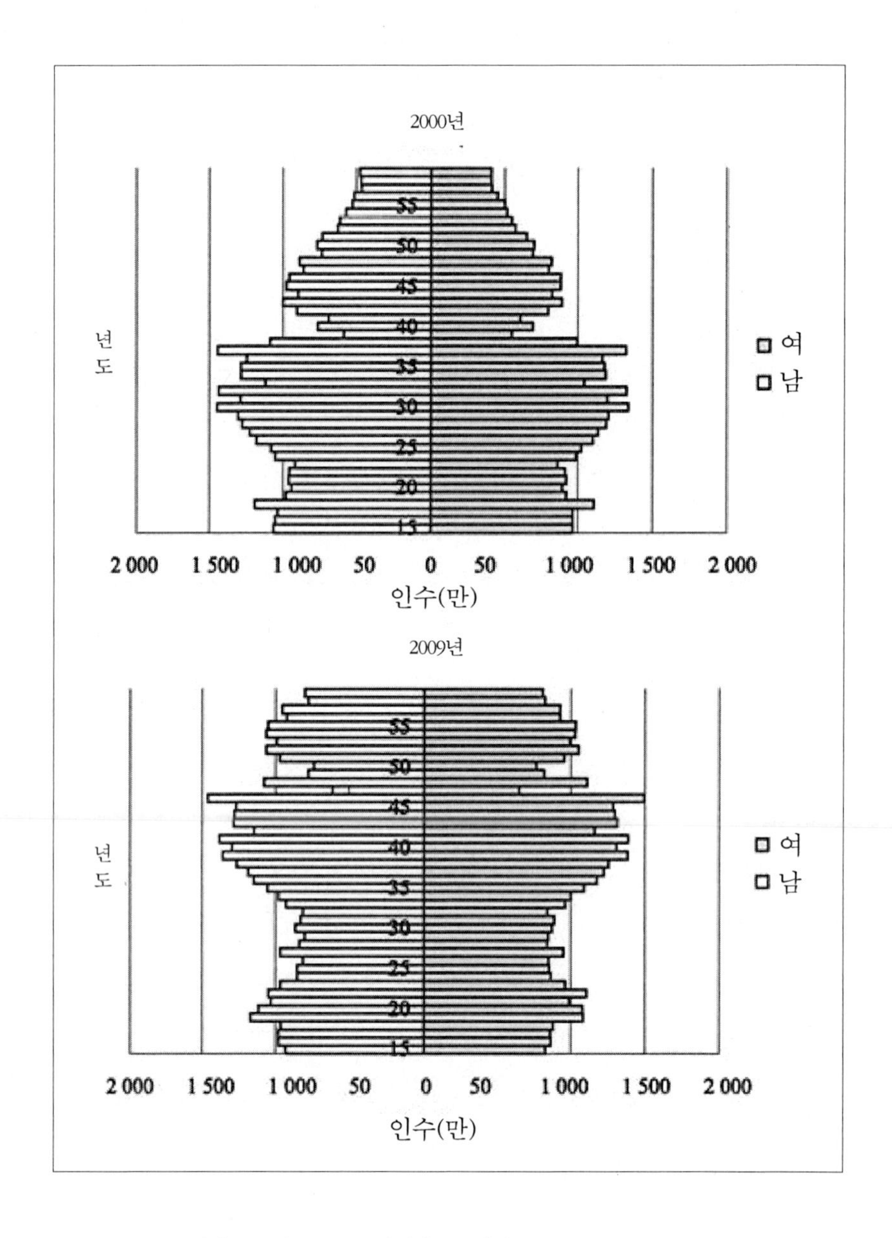

도표 6-5 2000년과 2009년 중국노동연령인구 금자탑
자료출처: 〈2000년 제5차 전국인구조사자료〉와 〈중국인구와 취업통계 연감 2010〉의 전국 성별, 연령에 따라 구분한 수치에 근거하여 제작

40세 이상의 농민노동자는 통계 시에는 조금의 의심의 여지도 없이 노동력 인구로 분류되었다. 하지만 그들은 실제적으로 기업에게 고용당하지 못한다는 것에 대해 관심을 가진 사람은 아주 적다. 노동력 체력과 정력이 왕성한 황금시기에 있는 낮은 연령노동력의 비중이 끊임없이 하락하는 배경 하에 오히려 기업은 장기적으로 형성된 낭비성 고용방식을 고수하고 있어 낮은 연령 노동력에 대한 수급모순은 갈수록 뚜렷해졌다.

이런 모순은 기업의 요구에 부합되는 노동력이 점점 적어지도록 하여 '농민노동자 기근'이 나타남은 이상한 것이 아니었다. 그 외에 매년 중국의 노동력 연령에 들어서는 인구는 점점 적어지고 이는 기업의 전통적인 노동력 대체방식에 대하여 심각한 위협을 형성하였다.

중국의 역대 출생인구수를 관찰하고 또한 제3차 출생최고치(1987년의 2,522만)에 집중하면 우리는 1987년 이후의 중국 출생인구수는 매년 하락하는 추세를 나타내고 2009년에는 겨우 1,615만으로 1987년과 비교할 때 900여만 명이 하락하였음을 발견할 수 있다. 만약 사망과 국제 이주의 영향을 고려하지 않으면 출생인구 수는 미래 15년 후 새롭게 노동연령인구에 들어서는 수량을 대체적으로 반영할 수 있다. 1988년 시작한 출생인구수의 지속적이고 신속한 감소는 2003년부터 새롭게 노동연령인구에 들어서는 수의 지속적이고 신속한 감소를 의미한다.

이처럼 새롭게 노동연령에 들어서는 수의 감소현상이 발생하는 시간과 '농민노동자 기근' 현상이 나타나기 시작한 시간은 맞물린다. 1986~1990년 5년 간 중국은 12,161만 명이 출생하였고 1991~1995년

5년 간에는 10,670만 명이 출생하여 1,500만 명 전후가 하락하였다. 그러면 1991~1995년에 출생한 사람들은 15년 후에 노동력시장에 들어갈 때(2006~2010년)와 1986~1990년에 출생한 사람들이 15년 후 노동력시장에 들어가는 시기(2001~2005년)와 비교했을 때 1,500만 넘게 감소됨을 대체적으로 추측할 수 있다. 또한 출생인구의 진일보된 감소추세에 근거하여 미래 수 십 년 동안 매년 새롭게 중국의 노동력 연령에 들어가는 인구수는 여전히 하락추세로 나타나고 또한 하락의 폭이 엄청 클 것이라는 것을 대체적으로 추측할 수 있다. 새롭게 노동연령에 들어가는 인구수의 감소와 '농민노동자 기근'도 밀접한 관계가 존재한다. 대다수의 중국 농민노동자는 마지막에는 진정으로 도시에 융합되어 도시주민이 되지 못한다. 그리하여 그들의 인생 발자취는 왕왕 젊었을 때 도시에 들어와 일하고 근무 몇 년 후에 농촌에 돌아가 노후여생을 보낸다. 이러한 유동형식은 기업이 일정 기간마다 고용한 농민노동자에 대하여 '대대적인 물갈이'가 필요하다 - 일부고령노동력이 떠나가고 일부 낮은 연력 노동력이 보충된다. 이런 교체형식은 일방적인 것이다. 기업은 오직 낮은 연력 노동력으로 고령 노동력을 교체 할뿐 기존 노동력의 떠남으로 인하여 생긴 빈자리를 더 연로한 노동력으로 보충하지는 않는다.

매년 대량으로 새롭게 노동력으로 들어오는 배경 하에 이런 노동력의 교체형식은 물론 순조롭게 운영되었다. 하지만 새로운 노동연령에 들어오는 인구수가 날이 갈수록 감소하는 상황 앞에서 이런 형식은 자연히 계속되기가 어려웠다. 다시 말하면 노동력공급 고리의 체인이 끊어져 '농민노동자기근' 문제가 발생하기 때문이다. 살펴보았듯이 인구변화가 초래한 노동연령인구구조변화와 '농민노동자 기근'현상이 나타나는 것은 밀접하게 연관되어있다: 노동연령인구 중 낮은 연력 인구의 비중하락과 기업이 낮은 연력을 선택하고 고령을 포기하는 고용방식은 심각한 모순이 발생하여 낮은 연력 노동력수급이 균형을 잃고, 매년 새롭게 노동연령에 들어서는 인구수의 점차적인 감소는 기업노동력 교체의 보급통로를 파괴하였다.

다음 중국의 '농민노동자 기근' 현상은 일부분 중국 고등교육의 빠른 발전에서 왔다. 고등교육의 초기 직업분류작용은 '농민노동자 기근' 현상에 대한 형성과 발전에 '설상가상'의 작용을 하였다. 고등교육을 받았는지 여부는 단지 일종의 학력의 분화가 아니라 더욱 중요한 의미에서 이야기할 때 그것은 노동력의 초기 직업분화였다. 고등교육을 받은 대다수의 사람들은 졸업 후 정신노동에 종사하고 육체노동에 종사할 가능성이 없기 때문이다. 그리하여 매년 새롭게 노동연령에 들어오는 인구수는 변하지 않았다.

만약 고등교육을 받은 대학생이 많으면 농민노동자가 되는 사람 수는 자연히 감소된다. 근 몇 년간 고등교육을 받은 인구의 수와 비율은 모두 끊임없이 상승했다. 절대적인 수치에서 볼 때 1995-2009년 짧은 15년의 기간 동안에 중국의 보통고등교육의 신입생 모집규모는 1995년의 93만에서 2009년에는 640만으로 증가했고, 2009년의 신입생 모집규모는 1995년에는 6배가 넘었다. 비율로 볼 때 고등교육의 총 입학률은 1990년대 초의 50% 전후에서 2012년에는 31% 전후로 증가하였고 2012년의 총 입학률 수준은 1990년대 초의 6배였다. 다시 말하면 1990년대 초의 18~22세의 적령인구 중 겨우 5%만 고등교육을 받아 정신노동에 종사하는 행렬에 들어섰고, 그 외의 95%는 육체노동을 주로 하는 직업에 종사했지만.

현재 18~22세의 적령인구 중 30%는 모두 정신노동에 종사하고 육체노동에 종사하는 비율은 95%에서 70%로 급속하게 하락하였다. 이런 교육의 초기직업 분류작용은 관리, 기술직책에 종사하는 정신노동자(대학생)가 갈수록 많아지고 육체노동에 종사하는 사람 수(농민노동자 포함)는 갈수록 적어지게 되었음을 보여준다. 하지만 일정 기간 내에 서로 다른 유형의 인재에 대한 기업의 수요구조는 상대적으로 비교적 안정화되었기에 '농민노동자 기근'과 대학졸업생 '취업난'이 함께 존재하는 현상이 나타났다. 또한 미래 수십 년 안에 매년 새롭게 노동연령에 들어오는 인구수는 점차 하락하고 중국 교육수준의 향상에 따라 고등교육의 신입생 모집규모는 계속 확대될 것이다. 그럼 새롭게 노동력 시장에 들어오는 농민노동자 수는 점차적으로 감소된다. 만약 그때 중국의 산업구조, 기업의 고용형식이 현재의 상황을 그대로 유지한다면 '농민노동자기근' 현상은 더욱 심각해질 것이다.

노동력 인구연령구조의 노화, 새롭게 미래의 노동력 시장에 들어서는 인구의 점차적인 감소와 교육수준의 점차적인 향상은 중국으로서는 장기적인 추세일 것이다. 그러면 중국은 어쩔 수 없이 낮은 연력 노동력 부족의 국면을 반드시 받아들여야함을 설명하는가? 사실 반드시 그렇지는 않다. 2012년 세계인구 수치 데이터에 근거하면 2012년 중국 노동력의 총량은 10억 명 전후이다.

이 수치는 선진국의 노동력수치 총 합계(8.4억)보다 더 많다. 하지만 그해 선진국의 GDP총액은 중국 GDP총액의 근 5배였다. 이것은 중국 경제발전의 걸림돌 문제는 노동력수가 모자라는 것이 아니라(선진국의 인구수는 중국보다 적지만 여전히 중국보다 더 방대한 경제규모를 유지할 수 있다) 중국 노동생산율이 너무 낮기 때문임을 나타낸다. 현재의 인구변화가 초래한 인구구조변화 추세는 중국의 노동밀집형 산업의 흥성시대가 점차적으로 멀어져 감을 예시하고 있으며, 인구변화는 중국의 제조업에 대해 한 단계 업그레이드 할 것을 독촉할 것이다.

이를 위하여 중국은 반드시 빨리 노동력 생산성 향상, 기술밀집형 산업을 발전시키는 쪽의 길로 들어서야만 한다. 이는 인구변화가 노동력 구조노화의 구속으로 인한 것뿐만 아니라, 교육확대의 모집이 더욱 노동력교육 수준향상을 가져온 이런 유리한 조건에서의 필연적인 선택이다. 이상에서 살펴본 바와 같이 인구변화 중에 나타난 인구노령화, 노동연령 인구비중의 변화 등의 현상은 곧 세계의 보편적인 규율이고 또 발전시기와 국가의 구체적인 상황이 다름으로 인해 표현된 특수한 상황일 것이다. 중국의 사회경제 발전을 앞선 인구의 변화과정, 인구가 많고 기초가 약한 국정과 특수한 현대화 과정은 인구노령화, 노동력 인구과잉문제와 노동력 인구노화문제를 중국에서는 더욱 험준하고 복잡하게 하였다.

2. 출생 성별비율이 균형을 잃었다: 특수한 현상에서의 보편적인 규칙

인구의 변화과정에서 중국인구의 성별구조에는 변화가 발생하였다. 특히 매년 출생하는 영아성별구조는 장기간 심각하게 남아가 많고 여아가 적은 균형을 잃은 현상이 나타났다. 이는 세계에서 비교적 일찍 인구변화를 겪은 국가에서는 없었던 경우다. 이런 현상은 중국을 대표로 하는 일부 아시아의 국가에서만 발생한 특수한 현상으로 배후에는 전 세계인구의 변화과정에 적용되는 보편적인 규칙이 잠재되어 있었다.

1) 출생 성별비율 의 상승은 중국을 대표로 하는 일부 아시아 국가의 특수한 현상이다.

성별비율은 인구성별구조를 묘사하는데 제일 자주 사용하는 인구학 지표이다. 그 중 제일 기초적인 것은 출생 성별비율 이다.

그것은 총인구 성별비율과 연령별인구 성별비율에 결정적인 작용을 한다. 그것은 어떤 특정시기 안에 출생한 남 · 여 영아수의 비율로써 일반적으로 백만 명의 여아에 대응되는 남아의 수를 표시한다. 인위적인 간섭이 없는 상황에서의 출생 성별비율은 마땅히 비교적 안정된 것이며 변화범위는 103~107 사이이다(텐쉐웬, 2004). 1950년부터 2005년까지 세계 대부분의 국가에서의 출생 성별비율은 모두 104~106사이였다(Christophe Z. Guilmoto, 2009).

하지만 중국에서의 출생 성별비율은 1980년대 이래 지속적으로 심각하게 꽤 높은 상승현상으로 나타났다. 중화인민공화국 성립 이래 1980년대 초까지 30년간의 출생비율은 가끔 정상범위를 초과하는 상황이 있기도 했지만 전체적으로는 정상범위의 상한선(107)을 돌며 위아래로 오르내렸지만, 1980년대 이후부터는 출생 성별비율이 크게 올라 현재에는 120 전후의 수준에 달하였다(도표 6-6). 또한 출생 성별비율이 비교적 높은 현상은 이미 전국에 신속하게 확산되어 동부, 중부로부터 서남, 서북부까지 퍼지고 농업인구를 주로 하는 성에서는 대도시까지 확산되었다. 21세기 초 대다수 성의 출생 성별비율은 모두가 심각하게 균형을 잃어 출생 성별비율이 비교적 높게 된 것은 이미 보편적인 전국적인 난제가 되었다(류솽, 2005).

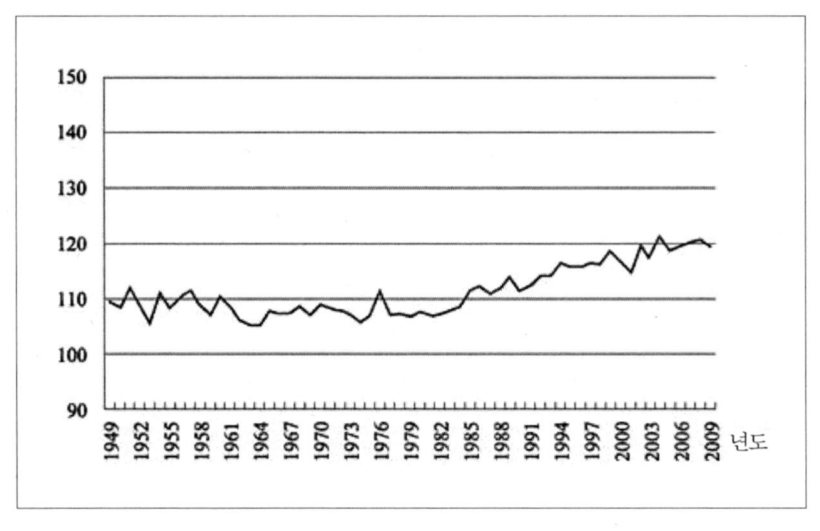

도표 6-6 일본인구의 출생성별비율(1949—2009년)

유럽과 아메리카의 인구의 변화과정에서는 출생 성별비율 이 상승하는 현상이 나타나지 않았기 때문에 유럽인구변화 실천경험에서 얻은 인구변화 이론에는 출생 성별비율 의 상승규칙의 내용과 논술이 없었다. 그리하여 일부 학자들은 아시아 일부 국가들의 인구의 변화과정에서의 출생 성별비율 의 상승 사실을 근거로 하여 독특한 아시아의 사회경제문화배경에서 출발하여 비교적 높은 현상에서 나타난 출생 성별비율 의 보편적인 규칙을 정리하여 이것을 영향력 있는 인구변화 이론으로 확장하려고 하였다. 제1단계에서는 성별검증기술의 확보와 자유유산의 합법성, 사회에서의 성별선택행위에 대한 수락 및 낮은 출생률의 부담 이 3가지 조건은 아시아 인구출생 성별비율 의 상승을 초래하였다.

제2단계에서의 남아의 과잉은 미래 전체 인구환경이 남아에게 점차적으로 불리하게 되었고 사람들은 주도적이며 자발적으로 남아에 대한 선호도가 감소하였고 사회경제에 있어서 남성이 주가 되는 전통이 약화되었다. 이 내외적인 두 가지 방면의 공통적인 작용아래에서 출생 성별비율 은 점차적으로 정상적인 수준으로 돌아올 것이다(Christophe Z. Guilmoto, 2009). 국내의 연구가들도 최근 몇 년간 인구출생 성별비율 이 점차적으로 상승하고 또한 높은 위치에서 일정 기간 체류 후 천천히 하락추세를 나타내는 이런 문제에 관심을 가지기 시작하였다. 그들은 이런 현상을 출생이 단시간 내에 신속하게 하락하여 출생공 간을 누르고 거기에 아시아의 '남아 선호' 문화전통의 강력한 저항을 받아 쌍방의 격렬한 충돌은 출생 성별비율의 상승을 초래하고. 부녀자의 사회경제지위의 개선과 정부부문의 노력에 따라 출생 성별비율은 다시금 정상으로 돌아 올 것으로 귀결하였다(천웨이, 리민, 2010). 일부 학자들은 중국에도 동일하게 성별선호의 인구변화 형식이 존재한다고 여겼다. 즉 인구변화의 제3단계에서 사회경제 발전의 영향과 계획출생정책의 작용을 받아 출생수준은 빠르게 하락하고 신속하게 사람들의 출생공간을 압축하여 사람들은 남아 선호의 방식을 다산에서 성별선택으로 바꾸어 출생 성별비율이 상승하게 하였다(리수줘, 엔사오화, 리웨이둥, 2011).

2) 특수현상에서 반영된 일반적인 규칙: 시대특징과 구체적인 국정의 표현

출생 성별비율 의 상승이 확실히 높은 것은 중국을 대표로 하여 일부 아시아 국가의 특수한 현상이다. 하지만 이런 현상은 인구의 변화과정의 일반적인 규칙을 반영하였다. 중국인구 변화에서 나타난 기타 특징과 마찬가지로 출생 성별비율 의 높음은 인구변화의 변화발전과 확산과정에서 특수한 시대배경과 국체적인 국정 아래에서의 산물이다.

그 시대의 특징은 기술의 확보에서 충분히 나타났다. 1950년대부터 초음파는 비로소 의학영역에서 점차적으로 응용되기 시작하여 의사를 도와 더욱 직관적으로 병세를 진단하고(P.P.Lele,1972) 사람들은 이 기술을 통하여 태아의 성장발육 상황을 관찰할 수 있었다. 성별감정과 선택기술의 성숙과 전파는 그 해의 출생통제기술과 마찬가지로 사람들의 출생 염원을 실제행동으로 바꾸게 하였고 부모가 아이 출생 전에 그 성별에 따른 보류여부결정의 생각을 실현할 수 있는 가능성을 구비되게 하였다. 성별감정과 선택기술의 탄생, 응용과 발전은 대규모적인 성별선택행위의 시대로 낙인을 깊이 찍게 하였으며 이는 과학진보와 기술발전의 결과이다.

출생 성별비율 의 높은 현상에서 또 어떤 국정특징이 나타났을까? 앞 문장에서 언급했던 몇 가지 연구 성과에서 서술했듯이(Guilmoto, 2009. 천웨이, 리민, 2010. 리수줘, 엔사오화, 리웨이둥, 2011) 중국을 대표로 하는 일부 아시아 국가에서 출생 성별비율 의 상승현상이 발생하는 주요근원은 인구의 변화과정(주요는 출생변화과정)의 '쾌속성'과 강대하고 특수한 '남아선호'의 문화전통이다. 본 책은 이 관점을 인정하지 않는다. 출생의 쾌속 하락은 유독히 아시아 또는 중국에만 있는 것이 아니었다. 하지만 기타 같은 조건을 구비한 일부 지방에서는 높은 출생 성별비율 현상이 나타나지 않았다. 이 두 가지의 조건은 출생 성별비율 의 높은 현상이 발생한 일반적인 규율을 충분히 설명할 수 있다. 인류가 문명사회의 문턱에 들어서면서부터 현대문명사회 전까지 억압당하고 무시당한 것은 세계 부녀자의 공통적인 운명이라고 할 수 있다. 유럽에서도 남존여비와 '남아선호'의 문화전통은 똑같이 심각하다. 고대 로마에서의 부녀자 지위는 이름권리가 없을 정도로 낮아 부친과 남편을 통하여 신분식별을 할 수밖에 없었고(노먼, 데이비스, 2007) 로마의 전통에 따라 사람들은 남성자손으로 성씨영존의 목적을 실현하려는 수요가 절박하여 혼인에서 부녀자는 영원히 부차적인 지위에 처해있었다(드니, 베르나르, J 알더버트,

2010). 중세기의 유럽에서부터 아직까지 부녀자는 대다수의 기간 동안 전혀 가치가 없는 물건으로 여겼다(드니, 베르나르,J 알더버트, 2010). 일본에서 '가정'제도의 건립은 부녀자를 완전히 권리가 없는 지위에 놓아 여인들은 '씨받이'로 불려 유일한 작용은 단지 아들을 낳아 대를 잇는 것뿐이었다. 에도 시대에 자녀성별 심지어 출생순서의 이상적인 형식에 대하여 여러 가지 의견들이 나타난 적이 있었다.

예를 들어 '한 여자 두 남자', '매물, 적취(迹取), 요짐보' 등 주요 의미는 출가한 딸은 마치 그 집에 팔린 것과 같다. 그리하여 첫째는 딸을 낳는 게 좋다. 출가하기 전에 집을 도와 집안일을 할 수 있고 둘째는 꼭 아들을 낳아 물려받을 사람이 있어야 하고 마지막은 또 아들을 하나 더 낳아 안전하게 한다(리줘, 2010). 이런 국가의 '남아선호' 문화전통의 강렬한 정도는 중국보다 전혀 뒤떨어지지 않지만 그들의 인구의 변화과정에서는 출생 성별비율 의 높은 현상이 나타나지 않았다.

마찬가지로 빠른 출생 하락과정도 출생 성별비율 현상이 발생하는 필연성을 보장할 수는 없었다. 일본에서 출생률의 변화는 매우 신속하였다. 메이지 유신 후 경제조건의 개선에 따라 출생률은 상승의 추세를 나타내고 2차 대전 때 인구증식정책의 영향을 받아 출생률도 하락하지 않았다. 20세기 초부터 2차 대전 끝날 때까지 출생률은 줄곧 30%이상 유지하였다. 2차 대전 이후 출생률은 급속적이고 대폭적인 하락이 발생하여 출생률은 1950년에 단번에 28.1%까지 하락하고 1972년에는 19.3%까지 진일보 하락하였으며 90년대 이후부터 지금까지는 줄곧 10% 이하를 유지하고 있다(도표 3-4). 일본의 출생률이 빠르게 하락할 때 성별감정과 선택기술은 이미 세상에 나오고 또한 일본은 봉건시대 때 벌써 낙태, 영아익사, 기아 등 방법이 있었다. 1948년에 제정한 '우량아출생보호법'과 1952년에 제정한 '모체보호법'은 인공유산에 대한 제한을 크게 완화시켰다. 그리하여 기술터득성과 사회접수 수준에서 거대한 장애가 존재하지 않았다(리줘, 2010). 하지만 전체 출생률이 급속히 하락하는 과정에서 일본의 출생 성별비율은 여전히 정상범위를 유지하였으며 출생 성별비율 의 높은 현상이 나타나지 않았다(도표 6-7). 이는 강렬한 '남아선호'의 문화전통에서 기술수준과 사회접수정도가 모두 구비된 조건에서 출생률의 하락도 출생 성별비율 의 상승을 꼭 초래하지 않는다는 것을 충분히 설명한다.

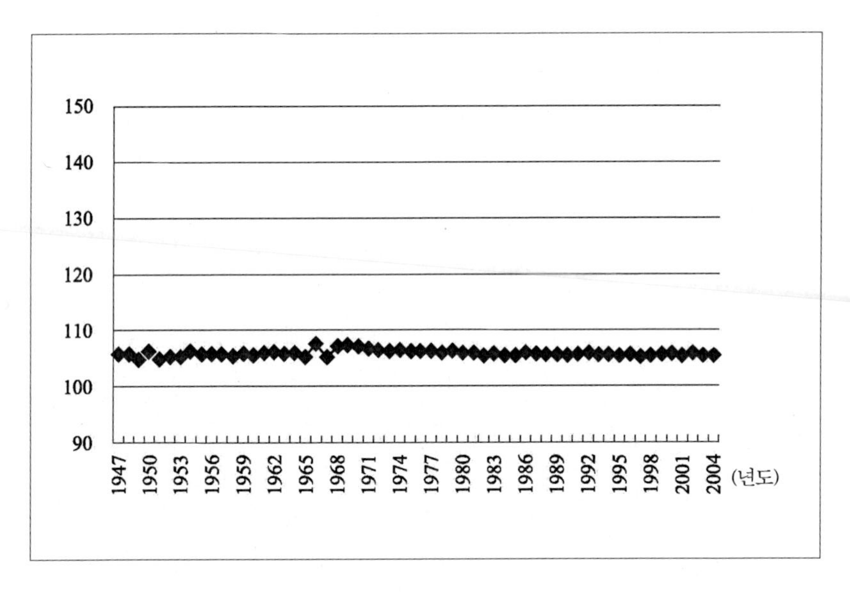

도표 6-7 일본인구의 출생 성별비율 (1947-2004년)
자료출처: 일본 총무성 통계국, 정책총괄관, 통계연구소 인터넷사이트, 도표 2-24 남녀별 출생수와 출생률(메이지 5년-헤이세이21년)근거로 수치를 그림

그러면 중국을 포함한 일부 출생 성별비율의 높은 현상이 나타난 국가들의 공통적인 국정 특징은 무엇인가? 답은 현대화 발전과정의 정체성과 교차성이다. 현대화는 거대한 사회변동이며 그것은 인류문명을 농업문명에서 공업문명으로의 변화를 실현하고 새로운 문명형식(공업문명)이 점차적으로 확립되는 과정이다(첸청단, 양위, 천샤오뤼, 1997). 이것은 사회 각 영역을 포괄한 전 방위적인 뜻깊은 역사의 변혁이었다. 경제구조, 사회구조, 정치체제와 사람들의 사상관념은 모두 큰 변화가 발생하였다.

유럽은 기타 다른 지역과 비교해 보면 중세기 때 농업생산력은 낮고 기술이 낙후하여 공업화는 농업문명이 자연히 해체되는 기초 위에서 실현되었다. 다시 말하면 공업화가 출생률 하락을 유발할 때 남존여비의 봉건문화전통도 지지의 기초를 잃었다. 그리하여 전체 인구의 변화과정에서 출생 성별비율 이 높아지는 현상이 나타나지 않았다. 유럽의 해외식민지와 아시아의 일본은 유럽의 현대화 형식을 그대로 옮겼다고 할 수 있다. 그리하여 상황도 비슷했다. 하지만 기타 지역에 특히 중국을 대표로 하는 일부 아시아 국가에서는 수천 년간 농업문명의 발전방향이 줄곧 끊임없이 다져졌고 이후에 유럽국가의 충격으로 와해되기 시작해서야 수동적으로 공업화과정을 시작하였다. 그리하여 농업문명의 해체와 공업문명의 생성은 동시에 진행되었다.

이런 지역의 현대화에 대한 태도는 모순적이었다. 한 방면으로는 공업문명의 선진성을 인정하여 하루 빨리 공업화 실현을 절박하게 희망하고 다른 한 방면으로는 서방에서 온 공업화 문명에 대하여 어느 정도 보류하였다. 이것 때문에 자체의 민족특성이 상실되는 것이 두려웠다. 그리하여 현대화 과정에서 상당히 복잡하게 변화하였다(첸청단, 양위, 천샤오뤼, 1997). 출생률 하락을 지지하고 '남아선호'를 지지하는 요소는 동시에 존재하였고 서로 교차되어 출생 성별비율 이 높아지는 것을 초래하였다.

유럽에서 농업문명의 철저한 해체와 공업화의 신속한 발전은 봉건사회의 남존여비 문화전통을 점차적으로 약화되게 하였다. 농노제의 폐기, 문예부흥과 종교개혁은 사람들을 봉건사회의 인신자유, 사상과 정신방면에서의 속박에서 해방되게 하였다. 지리적으로 큰 발견은 상업정신을 강화하고 농업은 상품생산이 되었으며 폐쇄된 농장경제는 타파되어 끊임없이 확대되는 농업시장으로 변화하기 시작하였다. 새로운 직업의 출현은 새로운 취업기회를 제공하였고 부녀자의 교육수준도 증가하고 더욱 많은 부녀자들은 각종 직업이 꼭 필요한 재능을 얻었다. 부녀자의 평균수명이 증가하고 출생과 자녀양육의 시간이 상대적으로 축소되어 자녀출생양육에 제한되어 있지 않았다. 부녀의 법률지위와 정치지위는 상승되어 재산권, 선거권 등 각종 권리를 가졌다(드니, 베르나르, J 알더버트, 2010). 이 모든 것은 출생률 하락과정에서 남존여비와 '남아선호'의 문화전통도 크게 약화시켰다. 그리하여 출생 성별비율 의 높은 현상이 나타나지 않았다.

마찬가지로 일본은 출생률 변화시작 전에 이미 현대화의 과정을 초보적으로 완성하였다. 1868년 메이지 유신 이후 일본은 바로 현대화의 길을 내딛었을 뿐만 아니라 신속하게 성공을 거두었다.

일본은 적절한 시기에 국가정치체제에 대한 개혁을 완성했을 뿐만 아니라 서방에게 배우는 국책확립을 통하여 대대적으로 현대경제를 발전시키고 성공을 거두어 현대성을 가진 신흥민족국가를 초보적으로 창조하였다.

백인이 아닌 사회에서 어떠한 지역도 일본처럼 '환골탈태'식으로 신속하게 현대화를 실현한 곳은 없었다(쳰청단, 2010). 메이지 유신 이후 자산계급계몽운동의 영향아래 개인인성을 억압하는 가족제도와 남존여비의 관념은 강렬한 충격을 받았다. 문화개명정책은 서방문화, 기술과 생활방식이 들어오고 사람들의 가정에 대한 관념은 변화가 발생하여 부부를 중심으로 한 새로운 가정이론이 나타나기 시작하고 첩 제도는 폐기되었다.

현모양처주의가 점차적으로 형성되어 일부일처제하에 남자와 동등한 권리를 가지고 있으며 자녀교육방면에서 교양과 지성이 있는 여성을 이상적인 형상으로 여겼다. 산업혁명 후 서유럽의 자산계급의 자녀교육이 일본에 들어와 자녀교육의 필요성은 점차적으로 세상 사람들에게 받아들여졌다. 일본에서 6년제 의무교육을 시작한 1907년에 여학교의 입학률은 이미 96%에 달하여 거의 적령기 여자는 모두 입학하였다(일본문부성 조사국, 1963). 전쟁 후 일본의 현대화 과정이 결국 완성되어 부녀자는 남존여비와 봉건가장제도에서 철저히 해방되었으며 성씨권리, 이혼권리, 재산권 등을 포함한 남자와 평등한 법률지위를 얻었다. 부녀자가 정치에 참여하여 정무를 논의하는 의식이 대대적으로 증가하여 의원, 내각과 사법일부에서 여성의 비율은 신속하게 향상되었다.

1960년대부터 상하양원 선거 시의 투표율에서 여성은 줄곧 남성보다 높았다(리쥐, 2010). 전통봉건가족제도가 철저히 와해되고 남자우선,

부자관계를 기초로 하는 가정 관계는 남녀평등, 부부관계의 기초로 변화되었으며 부녀가 장년남성을 대체하여 생계주관과 생활을 안배하는 '가장'이 되었다. 혼인관도 큰 변화가 발생하여 부녀자에게 결혼은 더 이상 평생의 종속과 유일한 선택이 아니었으며 늦게 결혼하거나 결혼하지 않거나 이혼하는 현상이 갈수록 보편화되었다. 2005년 일본여성의 평균초혼연령은 27.4세로 2000년에는 20~34세 여성 중 56%가 결혼하지 않았다(일본국립사회보장, 인구문제연구소, 2005). 이런 요소들의 공통작용 하에 일본의 전통문화 중의 '남아선호'도 점차적으로 약해졌다. 도표 6-2에서 볼 수 있듯이 최근 30년 동안 일본가정은 강렬한 '남아선호'가 나타나지 않았으며 심지어 여아 출생을 더 선호하였다.

하지만 중국 등 대다수 아시아 국가에서의 현대화 과정은 인구의 변화과정과 비교할 때 뒤에 처지거나 복잡하게 보였다. 첫째, 현대화의 진행과정은 느리게 와서 선행한 나라와 거리가 클 뿐만 아니라 지리적 위치에서 선행나라와 거리가 엄청 멀어 민중이 심리문화에서 현대화에 대한 공감대가 아주 낮아 국가의 힘으로 강력하게 추진할 필요가 있었다. 그리하여 이런 국가에서의 현대화와 인구변화의 관계는 더 이상 간단한 인과관계가 아니라 아주 복잡하게 변하였다.

인구변화는 현대화 과정의 결과일 뿐만 아니라 적어도 출생률 하락의 전기에는 정부의 강력한 공업화와 인구통제정책이 매우 큰 작용을 하였다. 반대로 인구변화는 이런 국가의 현대화 과정에 양호한 조건을 창조하였다. 둘째, 중국과 같은 아시아 국가는 예로부터 전체의 체제는 농업문명을 위하여 서비스하는 것이었다. 사회구조기능은 발달한 농업문명을 견고히 하는 것을 취지로 하고 법령제도는 농업문명을 위하여 설치하고 가치성향과 사상의식 형태는 농업문명을 위하여 변호하였다. 그것은 유럽처럼 봉건농업사회와 독립된 시민사회가 존재하여 아주 일찍부터 농업주체구조에서 분리되어 구속 받지 않고 자기의 생존방식과 가치성향으로 발전할 수는 없었다.

도표6-2 일본부부의 이상적인 자녀보합(1982-2010년) %

		1982년	1987년	1992년	1997년	2002년	2005년	2010년
1명 자녀	1명 남자아이	51.5	37.1	24.3	25	27.3	22.2	31.8
	1명 여자아이	48.5	62.9	75.7	75	72.7	77.8	68.7
2명 자녀	2명 남자아이	8.8	4.1	2.7	2.1	1.9	2.2	1.9
	1명 남자, 1명 여자아이	82.4	85.5	84	84.9	85.9	86	87.9
	2명 여자아이	8.9	10.4	13.3	13	12.2	11.8	10.2
3명 자녀	3명 남자아이	0.7	0.5	0.3	0.4	0.6	1.1	0.9
	2명 남자아이, 1명 여자아이	62.4	52.3	45.1	38.4	41.6	38.5	40.7
	1명 남자아이, 2명 여자아이	36.2	46.2	52.9	58.9	55.4	58.3	55.4
	3명 여자아이	0.7	0.7	1.6	2.3	2.4	2.1	3.1
이상자녀조합 성별비율		105	99	91	85	87	86	87

자료출처: 일본국립사회보장, 인구문제연구소: 〈 제14차 출생동향기본조사: 결혼과 출생의 전국조사, 부부조사결과개요〉, 2011-10-21,

중국사회는 완벽해질수록 농업문명이 더욱 견고해졌고, 서유럽 국가는 발전할수록 농업문명을 떠나가는 원심력이 더욱 커졌다(첸청단, 양위, 천샤오뤄, 1997). 그리하여 서유럽의 농업문명은 자연히 해체되는 과정이었며 또한 공업문명 형성의 준비를 마쳤다. 하지만 기타 지역의 농업문명은 유럽공업사회의 충격아래 와해되기 시작했고 농업문명의 해체와 공업문명의 형성은 동시에 진행되었다. 특히 중국, 인도 이런 아시아 국가들은 한때는 고대문명의 중심이고 현대화 과정은 서방 식민주의의 격렬한 충격에서 어쩔 수 없이 시작한 것이다.(첸청단, 2010) 그리하여 그들은 서방에서 유래된 현대화 과정에 강렬한 배척정서를 나타내고 기술, 경제발전수단, 정치제도에서 사상문화의 현대화까지 모두 조금씩 천천히 변화를 받아들인 완전히 점진적인 과정이었다. 이런 두 가지 요소의 작용 하에 중국을 대표로 하는 일부 아시아 국가들의 인구의 변화과정도 모순의 상태를 나타냈다. 한 방면으로는 국가의 강력한 추진으로 공업화진행과정은 신속하고 거대한 성공을 거두었고 인구정책의 작용이 더해져 출생률의 빠른 하락을 발생하게 하였다.

다른 한 방면으로는 농업문명이 아직 느리게 해체되는 과정 중에 처해있어 제일 핵심에 포장되어 있는 사상문화는 변화가 아주 적었고 '남아선호'의 뿌리가 아직 와해되지 않았으며 모순작용의 결과는 사람들이 자녀의 성별에 대하여 선택을 하고 거시적인 차원에서 출생 성별 비율 이 높은 현상으로 표현 되었다.

3) 출생 성별비율 상승현상의 미래 발전추세

중국을 대표로 하는 일부 아시아 국가의 출생 성별비율 상승현상과 현대화 진행과정의 특수성은 밀접한 관계가 있다. 이런 국가들의 현대화 진행과정의 진일보 추진에 따라 농업문명의 해체는 점차적으로 완성되어 '남아선호'의 문화는 지탱하는 기반을 잃어 출생 성별비율은 점차적으로 정상수준으로 회복되었다. 물론 농업문명의 해체속도와 출생 성별비율 의 균형을 잃은 현상을 시정하는 정책의 강도는 각국의 출생 성별비율 이 정상적으로 돌아오는데 서로 다른 속도를 나타내게 하였다. 한국은 아시아에서 출생 성별비율 상승추세가 제일 먼저 역전이 발생한 나라다. 출생 성별비율 은 1990년에 최고치 116.5에 달한 후 점차적으로 하락하는 과정에 처해 있었다. 현재에는 이미

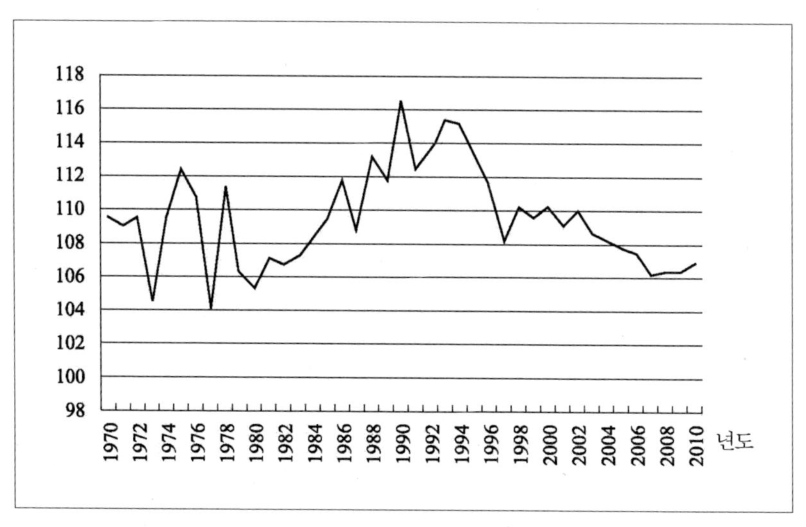

도표 6—8 한국인구의 출생성별비율(1970—2010년)

정상수준에 도달했다(도표 6-8). 어떤 학자는 효과적인 사회정책 이외에 사회경제의 발전에 따라 여성이 더욱 큰 자주권을 얻어 사회와 경제지위가 상승하고 따라서 남성을 기초로 하는 사회전통과 풍속이 약화된 것은 한국에서 성별선호관념이 약해지고 없어지게 하며 출생 성별비율 이 정상적으로 회복한 원인이라고 여겼다(천웨이, 리민, 2010). 여성지위의 상승자체가 바로 남성이 주도지위를 차지하는 농업문명이 점차적으로 해체되는 상징성 표현 중의 하나이다.

마찬가지로 중국에서도 처음에는 이런 추세를 나타냈다. 최근 몇 년간 출생 성별비율 이 끊임없이 상승하던 추세는 변화가 발생하였다: 2002년 이후 전국의 출생 성별비율 은 줄곧 120 전후로 유지되고 있어 상대적으로 안정적으로 발전하는 시기에 들어섰다. 하지만 기존에 출생 성별비율 의 상승으로 높은 문제를 나타냈던 일부 성에서는 출생 성별비율 이 서로 다른 수준의 하락을 나타냈다. 유럽의 발전경험에 근거하여 농업문명의 철저한 해체는 아래 두 가지 방면의 현상이 발생되었다: 국가차원에서 농업생산력이 고도로 발달하고 사회에 풍족한 제품을 제공하여 대량 공업인구의 생존이 가능해지고 결국 대규모의 인구와 자금이 공업부문으로 이동을 초래하여 전체 국가의 경제비약을 추진하였다. 가정차원에서 가정규모 소형화, 인구도시화 경향이 뚜렷하고 기존의 가정기능이 크게 약화되며 사회기능이 점차적으로 증가하여 공업화사회와 대응되는 주택, 공공위생과 사회보장을 포함한 사회기능체계를 형성하였다(첸청단, 양위, 천샤오뤼, 1997). 상술한 추세는 중국에서 이미 어느 정도 나타났다. 또한 이런 농업문명의 점차적인 해체 추세는 중국인구의 출생 성별비율 의 상승추세의 변화와 밀접한 관계가 있다. 본 책에서는 2010년 5~11월 후베(湖北)이, 저장(浙江)과 허베이(河北) 3성에서 전개한 고령의 부녀 및 그 가정의 출생, 생활상황을 주요내용으로 한 중국 인민대학의 인구와 발전연구중심의 특정조사에서 얻은 정량과 정성수치를 이용하여 농업문명해체의 발전추세가 '남아선호'에 대한 영향작용에 대하여 분석을 진행하였다. 이번 조사는 전국에서 출생 성별비율 의 하락상황이 발생하고 또한 동일한 계획출생정책을 실시한(1.5자녀정책) 3개 성(저장, 후베이와 허베이)을 선택하고 각 성에서 각각 두 개 현(현급시)을 뽑아 중점적인 조사연구를 진행하였다. 그들은 각각 후베이의 다예(大冶)와 홍후(洪湖), 저장의 뤼안(瑞安)과 성저우(嵊州) 및 허베이의 딩저우(定州)와 원안(文安)이었다.

그 중 원안의 출생 성별비율 은 줄곧 정상 수준에 처해 있었고, 뤼안의

표6-3 변수의 정의 및 단 변수의 묘사통계

변수	정의	백분율/평균치
종속변수		
꼭 남자아이를 출생해야 하는지	1=그렇다;0=아니다	13.33
독립변수		
가정주요수입원	1=비농수입 위주;0=농업수입 위주	71.32
남자아이 양육비 더 높다	1=그렇다;0=아니다	24.01

뒷표 계속

변수	정의	백분율/평균치
종속변수		
노년경제를 누구에게 의지해야 하는지	1=본인저축/노동수입/연금; 0=아들,며느리/딸,사위/자녀공동	67.18
거주방식	1=독립 거주;0=시부모 또는 부모와동거	52.26
통제변수		
연령	조사대상의 연령, 연속변수	32.52
민족	1=한족 ; 0=기타	98.26
교육수준	1=중학교이상 ; 0=중학교 및 이하	20.40
호구성격	1=농업 ; 0=비농업	92.64
가정수입	2009년 부부쌍방 현금수입,연속변수	37 833.85
지역	저장 청나우를 참고 소조로 함	
따에	1=조사대상의 거주지가 후베이 다예;0=기타	15.54
홍후	1=조사대상의 거주지가 후베이 홍후;0=기타	15.64
뤼안	1=조사대상의 거주지가 저장 뤼안;0=기타	15.20
딩저우	1=조사대상의 거주지가 허베이 떵저우;0=기타	22.71
원안	1=조사대상의 거주지가 허베이 원안;0=기타	15.25

설명:견본량은 2 078.

표6-4 "남자아이 선호"의 Logistic회귀형식 분석결과

(남자아이를 꼭 낳아야 한다고 여지기 않는 것을 참조)	발생비율	표준오차
독립 변수		
가정 주요 수입이 비농업수입(농업수입원을 참조)	0.868 7*	0.067 8
남아 양육비 더욱 높다고 여기다 (남아양육비가 더 높지 않다는 것을 참조)	0.682 3**	0.100 3
노년 경제는 본인을 의지하다(자녀를 의지하는 것을 참조)	0.749 5*	0.111 0
독립거주(부모, 시부모와 동거를 참조)	0.904 8*	0.051 7
통제변수		
연령	1.037 1**	0.013 3

뒷표 계속

출생 성별비율 은 줄곧 비교적 높은 수준에 처해 있었으며 하락추세가 발생하지 않았다. 기타 4곳은 모두 출생 성별비율 이 하락하는 과정을 겪었다. 특히 청나우는 출생 성별비율 이 이미 정상수준까지 하락한지 근 10년이 되었다. 과제소조는 이 6개 지역에서 모두 설문조사와 각급 계획출생간부소조좌담과 부녀자 심층탐방을 진행하였다. 모두

(남자아이를 꼭 낳아야 한다고 여지기 않는 것을 참조)	발생비율	표준오차
한족(기타 민족을 참조)	1.249 9	0.690 2
중학교이상 교육수준(중학교 및 이하 교육수준을 참조)	0.528 7**	0.111 2
농촌호구(비농업호구를 참조)	0.964 8	0.270 7
가정수입	1.000 001	6.39 10^{-07}
지역(성저우를 참조)		
따예	5.4834***	1.774 7
홍후	9.1056***	2.813 8
뤼안	3.298 9***	1.082 1
딩나우	1.471 4***	0.518 5
원안	4.159 6***	1.359 8

2,078명의 농촌 기혼고령부녀를 조사하였고 소조탐방을 18차례 하였으며 또한 90명의 기혼 고령부녀자들에게 심층탐방을 하였다.

회귀분석에서 종속변수는 '남아 선호'였다. 설문 중에서 기혼 고령부녀자들은 어떤 방법을 취하더라도 모두가 꼭 남아를 출생해야 하는지의 문제를 설정하여 측량하였다. 종속변수는 2분류의 명의로 변하고 형식에서 가상변수로 변화된다. 주요 독립변수는 농업문명의 해체를 체현하는 요소이며 가정의 주요수입원이 농업수입을 주로 하는지 미래노후기능 부담자에 대한 예상시기와 가정의 거주방식 등을 포함하였다. 주요 통제변수는 연령, 민족, 교육정도, 호구성격, 가정수입, 지역 등이다. 각 변수의 구체적인 정의는 도표 6-3을 참고하고 회귀결과는 도표 6-4를 참고한다.

회귀분석의 결과를 근거로 하고 심층탐방자료의 연구와 결합하여 본 책에서는 농업문명의 점차적인 해체에 따라 확실히 사람들의 성별선호의 변화에 큰 작용을 하였음을 발견하였다.

먼저, 농업생산력의 발전, 생산도구의 선진화와 생산기술의 진보에 따라 남성이 농업생산에서의 우세는 점차적으로 사라졌다. 장기적으로 중국 농촌의 농업생산력수준과 기계화수준은 모두 비교적 낮아 생산방식은 수공노동이 주가 되어 노동력 체력에 대한 의존도가 아주 높았다. 이는 남성 노동력이 여성 노동력과 비교하여 선천적인 우세를 가지게 되고 농촌가정에서 '남아선호'를 형성한 현실적인 원인이기도 하다. 하지만 최근 몇 년간 이런 상황은 이미 큰 변화가 발생하였다. 농업생산력이 끊임없이 발전하고 농업기계화수준이 크게 향상되어 전통적인 생산방식은 변화되었다. 허베이성 정저우 D진에서 조사 시에 몇 명의 부녀자들은 우리에게 이런 농촌생산의 새로운 모습을 이야기 해주었다.

> "이전에 농사지으려면 모두 노동력이 필요했지만 지금은 필요 없어요. 모두 기계화가 되었거든요. 이전에는

남자들이 메고, 나르고, 타작해야 했지만 지금은 트랙터로 하고 또 모두 평원이어서 여자들도 운전할 수가 있어요. 과거에는 남자들이 저녁에 가서 물을 줘야 했어요. 여자들이 가면 안심할 수가 없었거든요. 지금은 볼 필요가 없어요. 카드를 긁으면 자동으로 물을 주거든요. 밀, 목화, 옥수수 이런 것은 모두 연합하여 수확하고 전화가 와서 수확하라고 알려만 주면 되고 3~5일이면 끝나요. 옥수수대도 지금은 벨 필요가 없어요. 소를 키우는 농가에서 와서 가져가요. 옥수수 까는 것도 전문적인 기계가 있어요. 지금은 모든 가정마다 기본적으로 전문인을 고용하여 기계화 작업을 해요. 전문적으로 수확하는 사람은 우리 촌에 있고 부족할 때는 다른 곳에서 오기도 해요. 가을 추수 때는 허난성과 연합하여 수확해요. 두 지방의 수확 시간이 다르기 때문에 서로 도와주고 타지에서 작업할 수 있기 때문이죠. 과거에 남자 노동력이 제일 필요한 것은 돼지우리 치우는 것이었어요. 이런 일은 여자들이 못하거든요. 현재는 집집마다 메탄가스를 사용하고 정부에서 500~800위안 정도 보조도 해줘요. 현재 생산노동력에서 남녀는 별다른 차이가 없어요."

이상에서 살펴보았듯이 생산도구와 생산기술의 신속한 발전은 남자 노동력의 우세를 점차적으로 사라지게 하고 농업생산의 노동력 성별에 대한 요구도 예전처럼 그렇게 엄격하지 않았다. 가정이 남아의 출생을 농업노동력의 수요로 생각하는 것도 이 때문에 약화되었다.

다음, 농촌의 노동력이 점차적으로 비 농산업으로 이전되면서 비농업 수입이 점차적으로 일부 농촌가정의 주요 수입원이 되었다. 최근 몇 년간 농촌의 산업구조와 농촌가정의 수입구조도 커다란 변화가 발생하였다. 경제가 많이 발달한 농촌지역에서는 현지에서 제2, 제3산업 생산액비율이 끊임없이 향상되고 어떤 곳은 심지어 제2산업, 제3산업이 지역의 주산업이 되어 많은 농민이 이미 농업생산노동에서 벗어났다.

경제발달이 많이 부족한 농촌지역에서는 대량의 노동력이 농촌을 떠나 도시의 제2, 제3산업에서 일하는 상황이 나타났다. 그리하여 가정차원에서 관찰할 때 많은 농촌가정의 수입원은 이미 농업에 종사한 수입이 아니고 정성조사의 결과도 이 현상을 증명하였다. 예를 들어 우리는 저장 성저우에서 조사 시에 현지 산업구조는 복장, 넥타이, 전기, 가구 등을 포함한 경공업을 주로 하여 현지 대부분의 농민은 모두 진(鎭)에 있는 공장으로 출근하여 근무수입은 이미 그들 가정의 주요한 경제적 원천이 되었다. 제1차 산업과 비교할 때 제2차 산업, 제3차 산업은 노동력 성별에 대한 요구가 비교적 느슨하고 남녀차별이 크지 않았다. 그리하여 이런 배경에서 많은 농촌가정에서 남아와 여아가 경제수입을 얻는 능력 차이는 농업노동에 종사할 때의 차이처럼 뚜렷하지가 않았다. 어떤 지방은 심지어 여아가 더욱 쉽게 일자리를 구하고 수입이 생기는 상황이 나타났다.

현대경제 부문에서 남녀의 수입능력의 차이는 전통적인 농업경제부문과 비교할 때 이미 다소 하락하여, 이는 어느 정도에서 남아에 대한 선호를 약화시켰다. 회귀결과에서 표명하듯이 가정의 주요 수입원이 비농업수입인 부녀자들에게 '남아 선호현상'이 생기는 것은 가정의 주요수입원이 농업수입인 부녀자들보다 13% 전후로 낮았다. 어쨌든 농촌산업구조와 농민수입구조의 변화가 발생하고 비농산업과 비농업수입 비율이 끊임없이 상승하였다. 이는 농촌가정에서 남녀수입능력의 차이가 점차적으로 작아지고 사람들은 남아에 대한 선호가 남아의 경제우세의 상실로 점차적으로 하락하였다.

셋째, 인구유동성의 증가 및 양로기능의 부담자가 가정에서 사회로 바뀌면서 사람들의 자녀양로에 대한 기대도 하락하고 아들을 키워 노년을 대비하는 관념도 점차적으로 약해졌다. '아들을 키워 노년을 대비'하는 것은 중국사회의 오랜 동안의 계속된 전통사상이고 '남아 선호'를 초래한 주요 원인이기도 했다. 또한 현재의 현실생활에서 특히 광범위한 농촌지역에서 대중들은 아직도 아들이 부모님을 모시는 주요 책임을 져야 한다는데 비교적 동의하고는 있다.

하지만 많은 방면의 변화는 사람들의 아들에 대한 양로기능의 기대가 점차적으로 하락하고, 사회보장제도의 완벽함과 개인위험의식의 증가는 부모들의 아들양로에 대한 수요를 하락시켰다. 인구유동성의 증가와 가정거주방식의 변화는 '아들을 키워 노년을 대비'하는 형식이 날이 갈수록 미약해지고. 귀로 듣고 눈으로 보듯이 주변의 많은 '아들이 불효하고 딸이 효도'하는 사건들은 사람들로 하여금 아들이 돌봐준다는 기대치를 크게 하락시켰다. 이런 변화의 공동작용 하에 사람들은 남아를 낳아 양로하는 수요가 점차적으로 하락하였다. 다원화된 Logistic 회귀의 결과에서 볼 때 경제상에서 자신을 의지하여 노후를 희망하는 부녀자들의 '남아선호' 발생은 자녀들을 의지하여 노후를 희망하는 부녀자들보다 25% 전후로 낮았다.

1) 최근 몇 년간 중국의 평균 가정규모는 끊임없이 축소되고 자녀가 결혼 후 부모와 떨어져 거주하는 비율이 갈수록 높아져 노인부부 가정이 날이 갈수록 증가하였다. 도시화의 발전과정에서 농촌노동력의 이전은 불가피했고 젊은 농촌인구가 도시로 유동하여 일하고 생활하고 부모와 장기적으로 떨어지는 상황이 날이 갈수록 증가하였다. 이런 배경에서 아들이든 딸이든 점점 더 부모 곁에서 일상생활을 보살펴 드릴 수 없게 되었다. 그리하여 '아들을 키워 노후를 대비'하는 것은 점점 더 멀어져가는 꿈이 되었다. 또한 사람들도 이런 발전추세를 느껴 나중에 아들이 양로하는 기대도 자연히 하락하였다.

2) 농촌의 양로보험, 신형 농촌합작의료 등의 정책을 주요내용으로 하는 농촌사회보장 시스템의 구축과 거기에 점차적인 발전에 따라 평균수입과 사람들의 위험의식의 증가를 더하여 많은 농민들은 더 이상 아들부양을 우선적인 노후방식으로 여기지 않고 사회보장과 개인저축에 의지하는 것으로 바뀌었다. 개인취재 중에 후베이 다예진은 이미 사회보험과 신형농촌 합작의료에 가입한 부녀자 한 분이 그의 사회보장을 주요 노후방법으로 선택한 원인에 대하여 이야기하였다.

"제 아이는 아주 훌륭해요. 하지만 아들은 성장 후 타지에 갔어요. 현지에서 여자를 찾았죠. 우리도 방법이 없어요. 다만 아들이 잘 살기를 바라지요. 그래서 노후에는 자기 자신을 의지해야 해요. 아들을 의지해서는 살 수가 없어요. 그래서 우리는 보험을 가입했어요. 현재 남존여비의 관념을 바꾸는 주요방법으로는 양로보험을 들어 노후에 대한 우려를 해결하는 것이죠. 자녀들에게 의지 할 필요가 없으면 자연히 남아를 출생하든 여아를 출생하든 상관이 없지요."

3) 전통적인 관념은 양로의 주요책임이 아들에게 있다고 여기므로 기존의 사람들은 아들이 양로하는 기대가 매우 높았다. 일단 아들이 이 책임을 제대로 지지 못하면 사람들은 '아들이 불효'라는 견해가 쉽게 생겼다. 반대로 사람들은 딸이 양로하는 기대가 워낙 낮았기에 일단 딸이 부모에게 효도하는 행위를 조금만 보여도 부모나 친척, 친구들의 칭찬을 받고 널리 알려졌다. 거기에 일반적으로 여아는 부모님을 보살피는 방면에서 남아보다 더욱 세심하고 친절하여 긴 시간이 지나 각 지방에서는 모두 어느 정도는 '아들은 불효하여 딸보다 믿을 수가 없다' 라는 여론이 다소 형성되었다. 이는 아들의 양로 기대가 하락하고 '남아선호'를 변화하는데 일정한 작용을 하였다. 취재과정에서 우리는 민간의 '여아가 노후방면에서 더욱 믿을 수 있다'는 뜻이 함유된 이야기를

많이 들었다. 예를 들어 '남아를 낳으면 양로원에 살고, 여아를 낳으면 양옥에 정원이 있는 집에 산다', '남아를 낳으면 명성을 얻고, 여아를 낳으면 복이다' 등등.

마지막으로 가정규모 소형화의 발전추세와 부모와 자녀가 떨어져 거주하는 형식의 보편화는 예전에 '여자가 남자 집에 시집가 남자가정의 일원이 되는' 그러한 관념을 지지하는 것은 점차적으로 현실적인 기초를 잃어버리게 하였다. 사람들이 더욱 많이 보는 것은 '남녀가 평등하게 새로운 가정을 만드는' 것이다. 시부모와 함께 거주하지 않는 것은 어느 정도 부녀자를 '남자 가정에 속한 사람'의 신분구속에서 해방시켜 자유롭게 양가부모를 보살필 수 있었다(양판, 2010). 회귀분석의 결과가 표명하듯이 시부모 또는 부모와 함께 살지 않는 부녀자를 시부모 또는 부모와 함께 사는 부녀자와 비교할 때 '남아선호'의 발생비율은 10% 전후로 하락하였다.

최근 몇 년간 농촌의 주택조건과 교통조건은 매우 큰 변화가 발생하였다. 많은 농촌가정의 자녀는 성년이 된 후 자기의 독립거처가 있어 남자 부모와 함께 살지 않을 뿐만 아니라 여자 부모와도 함께 살지 않는다. 하지만 교통조건의 개선은 자녀들로 하여금 매우 빨리 부모님 곁에 돌아오게 하였다. 그리하여 많은 지방의 농촌에는 도시와 비슷한 생활방식이 형성되었다. 즉 자녀들은 결혼 후 단독으로 거주하고 정기적으로 양가 부모를 찾아뵈었다. 이리하여 '누가 누구 집에 시집가다' 는 개념은 날이 갈수록 희미해지고 남녀양가의 부모는 모두 같은 조건의 보살핌을 받게 되고 남아에 대한 선호도 진일보 약화되었다. 취재 중에 많은 부모들은 모두 자기주택의 땅 외에 새로 땅을 구매 하여 성년 된 자녀를 위하여 단독으로 집을 짓고 자기들은 자녀들과 함께 살지 않을 거라고 이야기하였다. 그리하여 예전에 그런 '여자가 남 자 집에 시집가 남자 가정의 일원이 되는' 관념은 점차적으로 '남녀가 평 등하게 새로운 가정을 만드는' 새로운 관념으로 대체되었다.

하지만 함께 살지 않아도 자녀가 부모에 대한 보살핌은 영향을 받지 않았다. 반대로 시부모와 함께 살지 않는 것은 어느 정도 부녀자를 '남자 집에 속한 사람'의 신분구속에서 해방시켜 자유롭게 양가부모를 보살필 수 있었다. 편리한 교통은 양가부모와 자녀간의 거리를 크게 좁혀 남녀가 부모를 함께 보살피는 것이 진일보 강화되었다.

원안진의 계획출생부서 간부의 취재 중에 계획출생 간부 한 명이 그의 사람들은 성별선택행위를 바뀐 원인에 대한 의견을 이야기 하였다.

"여자들은 시집간 후 똑같이 부모를 보살펴요. 일반적으로 멀리 시집가지 않거든요. 교통이 매우 편리하여 전화 한 통이면 십 여분 내에 돌아와요. 많은 여자들이 결혼 후 마을을 나가지 않아요. 친정과 시집은 모두 양쪽에 방을 남겨두어 양쪽에서 모두 살 수 있어요. 시댁에서도 동의해요. 차도 있고 도로도 편하여 도시와 농촌이 동화되었어요. 원안은 최근 새로운 민가들의 건설로 이후에는 더욱 가까이 거주할 수 있을 거에요."

살펴보았듯이 거주조건과 교통조건의 개선은 부녀자를 '남자 집에 시집가다'의 틀에서 해방시켜 자유롭고 평등하게 양가부모를 보살필 수 있었다. 남녀양가부모는 모두 같은 조건의 보살핌을 받을 수 있어 사람들의 '남아를 낳든 여아를 낳든 똑같다'는 관념을 굳히는데 현실적인 기초를 제공하였다.

한국과 중국의 사례를 통하여 발견 할 수 있듯이 이런 국가의 현대화 과정의 계속된 추진에 따라 농업문명 해체과정은 철저하게 완성되고 '남아 선호'를 지지하는 요소도 점차적으로 사라져 출생 성별비율 도 정상적인 상태로 회복하였다. 만약 국가가 이런 과정에서 여성권익 보장과 여성지위 향상과 성별선택 타격 등의 조치를 취했다면 이 과정은 더욱 순조롭고 신속할 것이다.

총괄적으로 말하면 중국을 대표로 하는 일부 아시아 국가에서 발생한 특수한 출생 성별비율 이 높은 현상은 사실 인구의 변화과정의 일반적인 규칙을 반영하였다. 시대와 국정의 특수성은 공통으로 그의 발생을 결정하였다. 시대특징은 성별감정기술의 가능성에서 체현되고 국정특징은 그 현대화 과정의 특수성에서 체현되었으며 이런 지역의 문화전통과 출생률의 신속한 하락속도가 아니었다. 이런 것은 모두 표면 현상일 뿐 그것이 반영하는 본질은 여전히 이런 국가의 현대화 진행과정의 특수성이었다.

서방 선진국의 공업문명이 농업문명에 대하여 완전히 대체하는 현대화 과정을 실현하는 것과 다르게 중국을 대표로 하는 이런 국가의 현대화 진행과정에서 농업문명의 느린 해체와 신속한 공업화과정은 동시에 진행된 것이었다. 그리하여 일정한 시기 내에 출생률의 빠른 하락의 초래와 '남아선호'의 존재를 계속 유지하는 요소는 국가의 현대화 과정에서 지지를 동시에 얻었다. 이로 인하여 출생 성별비율 의 높은 현상을 일으켰다. 정체되고 복잡하고 교차된 현대화 진행과정은 중국인구 변화에 유럽과 아메리카 선진국에서 겪지 않았던 새로운 문제를 가져왔다.

제3절 종합적으로 인구문제를 해결하고, 인구의 장기적인 균형적 발전을 촉진시키다

1. 단일화된 인구통제에서 인구문제를 통합적으로 해결하는 것으로 변화하다

국가발전형식은 새로운 시대에 들어선 후 속도와 규모를 추구하는 것에서 품질을 추구하는 쪽으로 변화하였고 인구문제에 있어서 출생률이 비교적 장기적이고 안정적인 낮은 수준에서 인구변화를 가져온 일부 서방국가보다 더욱 복잡했던 중국인구 변화의 길은 발전방향을 천천히 변화하게 하였다. 사람들은 더 이상 인구성장의 속도, 인구규모의 변화문제가 아니라 인구의 자질이 향상되었는지, 구조가 균형적인지, 분포가 합리적인지, 자연환경과의 관계가 조화로운지 등의 일련의 문제를 포함한 인구변화의 질량문제를 생각하기 시작하였다.

국가의 전체적인 발전이 가져온 영향 외에 인구변화와 인구정책은 가정과 개인에게도 점차적으로 중요한 의제가 되었다. 사람들은 인구변화가 경제발전에 대한 효과를 제공할 뿐만 아니라 인구변화가 사회, 문화, 자원 환경에 미치는 종합적인 효과에 더욱 관심을 가졌다.

사상이념 방면에서나 구체적인 인구정책 방면에서나 사람을 근본으로 삼고, 전체적으로는 사람의 발전으로 인구문제를 해결하려 하는 의식이 점차적으로 형성되었다. 사실 이런 발전추세는 일찍이 1990년대에 이미 초보적으로 나타났었다. 당시에 전 세계는 인구 영역에서 깊은 변화가 발생하였을 뿐만 아니라 중국인구 변화의 길에도 커다란 영향을 끼쳤다. 1994년 유엔에서 개최한 카이로 국제인구와 발전대회에서 사람을 근본으로 하여 국민의 생식건강을 촉진하는 구호를 제출하였다. 그때에 중국인구관계자는 견문을 넓혔고 결국에는 중국의 계획출생업무의 목적을 명확히 하였으며 계획출생업무의 서비스 내용을 확대하고 중국의 계획출생업무의 전환방향을 제공하였다. 1987년 유엔의 세계 환경과 발전위원회의 보고 〈우리 공통의 미래〉에서 제의한 지속적인 발전가능 개념은 이미 세계 각국의 광범위한 인정을 받았고, 또한 1992년에는 유엔 환경과 발전대회에서 다시 공감대를 얻었다.

이 영향을 받아 중국도 1994년 〈중국의 21세기 의사일정-중국의 21세기 인구, 환경과 발전백서〉를 출간하였다. 이후부터 인구와 발전 이 두 개의 개념은 긴밀하게 연결되었으며 사람들은 인구문제를 지속적으로 발전가능한 차원에서 새롭게 인식을 하였다. 그것은 경제의 발전과 밀접한 관계가 있을 뿐만 아니라 자원과 환경의 개발 및 보호에도 밀접한 관계가 있었다.

중앙계획출생업무좌담회는 1997년부터 중앙계획출생과 환경보호업무좌담회로 바뀌었고, 1999년에는 중앙인구자원 환경업무좌담회로 바뀌어 지금까지 매년 개최 되었다. 이 회의에서는 확정됐던 인구발전목표에도 변화를 제공하여 '저 출생 안정수준'에서 '인구쾌속성장통제'로 대체하고 동시에 인구자질, 출생 성별비율, 인구노령화, 노동취업 및 인구유동과 이동문제도 인구 업무의 중요한 목표가 되었다. 2004년 3월에 후진타오 총서기는 중앙인구자원 환경업무좌담회에서 제출한 '사람을 근본으로 하는 것을 견지하고 전면적이고 조화롭게 발전가능한 발전관'에서는 새로운 시기의 중국인구 업무의 목표, 구체적인 목표와 실현수단에 보충된 방향을 제시하면서 중국인구 변화의 길이 인구성장통제와 같은 단일화 방면에서 통합적으로 인구문제를 해결하는 것으로 비약하는데 이론기초를 제공하였다.

이런 지도사상의 영향아래 중공중앙, 국무원은 2006년 〈전면적으로 인구와 계획출생업무를 강화하고 통합적으로 인구문제를 해결하는 데에 관한 결정〉을 발표하여 저 출생수준을 안정화하고 인구자질을 향상하고 인구구조를 개선하고 인구의 합리적인 분포를 이끌고 인구안전보장과 인구와 사회, 경제, 자원과 환경의 조화로운 발전을 촉진하는 등 발전목표(국가인구와 계획출생위원회, 2007)를 제출하였다.

그것은 중국인구 변화의 길이 두 번째 도약을 실현하였음을 상징한다. 후에 중국인구 미래발전방향의 고도요약과 인구의 균형적인 장기적 발전의 개념으로 제기되었다. 그것은 인구의 발전과 경제사회 발전수준이 서로 조화를 이루고 자원 환경의 적재능력과 서로 적응하며 또한 인구총수의 적합함, 인구자질의 전면적인 향상, 인구구조 최적화, 인구분포 합리화 및 인구시스템 내부 각 요소간의 조화와 균형의 발전 상태를 말한다(훠전우, 양판, 2010). 현재의 중국인민은 '인구균형형, 자원보호형과 환경우호형' 사회를 건설하는 길에서 군건하고 자신 있는 발걸음을 내딛었다.

2. 중국인구 변화의 미래 전망

인구변화가 완성된 이후 미래의 중국인구는 또 어떤 새로운 발전 모습을 펼쳐낼 것인가? 이 문제를 정확히 대답하려면 매우 어렵다.

인구의 발전과정은 사회, 경제, 문화, 제도 등 많은 요소들의 영향과 제약을 받게 되고 미래의 요소들은 모두가 거대한 불확실성이 존재하기 때문이다. 예를 들어 사회경제 발전수준의 향상에 따라 인구의 출생수준은 계속 하락할 것인지? 이 문제에 대한 대답도 여전히 미지수이다. 현재까지 대다수 국가의 경험에서 볼 때에 이 사실은 확실하다. 하지만 이미 인구변화를 완성한 비교적 높은 사회경제 발전수준을 가진 일부 국가에서는 출생률이 점차적으로 반등하는 추세가 이미 나타나기 시작하였다(Mikko Myrsky-la, Hans-peter Kohlerl, Francesco C. Billari, 2009). 또 예를 들어 중국처럼 인구정책영향을 많이 받는 국가에서는 미래에 어떤 인구정책을 실행하느냐 하는 것도 중국인구 발전궤도를 변화시키는 것 중 하나이다.

또한 세계에서 제일 먼저 인구변화를 겪은 지역에서의 인구변화 역사도 단지 200여 년의 시간밖에 안되었으며 현재 인구변화를 완성한 나라도 많지 않고 이미 인구변화를 완성한 나라일지라도 사망률과 출생률 수준에는 큰 차이가 존재한다. 그러므로 인구변화 완성 후에 나타나는 명백한 추세의 법칙을 발견하기 어렵다.

하지만, 우리는 여전히 합리적인 가정을 통하여 미래의 중국인구의 발전추세에 대하여 대체적인 방향에 대한 판단을 할 수 있다. 우리는 Spectrum 프로그램을 이용하여 2010~2050년 사이의 인구추산을 진행하였다. 기본 매개변수 설정은 아래와 같다. 첫째, 시작연도의 성별연령별구조는 제6차 전국인구조사의 성별연령별 수치를 기준하였다. 둘째, 역대 성별구분 평균예상수명은 국가통계국에서 공포한 2000년 전국성별구분 예상수명을 기초로 하였으며, 유엔이 세계 각국의 인구추산에서 평균예상수명 변화경험 가정에 대한 방안을 근거로 하여 전국 2010~2050년의 성별구분 예상수명을 계산하여 얻어내었다. 2010년에는 남성은 71.71세, 여성은 75.61세. 2050년에는 남성은 77.65세, 여성은 82.05세였다. 셋째, 현대화 진행과정의 점차적인 완성과 정책간섭 등 많은 요소들의 공동작용을 고려하고 한국의 출생 성별비율 의 변화추세를 참고하여 중국의 미래 출생 성별비율 은 점차적으로 정상수준에 돌아올 것이라고 가정하였다. 2010년의 중국의 출생 성별비율 이 115라고 가정하고 따라서 매년 하락하면 2030년에는 107까지 하락하고 이후에는 변하지 않을 것이다. 넷째, 제일 관건적인 출생률 수치에 대하여 본 책에서는 고, 중, 저의 3가지 방안을 설정하였다.

첫 번째 방안은 현행정책을 유지하고 변하지 않는 조건으로 가정

인구의 총 출생률은 2010-2050년에 줄곧 1.5를 유지하고 변하지 않는다고 가정하였다. 국가통계국은 '6가지 조사'의 수치에 대하여 평가와 수정을 하여 중국 2010년의 총 출생률은 1.5전후라고 여겼다. 최근 몇 년간 출생수준과 출생정책조정에 관한 연구는 학자들이 관심을 가지는 중점적인 초점이었다. 학자들은 서로 다른 출처의 수치를 이용하여 중국의 출생수준에 대하여 추산을 하였다.

많은 연구결과는 중국의 실제 출생수준은 1.5~1.7 사이라고 여겼으며 여기에서 최저치를 취하고 또한 줄곧 변하지 않는 것을 출생수준의 하한선으로 하였다. 뿐만 아니라 총 출생률을 1.5수준에서 변하지 않는 것으로 분석하여 설정한 것은 세계에서 비교적 일찍 인구변화를 완성한 일부 나라의 현재 출생수준을 참고하였기 때문이었다.

2009년 유럽의 총 출생률 평균수준은 1.5, 북유럽은 1.9, 서유럽은 1.6. 동아시아 총 출생률의 평균수준은 1.6, 일본은 1.45, 싱가포르는 1.3, 한국은 1.2(미국인구 자문국, 2010)였다. 중국은 현재의 도시화수준이 아직도 일본, 싱가포르, 한국 등 나라보다 훨씬 낮음을 고려하고(2010년 중국의 도시화 율은 50%, 일본, 싱가포르와 한국의 도시화 율은 86%, 100%, 82%), (미국인구 자문국, 2010) 또한 이후에 2000~2010년 중국의 도시화율의 평균성장속도(평균 매년 1% 성장)로 계속 발전해도 2050년 중국의 도시화 율은 여전히 싱가포르 등의 국가의 현재 수준에 도달할 수 없다. 그리하여 본 책에서는 중국의 2050년 전의 총 출생률의 최저수준을 이런 국가보다 조금 높은 수준으로 설정하는 것이 합리적이다(1.5 전후).

두 번째 방안은 2010년 전국 총 출생률을 1.63으로 설정하는 것이다.

미래에 사회경제 발전의 영향 및 사람들의 출생소원과 행위의 끊임없는 변화를 고려하여 출생수준이 끊임없는 하락과정에 처해있으며 2010년의 1.63에서 논리적 곡선에 따라 점차적으로 2030년의 1.56까지 하락하고 또다시 2050년에는 점차적으로 1.5전후까지 하락할 것으로 가정하였다. 2010년의 초기출생수준 1.63은 기타 출처의 수치를 통하여 2010년 조사수치에 대하여 조정을 하여 얻은 것이다.

만약 서로 다른 출처의 수치에서 같은 출생년도 사람들의 수치를 놓고 비교하면 아주 쉽게 조사수치가 누락된 문제가 있음을 발견할 수 있다. 2000년 조사한 0~4세 5개 연령대의 인구수, 2010년 조사한 10~14세 5개 연령대의 인구수, 2012년 공안수치 12~16세 5개 연령대의 인구수와 역대 교육수치에서 7~10세 4개 연령대의 수치에 대하여 아래와 같이 처리를 하였다: (1)인구수는 조사한 표준시간 11월 1일로 통일하였다. (2)각 수치에서의 각 연령대의 인구수를 생존율을 이용하여 되돌려 계산하였다. (3)교육수치의 매 출생대열마다 4개 추산수치에 대응하여(각각 매 대열의 7세, 8세, 9세, 10세 때의 통계수치에 따라 추산) 이 4개 추산수치의 평균치를 취하였다.

위와 같은 조정을 겪은 후 매 출생대열의 서로 다른 수치출처에 따라 계산하여 얻은 출생인구수를 비교하였고, 결과는 도표 6-5 표시와 같다. 결과에서 볼 수 있듯이 어느 출생대열을 막론하고 같은 출생대열은 2000년 조사수치를 근거하여 얻은 총 인구수는 2010년의 조사수치를 근거하여 얻은 총 인구수보다는 계속해서 낮다.

이러한 현상을 초래한 원인은 2000년 0~4세 5개 연령대의 누락일 수도 있으며 2010년 10~14세 5개 연령대의 과다보고일 수도 있다.

하지만 종합적인 교육수치와 공안수치에서 나타나는 같은 출생대열의 인구수를 볼 때 그들 모두는 2000년 조사수치의 수치보다 높다. 심지어 2010년 조사수치의 수치보다도 높다. 그러므로 2000년에 0~4세 5개 연령대는 누락된 가능성이 매우 높다.

도표6-5 2000년 조사, 2010년 조사, 2012년 공안과 역대 교육수치에 근거하여 추산한 역대 출생인구수(1996-2000년)

출생년도	2000년 조사	2010년 조사	2012 공안	역대 교육
1996	1 575	1 654	1 751	1 816
1997	1 493	1 583	1 660	1 760
1998	1 445	1 601	1 598	1 724
1999	1 182	1 448	1 529	1 661
2000	1 413	1 501	1 528	1 693

단위:만명

'5가지 조사' 결과 낮은 연령대의 누락을 초래한 원인은 주요하게 두 가지 방면이 있다: 첫째는 자녀수가 정부부문 실적과 일반백성의 이익과 상호 연결되어 사람들의 자녀수에 대한 허위보고, 누락보고를 하게 한 주관적인 동기를 강화하였다. 둘째는 인구유동성의 증가로 정확한 낮은 연령 인구의 등록에 일정한 어려움을 가져왔다. 뿐만 아니라 이 10년간에 이 두 가지 방면의 원인은 모두 어떠한 완화될 기미도 나타나지 않았다. 그리하여 2010년 제6차 인구조사의 낮은 연령대에서도 똑같은 문제가 나타날 가능성이 있다.

많은 기존 연구에서 표명하듯이 2010년의 조사는 '양측에서 등록하고 사후 맞추기'의 방법을 취하였다. 그리하여 청년인구의 중복보고도 나타났다(췌이홍엔, 쉬란, 리루이, 2013. 훠전우, 짱완균, 2013). 조사와 공안수치를 이용하여 비교를 한 결과도 이러한 사실을 증명하였다. 예를 들어 1990년 조사에서 0~4세의 여아는 5,539만 명이였는데 2000년 조사 시에 10~14세의 여아의 총수는 6,005만 명까지 증가하였으며 2010년에 20~24세대는 또 다시 6,340만 명으로 증가하였다. 이는 조사 당시 낮은 연령대의 누락문제를 나타냈다. 하지만 이렇게 큰 차이는 모두 누락보고로 인한 것일까? 이 문제를 대답하기 위하여 우리는 공안수치에서 상응한 연령대의 인구수를 비교하였다. 2011년과 2012년 공안수치의 통계결과는 모두 6,100만 전후였다. 그리하여 청년 가임부녀자도 중복등록, 과다등록의 현상이 존재할 수 있는 것이다.

그러면 조사수치에 존재하는 이런 문제는 출생수준추산에 어떤 영향을 가져올 것인가? 총 출생률은 제일 자주 보는 출생수준을 측량하는 인구학 지표이며 총 출생률 계산은 가임부녀자의 연령별 인구수와 연령별 출생아 수가 필요하다.

가임부녀자의 연령별 출생아 수를 직접적으로 알 수 없을 경우에는 출생인구수와 가임부녀자의 출생분포형식에 근거하여 계산할 수가 있다. 만약 2010년 조사수치를 이용하여 2000년 이래의 출생수준을 추산할 경우, 먼저 낮은 연령대의 인구수를 이용하여 2000~2010년의 출생인구를 추산하고 또 2010년의 연령별 가임부녀자의 인구수를 이용하여 2000~2009년의 연령별 가임부녀자의 인구수를 추산해야 한다. 만약 출생인구의 누락보고 상황이 발생하거나 총 출생률에 비교적 영향이 큰 청년 가임부녀자의 중복 보고상황이 발생하였을 때에 마지막에 계산해낸 총 출생률은 반드시 낮을 것이다. 그리하여 조사 수치를 이용하여 출생수준을 추산 시에는 출생인구수에 대하여 조정을 해야 할뿐만 아니라 가임부녀자수에 대해서도 조정을 해야 한다.

그리하여 2010년도 '6가지 조사' 수치에 대한 조정을 진행하기 위하여 우리는 인구조사시스템과 독립된 기타 수치를 이용하여 추산을 하였다. 교육수치는 교육부에서 매년 재학 중인 초등학생 수에 대한 통계다. 기존의 일부 연구는 중국의 교육수치의 진실성에 대하여 상세한 논증을 하였는데 교육시스템수치의 수집과정이 엄밀하고 수치의 보고자와 수집자도 수치를 수정, 조정할 동기가 없다고 여겼다(훠전우, 천웨이, 2007). 또한 기타 일부 연구는 교육수치의 질에 대하여 질의를 진행하였다. 연령대의 선택, 입학율의 설정과 이해관계자의 허위보고 등의 문제에 주로 집중되었다(차이용, 2009. 궈즈강, 2010). 그리하여 본 책에서는 이런 문제들을 피하기 위하여 상응하는 처리를 하였다.

먼저 본 연구는 교육수치의 입학인수 또는 사람 수가 제일 많은 9세, 10세 연령대의 수치를 취하지 않고 같은 출생대열의 서로 다른 년도의 4차례 통계치의 평균치를 취하여 어떤 고정된 연령수치를 선택함으로써 가져오는 시스템 편차를 피하였다. 다음으로 본 연구는 초등학생의 입학률을 100%로 가정하였다. 왜냐하면 어떤 연구가들은 교육통계를 통하여 출생수준을 확인하는 원인은 입학률을 너무 낮게 설정한 것 때문이라고 하였다. 또한 서로 다른 학자들 사이에는 입학률의 설정에 일정한 쟁의가 존재한다.

그리하여 본 연구는 입학률의 가정을 최대한 100%로 완화하여 연구문제를 간단히 하고 집중화하여 입학률 영향을 고려하지 않는 조건에서 출생수준을 추산하였다. 하지만 꼭 기억해야 하는 것은 이런 가정 하에 추산해낸 결과는 출생수준이 비교적 낮게 추산된 것이다.

셋째, 우리는 북경의 몇 개 초등학교에서 진행한 '양면일보' 정책의 실시에 대한 현지연구조사를 통하여 '양면일보' 정책은 사람들이 상상한 것처럼 교육수치의 질에 대한 영향이 그렇게 크지 않다는 것을 발견하였다. 학교의 재정경비가 직접적으로 학생 수와 연결되지 않기에 학교는 여전히 교사 수에 따라 재정경비를 받고 보조는 직접 학생의 은행계좌로 입금되며 학교를 통해 전달받는 게 아니어서 학교와 학생 간에 자금거래가 존재하지 않기에 학교는 여전히 학생을 과다보고 하는 동기가 없다. 또는 학교가 더 많은 재정경비를 받고 싶다고 할지라도 학생 수를 허위보고하는 방식을 선택하여 완성할 가능성은 거의 없다. 왜냐하면 매우 큰 조작 난이도와 위험이 존재하기 때문이다.

수치 자체로만 볼 때 교육수치에서 같은 출생대역이 몇 번을 통계했던지 언제 통계하던지 이 대열은 서로 다른 시점에서의 통계치는 아주 비슷하였다.

이는 교육통계의 성숙성과 안전성을 설명하고 있고 또 다른 각도에서 교육수치의 질이 비교적 높은 편임을 증명하였다. 하지만 교육수치는 시간성이 강하지 않아 이용 가능한 연령대가 비교적 적다. 그것이 반영한 것은 6~10년 전 출생인구의 정보이므로 현재의 최신 교육수치를 이용해도 2003-2004년 전후의 출생수준을 추산할 수밖에 없다. 이것은 교육수치의 매우 큰 국한성의 존재이다. 그리하여 출생수준의 연구라는 차원에서 말하자면 중국의 교육수치는 여전히 이용 가능한 수치의 출처라고 여기며 해결해야 할 문제는 어떻게 6~10년 전의 정보를 충분히 이용하여 최근 몇 년간의 출생수준을 추산하는데 자료로 사용하느냐 하는 것이다. 공안수치는 공안부의 주민신분정보시스템의 정보를 말한다. 호적등록은 일상적인 업무이다.

호적통계는 매년 연말에 보고한다. 각 향진파출소에서 현 공안국의 호적과로 보고하고 이후에 또 한 단계씩 상위부서로 보고하며 문서와 전자파일로 동시에 보고한다. 호적통계의 결과에 대하여 관리부문은 어떠한 영향과 그 정확성을 간섭하는 용도가 존재하지 않으며, 호적이 주로 영향을 끼치는 요소는 주민에 대한 작용에서 온다. 〈호적등록조례〉는 영아가 출생 후 1개월 내에 호적등록을 할 것을 요구하지만 일부 사람들은 실제로 자녀가 호적이 필요할 때에 와서야 호적을 등록한다.

예를 들어 자녀 취학, 신분증 취득 등이다. 그리하여 취학아동의 호적통계는 비교적 완벽하고 정확하며 이미 만 16세에 신분증을 소지한 성년인의 호적통계는 기본적으로 전면적인 통계라고 할 수 있다. 그리하여 호적통계에서 6세 이상 인구(노년인구 미포함)의 수치는 신빙성이 비교적 높고, 16세 이상의 인구(노년 인구 미포함) 수치는 질이 더욱 높다. 하지만 6세 이하 인구의 수치는 연령이 낮을수록 수치가 더욱 완벽하지 않다. 0~6세 인구의 수치는 일정한 참고적 가치만 있을 뿐이다. 하지만 조정과 수정 후에는 분석에 적용할 수 있다. 공안수치의 낮은 연력대도 수치 자체의 평가를 통하여 확실히 누락보고의 문제가 있음을 발견하였다. 하지만 성년인의 등록은 그래도 비교적 정확하다.

본 연구는 2012년 공안수치에서 나타난 발전추세와 역대 교육수치에서 나타난 출생인구수의 수준을 서로 결합하여 최소 제곱법에 의한 회귀계수의 방법을 이용하여 공안수치와 교육수치에서 추산한 출생인구 수와의 관계에 대하여 선형 맞춤을 진행하였다.

또한 회귀공식에 근거하여 보외법을 진행함으로써 2000~2010년의 출생인구수에 대한 추산을 하였다. 청년연령대에서 조사수치의 누락현상이 존재하기에 본 연구는 공안수치를 이용하여 가임부녀자 수를 계산하고 2012년 공안수치의 성별별 · 연령별 인구수에 대한 역추산을 통하여 2000~2010년의 가임부녀자 수를 얻어냈다. 그 후에 가임부녀자의 분포형식에 근거하여 2010년 총출생수준이 1.63 전후임을 계산해 내어 '중' 방안 중의 시작 출생수준으로 하였다.

세 번째 방안은 출생정책조정의 영향을 고려하여 총 출생률은 중국인민대학인구와 발전연구중심과 관련된 연구의 성과를 직접적으로 인용하였다. 이 연구는 대열(횡)과 시기(종)를 서로 결합하는 예측방법을 사용하여 미래의 출생수준에 대한 예측을 진행하였다. 정책조정 후 각 대열의 출생률의 변화를 고려하여 매개 대열의 미래 각 연도의 출생수준을 얻은 후에 다시 어떤 연도의 각 대열의 출생률을 더하여 해당연도의 총 출생률을 계산해냈으며 기타 각 연도의 총 출생률도 같은 방법을 취하여 얻었다.

본 책은 이 연구 성과에서 비교적 높은 수준의 한 가지 방안을 취하 여 연구한 결과 총 출생률 수준이 비교적 높은 예측을 얻어냈다.

이 방법에서 총 출생률은 2010년 시작수준을 1.7로 설정하고 2013년에는 부부 중에 한 측이 독생자일 경우 둘째 자녀를 낳아도 된다는 정책조정을 실시했다고 가정하여 중국 부녀자의 실제 둘째 자녀출생시간분포와 한 자녀 완화 후 둘째 자녀출생의 혼잡한 반응을 고려하여 연구는 한 자녀 완화 후 정책에 부합되는 부녀자가 다음 해부터 출생하기 시작하여 또한 미래 10년에 둘째 자녀출생을 완성하고 동시에 도시와 농촌 단독가정의 둘째 자녀출생비율을 0.7, 0.95로 완화하는 것으로 가정하고 예측을 진행하였다. 이 방안은 2010년 초 출생수준이 1.7, 2013-2025년 총 출생률은 모두 1.8 이상의 수준, 2021년에 최고치 1.857에 달했다가 하락하기 시작하여 2027년에는 1.745까지 하락하고 그 후 20년 전후에는 1.77의 수준까지 상승할 것이라고 밝혔다. 본 책은 직접적으로 이 연구결과를 인용하여 중국 미래출생수준을 비교적 높게 추산하였다. 꼭 설명해야 할 것은 수십 년 이후 출생률을 어떤 수준에서 하락을 멈출 것인가, 심지어 계속 하락을 할 것인가 아니면 어느 정도 반등을 할 것인가 모두 예측하기 어려운 것이다. 하지만 출생률은 인구예측의 관건적인 참고지수이므로 본 책에서 열거한 예측결과는 단지 출생률의 서로 다른 가정의 조건하에 구성된 미래인구발전상황에 대한 가능성 묘사이다.

예측결과(도표 6-9)에서 볼 수 있듯이 '고' 방안, '중' 방안, '저' 방안을 막론하고 중국인구 총규모의 발전추세는 매우 뚜렷한 일치를 보인다. 1920년대부터 30년대에 이르기까지 최고치에 달한 후 바로 역사적인 하락을 시작할 것이며 각 방안이 서로 다른 것은 절대적인 수준의 구별뿐이다. '저' 방안의 최고치는 2023년에 13.78억이며 2050년에는

12.19억까지 하락하고. '중' 방안의 최고치는 2024년에 13.93억이며 2050년에는 12.53억까지 하락하고. '고' 방안의 최고치는 2026년에 14.22억이며 2050년에는 13.40억까지 하락하는 것이다.

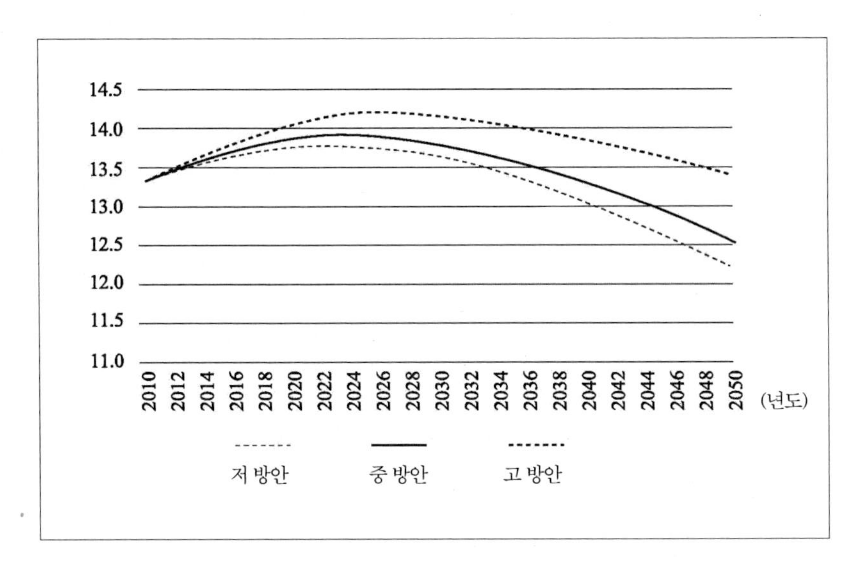

도표 6-9 예측한 총 인구 수 (2010-2050년)

물론 미래 인구규모의 하락속도는 미래출생률의 진실한 수준에 달렸다. 하지만 총 출생률이 이미 대체수준보다 낮은 위치에서 일정 기간을 지속하였고, 또한 미래에 그것이 다시 대체수준 이상으로 회복할 수 있는 가능성이 크지 않으므로 이런 인구규모의 하락추세는 예견 할 수 있는 것이다. 세 가지 방안에서 예측한 노년인구규모는 매우 밀접하므로 본 책은 '중' 방안의 예측결과만 열거하였다(도표

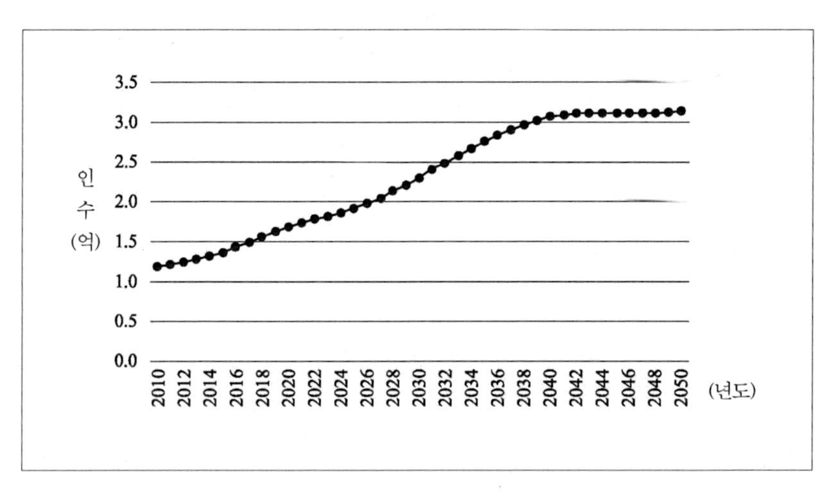

도표 6-10 중 방안에서 예측한 65세 및 이상 노년인구 수(2010-2050년)

6-10). 노년인구의 규모는 일정한 시간의 성장을 겪은 후 점차적으로 안정되고 이런 성장은 지속적으로 안정된 추세를 예견할 수 있는 것이다. 성장의 전반기는 2010~2035년간에 발생한다. 1950~1975년간 이 기간에 두 차례의 출생최고점이 형성한 방대한 출생인구는 노년인구의 대오에 잇따라 들어와서 매년 노년인구의 순 증가수가 최고치를 형성하여 노년인구의 총규모는 아주 빠르게 성장할 것이다. 성장과정의 후반기에 노년인구의 성장속도는 늦춰질 것이다. 이것은 1975년 이후 출생 최고점의 규모가 1960, 70년대의 출생 최고점과 비슷한 수준에 도달한 적이 없기 때문이다. 그에 상응하여 2035년 이후 매년 노년인구에 들어오는 규모도 2035년보다는 어느 정도 감소되고 거기에 1950, 60년대에 출생한 방대한 인구도 잇따라 사망의 단계에 들어서게 되어 있으므로 매년 노년인의 순 증가 수는 어느 정도 감소

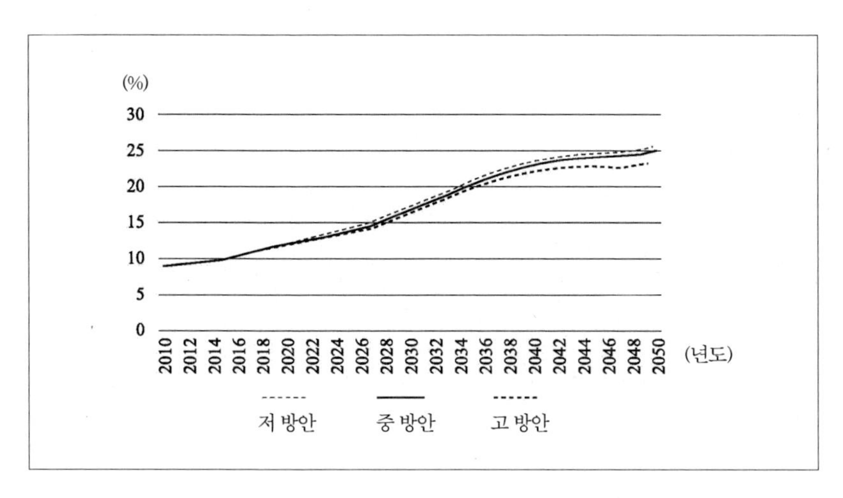

도표 6-11 예측한 중국의 65세 및 이상 노년인구비율의 변화추세(2010-2050년)

되고 노년인구의 성장속도도 늦춰 질 것이다. 예견 가능한 것은 2050년 이후에 매년 노년인구에 새로 가입되는 사람들은 모두 1990년 이후에 출생한 것이다. 1990년 이후의 출생인구에서 나타난 점차적 하락추세는 2050년 이후 노년인구에 매년 새롭게 들어서는 인구수도 점차적인 하락추세를 나타낼 것임을 대략 추산할 수 있다. 하지만 이때에는 1960,70년대 출생한 많은 인구들이 잇따라 사망의 단계에 들어서게 된다. 이렇게 매년 새롭게 증가되는 노년인구수는 사망한 노년인구수를 메울 수 없고 노년인구의 수는 점차적인 하락을 시작할 것이다. 노년인구규모의 지속적인 성장추세에 따라 노년인구의 비율도 지속적인 증가과정에 처해있어 전반기의 성장속도는 비교적 빠르지만 후반기의 성장속도는 늦춰진다(도표 6-11).

중국의 미래인구발전추세의 전망에서 볼 수 있듯이 중국인구 변화의 역사적인 단계의 완성 이후 수량문제는 이미 사람들의 통제 안에 있고 더욱 두드러진 것은 구조문제이다.

이때 중국의 인구성장은 점차적으로 멈추고 또한 역사적으로 하락하기 시작한다. 하지만 그것은 여전히 일정기간 비교적 어려운 노령화 과정에 직면하고 노령인구의 숫자이든 노령인구의 비율이든 간에 모두 빠른 성장의 시기를 겪을 것이다.

이 시기가 지나간 후 중국의 인구는 역사적인 새로운 시기를 맞이하고 인구의 숫자이든 구조이든 모두가 안정적으로 변화될 것이다. 이때의 안정과 인류발전 초기의 안정은 이미 큰 실질적인 차이가 있다.

인구의 발전은 무질서에서 질서 있게 변화하고 인류자체생산사건에 대한 태도는 수동적인 적응에서 주도적인 조절통제로 변화하였다. 어떤 의미에서 볼 때 인구변화는 중국의 인구발전을 새로운 시대에 들어서게 하였다.

3. 높은 곳에 서서 멀리 보다: 문제해결에서 사전방비로 나아가다

사회경제 발전주제의 변화와 새로운 인구문제의 발생과 미래인구형식의 변화는 모두 중국인구 변화의 길에 더욱 높은 요구를 제기하였다. 건국 이래 인구문제 해결은 중국의 사회경제 발전과정의 중요한 단어가 되어 중국인구 변화의 길도 각종 인구문제에 대응하고 처리하는 과정에서 점차적으로 틀이 갖춰지고 발전하였다. 하지만 새로운 형세는 사람들에게 앞으로 각종 인구문제를 해결하는 방면에서 더욱 주도적이고 유연하고 예측 가능성 있게 변화할 것을 요구하였다.

1950, 60년대에 사람들은 잇따라 오는 각종 인구문제에 대하여 기본적으로 '병사가 오면 장군이 막고, 물이 오면 흙으로 덮는다'는 수동적인 처리방식을 취하였다. 중국은 인구발전규율에 대하여 뚜렷한 인식이 형성되지 않았고, 인구문제에 대응하는 체계화된 정책이나 성숙한 생각이 부족하였다. 여러 차례의 인구위기를 겪은 후 중국인구발전이론 인식에 대한 심화와 인구문제를 처리하는 실천의 증가에 따라 중국은 주도적으로 인구발전과정을 간섭하고 인구의 빠른 성장을 통제하는 인구변화의 길을 형성하였다. 너무 높은 사망률과 너무 높은 출생률의 문제는 중국으로 하여금 급하게 이런 길을 탐구할 수밖에 없었다고 말할 수 있다.

사회경제 발전수준이 매우 낮았던 1970년대의 인구변화는 극에 달하여 출생률은 신속하게 매우 낮은 수준으로 하락하였으며, 경제사회의 진일보적인 발전에 양호한 인구환경을 제공하였다. 바로 이때에 출생률의 진일보적인 하락 공간은 이미 매우 작아 이에 상응하는 사회경제의 발전기초가 부족하여 중국인구 변화의 길이 중대한 좌절을 겪게 되었다. 하지만 이때 사람들은 중국인구 변화의 길에 대한 인식수준이 이미 50년대를 훨씬 초월하였으며, 그들은 여전히 기존의 발전방향을 견지하여 정책의 목표에 대하여 적시에 주동적으로 조정을 행하고 사회경제 발전이 인구변화의 진행을 계속 추진하기를 기다렸으며, 또한 적극적으로 인구변화와 경제발전의 결합점을 찾아 인구변화 길의 두 번째 비약을 이루게 하였다.

이 과정에서 어떻게 계속 효과적으로 인구출생률의 지속적인 하락을 실현할 것인가 하는 문제를 해결하는 것이 중요하지만, 중국의 인구문제 처리에 대한 숙련도와 유연성은 이미 충분하게 체현되었다.

1990년대 이후 사회경제의 발전은 출생률이 줄곧 비교적 낮은 수준을 유지하게 하여 중국은 낮은 출생수준을 안정시키는 결정을 하였으며, 인구문제는 사회주의 초급단계에서 반드시 직면해야 할 문제임을 깨달아 맹목적으로 낙관하지 않고 인구조정정책을 포기하지 않고, 또 무조건 낮을수록 좋다는 출생률을 추구하지 않았으며, 안정적인 수준을 유지하게 하였다. 이런 정확한 판단은 중국의 인구 상황에 대한 통제와 인구정책에 대한 운영이 이미 매우 성숙하였음을 설명해 준다.

21세기에 들어선 후 중국은 또다시 역사의 중요한 전환점에 섰다. 한편으로 수 십 년간의 노력은 중국경제의 쾌속성장과 인구의 효과적인 통제라는 두 가지 기적을 창조하게 하였으며, 인구 쾌속성장의 기세는 통제가 되었고, 인구의 자원 환경에 대한 부담은 완화되었다. 다른 한편으로는 인구가 많고 기초가 약하며 많은 복잡한 신구 인구문제는 여전히 존재하고, 1인당 평균자원이 상대적으로 부족한 기본국정은 여전히 변화되지 않았으며, 경제사회의 발전은 발달하지 않고 불균형한 배경에서 인구자질, 구조와 분포 등의 문제는 또 돌출되었다. 이때의 중국인구정책이 어디로 가야 할지는 이미 세계에서 주목하는 초미의 관심사가 되었다. 사람들은 세계 제일의 인구대국에서 실시한 이번의 사회실험 동향에 대하여 기대감이 넘쳤다. 여전히 어떠한 기존의 답안은 없지만 수 십 년간 인구변화의 길에 대한 탐구에서 얻은 초보적인 성공은 중국으로 하여금 계속적으로 탐구하는 발걸음을 공고히 하고 더욱 자신 있게 앞을 내다보게 하였다.

미래의 인구형세에 대한 과학적인 판단을 하기 위하여 중국은 국가인구 발전의 전략적인 연구를 전개하고, 또한 이것을 근거로 인구발전 '11.5'와 2020년 규획을 편집하여 거시적인 경제사회정책의 제정에 기초적이고 전략적인 지도를 제공하였다. 2011년에 발표한 〈중화인민공화국 국민경제와 사회발전의 제12차 5년 규회요강〉에서 중국은 계획출생기본국책을 견지한다는 전제하에 점차적으로 출생정책을 완벽히 할 것을 제기하였다.

2013년 11월 18기 3중 전회에서 통과한 〈중공중앙의 여러 개의 중대한 문제를 전면적으로 심화 개혁하는데 관한 결정〉에서 〈계획출 생의 기본국책을 견지하고 일방의 독생자 부부는 둘째 자녀를 낳을 수 있는 정책을 시행하라〉고 제기하였다.

전국곳곳에서 출생정책에 대한 연구, 토론과 실천의 열기가 뜨겁게 전개되었다. 사람들은 이미 적극적으로 미래인구에 대한 발전추세에 대하여 예측을 하였고 미래에 나타날 수 있는 문제 및 그 작용결과와 영향수준에 대하여 평가하였을 뿐만 아니라 가능한 결과에 따라 정책 시뮬레이션을 진행하여 제때에 조정하고 미리 방비하게 하였다. 이는 중국인구 변화의 길이 또 앞으로 큰 걸음을 내딛었음을 설명하며 그것은 더 이상 잇따라 오는 인구문제에 대응하기 위한 어쩔 수 없는 선택에 지쳐가는 것이 아니라 과학적인 규획, 전면적인 사고와 주도적인 사전방비였다.

제4절
소결

21세기에 들어선 후 중국의 종합적인 국력은 신속하게 강화되고 국민의 생활수준도 역사적인 약진을 실현하였다. 새로운 발전형식의 영향아래 중국의 경제발전에 대한 추구방향은 양에서 질로, 단일화에서 종합적이고 전면적으로 변화하였다. 하지만 중국은 인구의 변화과정을 완성한 이후 인구의 변화과정에서 일련의 인구문제가 발생하였고 이런 문제 중에서 어떤 것은 비교적 일찍 인구변화를 완성한 국가에서 겪었던 보편적인 문제이고, 어떤 것은 중국 특유의 문제에 속하였다.

하지만 특수한 시대배경과 국정특징은 이런 문제들이 중국에서 더욱 날카롭고 복잡하게 변하게 하였다. 이러 두 가지 방면의 원인요소의 작용아래 중국인구 변화 길의 발전방향은 또다시 변화가 발생하였고 단일화의 인구성장통제 목표에서 통합적으로 각종각색의 인구문제를 해결하는 것으로 변하여 역사적인 제3차의 비약을 실현하였다. 미래에 중국의 인구규모문제는 점차적으로 역사의 무대에서 사라질 것이고 구조문제가 새로운 초점이 될 것이다.

어려운 노령화 시기가 지나간 이후 중국은 규모와 구조가 모두 비교적 안정적인 역사의 새로운 시기를 맞이할 것이다. 발전주제의 변화, 새로운 인구문제의 출현과 미래인구 발전 형세에 대한 전망은 중국인구 변화 길의 발전방향에 단서를 제공하지 않는 것이 없었다. 이때에는 중국인구 길의 탐구도 이미 성숙되어 유연한 조정과 사전 방비로 중국인구문제를 중국 인민 자체의 독특한 방식으로 해결 하는 지혜와 자신감을 나타낼 것이다.

제7장
중국인구의 변화의 길

제1절
중국인구 변화의 주요 내용

중화인민공화국의 성립 이래 지금까지 60여 년 동안 중국은 이미 인구변화의 과정을 완성하였다. 비록 중국의 인구변화는 전 세계인구변화의 배경 하에 발생하였지만 많은 유럽과 아메리카 선진국도 이미 이 과정을 완성하였고 많은 개발도상국가도 이 과정을 겪고 있다. 하지만 시대와 국정의 특수성이 중국의 인구변화에 많은 새로운 특징을 부여하여 중국인구 변화의 길이 남다르게 보이게 하였다. 바로 이것 때문에 서방국가에서 겪은 인구의 변화과정과 인구변화 이론은 중국에 완전히 적용되지 않았다. 따라서 이것은 인구변화의 중국의 길에 대하여 개괄과 총결이 필요했다. 그렇다면 인구변화의 중국의 길은 어떤 내용을 주로 포함하였는가?

본 장에서는 세 가지 방면에서 중국인구 변화 길의 주요 내용을 연구하였다. 먼저, 발전단계의 각도에서는 중국인구 변화 길의 발전과 탐구역정을 정리하였다. 지난 세기 40년대부터 지금까지 중국인구 변화 길의 탐구는 60여 년 동안 지속되었다. 그 발전과정은 우여곡절이 많고 번잡하고 복잡하며 관련되는 사람과 사건은 더욱 많아 얼기설기

즐비하게 뒤엉켰다. 이러한 것은 발전과정을 총결하는데 나타난 관건적인 단서가 필요하고 현상을 넘어서 본질을 찾아 전체 인구변화의 길에 대한 발전과 탐구과정을 간략화, 명료화하게 했다. 다음, 실천의 각도에서는 중국인구 변화의 길에 대한 기본경험을 총결하였다. 중국의 인구의 변화과정은 많은 뚜렷한 특징이 있다. 그 중 제일 눈길을 끄는 것은 '쾌속성'과 '추월성'이다. 이는 중국이 상대적으로 낙후한 기초에서 더욱 빠른 속도로 서방국가에서 겪었던 같은 과정을 완성하였음을 의미한다. 이 '중국의 기적'은 어떻게 창조해낸 것인지 탐구할 가치가 있다. 그리하여 중국인구 변화 길의 특유한 형식과 어떤 방법을 취하였는지, 그리고 이런 방법을 취한 원인이 무엇인지, 어떤 효과를 얻었는지, 어떤 개선을 하고 어떤 경험을 얻었는지 등 각종 내용을 포함한 분석을 진행해야 한다. 마지막에 이론의 각도에서는 중국의 인구변화의 발전규율을 탐구하였다. 실천의 특수성은 이론의 창의성을 결정하고 전통적인 인구변화의 이론은 바로 서유럽의 인구변화 실천의 개괄이다.

그리하여 중국의 독특한 인구실천에 대하여 분석하고 전통적인 인구변화의 이론에 대한 인식을 심화하며 중국의 인구의 변화과정의 특유한 발전규율 및 그들 간의 관계를 탐구하여 중국화한 인구변화 이론의 형성이 필요하였다.

제2절
중국인구 변화의 기본 역정

1. 두 갈래의 발전 맥락

세계인구의 변화과정에 대해 되돌아보면 세계의 인구변화는 18세기 서유럽과 북유럽 지역에서 시작되었고 전 세계적인 범위 내에서 이에 대한 진보는 2, 3백 년의 시간이 걸렸음을 발견할 수 있다. 이 기간에 많은 국가들은 모두 유럽과 비슷한 인구의 변화과정을 겪었다. 하지만 그들이 나타낸 서로 다른 특징은 사람들에게 더욱 인상이 깊었다.

이러한 각자 다른 인구의 변화과정은 보기에 매우 번잡하고 복잡한 뚜렷한 두 개의 발전맥락이 있었다. - 현대화와 현지화. 현대화는 당시 시대발전의 상황과 특징에 서로 결합되는 발전추세를 말하고 현지화는 각국의 상황과 서로 결합한 발전추세를 말하였다('마르크스주의 중국화의 역사진행과정과 기본경험' 과제 팀, 2009).

중국인구의 변화과정 중에서도 시대특징과 구체적인 국정의 흔적이 충분히 나타났다. 경제세계화와 과학기술혁명은 이미 이 시대의 역사 표기가 되었다. 선진자본주의국가에서 주도한 세계화는 경제중심에서 점차적으로 정치, 문화와 정신영역으로 확대되었다. 정보산업을 기초로 하는 과학기술은 전무후무한 속도와 규모로 발전하고 있어 인류의 생산방식, 생활내용과 문화교류 등 각 방면에서 큰 영향을 끼쳤다. 이런 시대배경은 서방의 선진기술과 현대문화의 전파를 편리하게 하였고 특히 중국에게 더욱 빠른 경제발전과 더욱 선진적인 사망률 및 출생률을 하락하는 기술을 가져왔다.

이것은 중국이 전통적인 선진국보다 더욱 빠른 인구의 변화과정을 겪게 하였다. 중국의 인구변화가 발생한 시대에 평화와 발전은 시대의 주제이고 평화를 추구하고 발전을 도모하는 것이 이미 막을 수 없는 흐름이 되었다. 또 바로 이 시대의 주제로 볼 때 중국의 인구변화는 유럽과 아메리카의 기존의 길을 복제할 수 없게 하고 인구의 신대륙 이동과 식민지 확장을 통하여 완화하거나 바꿀 수 없었으며 인구의 쾌속성장으로 인하여 형성된 부담을 주동적인 인구규모통제의 방법으로 내부에서 부담을 감소해야 하도록 결정하였다. 중국의 인구가 많고 경제기초가 약하며 1인당 평균 자원이 적은 현실적인 국정은 중국이 유럽이나 아메리카 국가처럼 현대화를 실현한 후 인구변화가 발생하기를 기다릴 수 없을 뿐만 아니라 신흥공업화국가(지역)처럼 중공업화 전략을 취하여 인구변화의 발생을 촉진할 수도 없으며 게다가 개발도상국처럼 비교적 완화된 인구통제정책을 실행할 수도 없음을 결정하였다. 거대한 인구규모와 빈약한 경제기초간의 첨예한 모순은 이미 중국의 경제발전과 국민의 생활수준향상의 발걸음을 심하게 방해하여 중국은 기다릴 시간과 대응할 공간이 없었다. 그리하여 마침내 주도적이고 엄격한 출생통제의 길을 선택하였다.

2. 세 가지 영향의 역량

현대화와 현지화는 인구변화의 발전체계를 결정하였다. 하지만 진정으로 인구변화의 진행과정 성패와 완급에 영향을 끼치는 것은 사회경제 발전, 제도와 문화 이 세 가지의 작용력이었다. 사회경제 발전, 제도와 문화 이 세 가지 역량은 중국인구 변화의 길에 영향을 끼치는 중요한 요소다. 그것들은 중국인구 변화 길의 3개 발전단계에 연결되어 있어 시종일관 중국의 인구변화의 과정에서 큰 작용을 발휘하였다.

세계의 기타국가와 마찬가지로 사회경제의 발전이 사망률과 출생률 하락에 미치는 작용은 말을 안 해도 알 수 있다. 사회경제의 쾌속발전은 사람들의 생활의 질과 교육수준을 대폭 향상하고 신체소질과 영양상황이 크게 개선되고 의료위생기술을 빠르게 진보하게 하여 전염병 예방지식이 광범위하게 전파되게 함으로 이러한 요소들은 사망률의 신속한 하락을 초래하였다. 하지만 사회경제진보가 가져온 일자리 증가, 사람들의 교육받는 시간의 연장, 자신의 시간경제가치의 향상, 생활방식의 변화 및 가정양로기능의 약화, 전통적인 가정통제 약화와 출생기술의 진보는 출생률하락의 중요한 요소다. 더욱이 중국에서의 경제발전형세는 사람들의 인구문제에 대한 태도와 판단을 좌우했다.

건국초기 인구의 빠른 성장은 국가경제발전과 국민생활수준의 향상에 영향을 끼쳐 수 천 년간 번영의 상징으로 여겼던 인구성장은 인구문제로 되었다. '대약진' 기간에 사회주의 경제형세의 맹목적인 낙관은 인구문제에 대한 맹목적인 낙관을 초래하고. 사회주의 시장경제체제의 수립은 사람들의 인구문제해결의 의존역량에 대한 인식에 변화를 발생하게 하였다. 신세기 이래 경제성장의 중점과 방식의 변화는 사람들의 인구문제의 내적함유에 대한 인식도 진일보 확대되게 하였다.

제도의 영향 역량은 중국에서 더욱 뛰어나게 표현되었다. 거시적인 차원에서 살펴보면 사회주의제도의 우월성과 거대한 동원력은 건국초기 사망률의 신속한 하락을 보장하였다. 하지만 사회주의 복지제도는 출생률을 높은 수준에 유지하게 한 중요한 원인 중의 하나 였다. 그 후 사람들에 대한 엄격한 계획출생정책과 계획경제체제의 강력한 구속력의 작용 하에 중국의 출생률은 사회경제수준이 비교적 낙후한 조건에서도 여전히 신속한 하락을 실현하는 세계인구발전사의 기적을 창조하였다. 미시적인 차원에서 살펴보면 계획을 확정하고 책임을 명확히 하며 온라인을 구축하고 홍보교육 등의 구체적인 많은 정책과 조치는 인구조정과정에서 거대한 작용을 발휘하였다.

중국에서 문화의 역량도 얕잡아 볼 수 없다. 바로 중국 문화전통 에서의 강렬한 애국정신, 집단이익에 대한 존중태도, '천하의 흥망에 모두 책임이 있다'는 책임의식과 역경 중에 분발하는 강인한 의지는 중국의 인구사망률과 출생률이 빠르게 하락하는 과정의 실현을 보장하였다.

하지만 중국 문화전통 중에는 원래 살던 곳에서 쉽게 떠나려 하지 않는 것과 아들을 키워 노후를 방비하며 대를 잇는 등 농업사회의 전통적인 관념의 영향을 받아 노령화를 포함한 일부 세계인구 변화중 보편적으로 부딪치는 문제는 중국에서 더욱 첨예하고 복잡하게 표현되었다. 하지만 출생 성별비율 의 균형을 잃은 것을 포함한 세계

인구의 변화과정에서 나타나지 않은 문제도 중국에서 터졌다.

3. 세 차례의 관건적인 전환

중국의 인구의 변화과정은 세 차례의 관건적인 전환을 겪었다. 첫 번째 관건적인 전환은 신 중국 성립초기에 발생하였높은 사망률의 신속한 하락은 중국인구 변화 길의 서막을 열었다. 이전에 중국의 인구는 줄곧 시대의 흥망대체에 따라 증감하는 역사 윤회에 처해있어 기복의 변화가 크고 또한 완만한 파도형의 성장과정을 나타냈다. 특히 1840년 아편전쟁이후 중국 인민은 줄곧 도탄 속에 처해있어 발병율과 사망률이 모두 매우 높았다.

신 중국 성립이후 중국의 가난과 약함은 철저하게 변화하였고 국민의 생활수준도 천지개벽의 변화를 거쳤으며 특히 당과 정부의 인민 군중의 신체건강업무에 대한 중시는 중국인구의 사망률을 빠르게 하락시켰으며 또한 이런 추세는 장기간 유지되었다. 이는 중국의 인 구 변화가 전면적으로 가동되고 중국은 현대 인구발전의 새 시대에 들어섰음을 상징한다.

두 번째 관건적인 전환은 1970년대에 발생하였다. 강력한 계획출생 정책의 직접적인 작용 아래에서 출생률은 빠르고 지속적인 하락을 했고 인구의 출생률은 1968년의 35.8%에서 1978년에는 18%까지 지속적으로 하락하였으며 순 증가수가 1960년대의 높은 곳에서 떨어지지 않는 상황에서 점차적으로 하락하는 역사적인 추세를 나타내어 1968년의

2,121만에서 1978년의 1,147만으로 빠르게 하락하였다. 사망률의 빠른 하락이후 출생률의 빠른 변화는 인구의 변화과정을 더욱 빠르게 함으로써 중국인구의 재생산유형이 현대유형으로 변화하기 시작 하였음을 상징한다.

세 번째 관적적인 전환은 20세기 말에 발생하였다. 저 출생수준으로 발전추세가 안정되고 이는 중국인구 변화의 길이 초보적인 성공을 얻었음을 상징하였다. 1980년대의 엄격한 '한 자녀' 정책의 실패와 이후 출생수준의 반등을 겪은 후 90년대에 이르러 중국인구 변화의 길은 끝내 개혁개방성과가 처음 나타나는 유리한 시기를 맞이하였다. 사회경제 발전과 계획출생정책의 역량의 작용아래 출생수준은 대체수준이하까지 하락하였으며 또한 안정을 유지하였다. 이는 중국 인구성장이 이미 방향성의 변화가 발생하였음을 의미하고 또한 저 출생수준이 지속되면 인구성장은 결국 멈출 것이며 심지어 감소할 가능성이 있다. 이는 중국인구 변화의 길이 끝내 초보적인 승리를 거두었음을 상징한다.

4. 세 차례의 역사적인 비약

탐구과정에서 중국인구 변화의 길은 세 차례의 역사적인 비약을 겪었다. 수동적으로 인구문제를 해결하는데서 주도적으로 인구발 전과 정을 간섭하고 단순한 교육과 군중동원을 통한 단일화 돌진과 사회경제 발전의 조건에서 인구정책을 통하여 인구변화의 빠른 완성을 촉진하는 병렬방법과 단일한 인구성장통제에서 통합적으로 각종 인구문제를 해결하는 것으로 변화되었다.

건국초기 중국은 각종 일들이 방치되어 시행되기만을 기다리고 있어서 인구이론과 인구정책방면도 모두 공백의 상태였다. 1949년 중화인민공화국 성립부터 1978년 11기 3중전회가 개최되는 이 시기 사이에는 네 차례의 인구위기가 발생하였다. (1) 건국초기에 전국 인구의 발병률과 사망률이 모두 비교적 높아졌던 것, (2) 50년대에 인구의 빠른 성장이 경제발전과 국민생활에 부담을 가져온 것, (3) '대약진'과 심각한 3년의 고난시기에 인구사상 동요의 통제와 천재지변이 인구와 자연환경의 모순을 격화한 것, 그리고 (4) '문화혁명'기간 동안의 업무정체가 인구와 사회경제 자원환경의 모순을 다시 돌출시킨 것이다. 이 네 가지 인구위기를 직면하고 처 리하는 과정에서 사람들은 중국인구문제의 규율과 인식을 심화하고 점차 주동적으로 인구과속성장을 통제하는 태도를 명확히 하였고 인 구정책체계를 준비하고 구축하기 시작하였다. 이는 중국인구 변화 길의 첫 번째 역사적인 비약이었다.

두 번째 역사적인 비약은 개혁개방이후 발생하였다. 현대화 실현의 절박한 요구와 지난 시기 거둔 인구정책의 승리는 중국의 인구정책을 끊임없이 긴축하게 하였다. 강력한 저항을 받은 후 사람들은 단지 행정명령과 군중동원을 의지한 업무방식에 대하여 반성과 시정을 하였으며 종합적으로 인구문제를 처리하는 방법을 취하고 사회경제의 발전 중 인구변화의 실현을 촉진하였으며 정책의 사회반응과 집행 효과가 모두 대폭 향상되어 중국인구 변화 길의 두 번째 비약을 실현하였다.

이 시기에 중국인구 변화의 길은 두 차례 '조정'과 두 차례의 '안정'을 겪었다. 두 차례의 '조정'은 현대화 목표를 실현하는 인구정책의 점차적인 긴축이었던 '한 자녀'정책이 저항을 받은 후에 생겨난 정책 조정과 90년대의 사회경제진보가 인구변화에 미치는 영향이 점차적으로 증가하여 사람들의 인구변화를 촉진하는 의지역량과 방법수단에 대하여 진행한 조정을 이야기 하였다. 두 차례의 '안정'은 1980년대 출생률 반등시기와 90년대 개혁개방이 처음 성과를 나타내고 사회경제가 출생률을 추진하는 효과가 초보적으로 나타낼 때에 당과 정부는 시대발전특징과 세상물정과 국정에 대하여 분명한 인식과 정확한 판단을 유지하고 중국인구 변화의 길에 있어 좌절을 당했다고 대충 끝내버리지도 않았고 처음 맛본 승리로 인하여 뒤로 물러나지도 않았으며 시종일관 정확한 방향을 견지하였다. 이는 중국의 인구변화의 점차적인 성숙을 나타냈다.

21세기에 들어선 후 과학발전관의 지도하에 중국의 경제발전의 목표는 양에서 질로 바뀌고 단일화에서 전면적으로 바뀌었으며. 중국의 특유한 인구의 변화과정과 중국의 독특한 경제발전과정은 상호 작용하여 일련의 복잡한 인구문제를 파생시켰다. 미래의 인구변화 추세를 전망하고 인구수에 대한 문제는 더 이상 문제의 주요방면이 되지 않았다. 하지만 구조문제가 점차적으로 나타나기 시작하였다. 이 몇 가지 방면요소의 공통 작용은 중국인구 변화 길의 발전방향을 바꾸고 인구성장통제와 같은 단일화 된 방법을 통해 목표를 달성하는 것에서 통합적으로 각종 인구문제를 해결하고 인구의 균형적인 발전 목표를 실현하는 것으로 바뀌어 세 번째의 역사적인 비약을 실현하 였다.

5. 세 가지 문제에 대한 대답

20세기 중엽 중국은 사회주의 길을 건설하는 탐구를 시작함과 동시에 중국인구 변화의 길에 대한 탐구도 시작하였다. 마르크스주의의 영향력 있는 이론에서는 사회주의 조건하에서의 인구의 발전규율에 대하여 명확하고 상세한 논술이 없었다. 이미 탐구과정에서 중국은 구체적으로 소련의 땅이 넓고 인구가 적은 상황으로 중국과 큰 차이가 있음을 인식하였다.

그리하여 중국의 인구문제해결은 반드시 중국 자체의 국정에 부합되는 길을 찾아야 했다. 비록 탐구과정에서 어려움과 반복이 많았지만 인구문제해결의 실천의 발전과 중국인구 변화규율에 대한 인식의 심화에 따라 사람들의 인구과속성장통제의 태도는 갈수록 명확해지고 인구조정을 진행하는 목적에 대한 인식도 갈수록 뚜렷해졌으며 인구정책의 체계도 갈수록 완벽해졌다. 어떤 의미에서 말하면 중국인구 변화 길의 탐구사에 대해서는, '인구통제를 진행해야 할 것인지?'와 '인구통제를 진행하는 목적은 무엇인가?'와 '어떻게 인구과속성장을 통제할 것인가?'하는 이 세 가지 문제에 대한 대답이다.

인구조정을 진행해야 할 것인가에 대한 문제는 쟁론에서 반복으로 마지막에는 찬성하는 태도가 점차 명확해지는 과정을 겪었다. 1950년대 인구의 신속한 성장의 현실은 사람들의 인구조정을 진행해야 할 것인지에 대한 쟁론을 일으켰다. 험준한 현실은 중국이 주도적으로 인구조정을 진행하도록 하는 선택을 하게 하였다. '대약진' 시기에는 사회주의건설이 거둔 큰 성취와 주관적이고 능동적인 사람들의 과대평가가 인구성장을 격려하는 사상을 우세하게 함으로써 경제와 인구에 모두 큰 손실을 가져왔으나 다른 일면에서는 사람들로 하여금 인구통제의 중요성을 인식하게 하였다.

'문화혁명'시기에 인구 업무의 정체는 인구와 사회경제 자원 환경의 모순을 대대적으로 폭발하게 하여 사람들은 인구통제에 대해 더욱 찬성하는 태도를 확고히 하였다. 이후 개혁개방과 현대화 건설의 물결 중에서나 새 시기의 인구가 저 출생수준의 발전단계에 들어선 이후에도 중국의 인구조정을 진행해야 하는지에 대한 태도는 시종일관 같았다. 그것은 바로 주도적으로 인구과속성장을 통제하고 저 출생수준을 안정시키는 것이다. 계획출생정책을 실행하고 인구과속성장을 통제하는 것은 심지어는 중국의 기본 국책이 되었다.

인구조정의 목적에 관한 문제는 국가와 민족의 장기적인 이익을 실현하는 데에서 현대화 건설의 순조로운 진행과 국민의 생활수준 향상을 보장하는 것으로 다시 지속가능한 발전과 사람의 전면적 발전을 실현하는 과정을 겪었다.

개혁개방 전에 중국은 인구조정을 진행하는 목적에 대한 대답에 마르크스의 '두 가지 생산이론'을 인용하여 지도사상으로 하였으며 물질재생산과 인구재생산의 통일을 실현하고 국가경제성장의 부담을 완화하며 따라서 국가와 민족의 장기적인 이익을 실현하기 위함이었다. 개혁개방시기에 들어선 이후 중국은 '국가와 민족의 장기적인 이익'을 현대화 건설의 승리적인 완성을 보장하는 것으로 구체화하여 1인당 평균개념을 운용하여 경제발전과 인구성장을 더욱 밀접하게 연결하였으며, 또한 인구통제를 진행하는 목적은 국가부강을 실현할 뿐만 아니라 국민의 생활수준을 더욱 향상되게 한다고 보충하였다. 신세기에 들어선 후 인구통제의 목적은 계속 확대되고 승화 되었고 인구와 자원 환경의 지속가능한 발전과 사람의 전면적인 발전을 실현하는 수준까지 향상되어 더욱 넓은 시각으로 사람과 객관적인 세계의 관계문제를 인식할 뿐만 아니라 국가이익과 국민이익의 통일을 실현하였다.

인구조정문제를 어떻게 진행해야 하는지에 대한 문제는 인구조정수단이 끊임없이 확장되고 인구조정의 내용이 끊임없이 풍부해지는 과정을 겪었다. 최초 인구조정을 실행하는 과정에서 당시의 계획경제체제와 서로 도와가며 중국이 취한 것은 계획을 제정하고 홍보 를 동원하는 방법이었다. 국가적인 차원에서 인구발전계획을 제정하고 가정차원에서 점차적으로 출생 수에 대한 요구를 형성하였으며 군중에 대한 광범위한 홍보와 교육을 통하여 그들이 국가와 민족의 이익을 위하여 자각적으로 출생을 제한할 수 있도록 격려하였다.

개혁개방 이후 이런 방법의 작용은 이미 극치까지 발휘되었으며, 또한 사회경제의 발전수준과 부합되지 않아 인구조정방법의 개혁도 눈앞에 닥쳤다. 사람들은 개혁개방의 방향과 결합하여 법률, 행정과 경제수단을 종합적으로 운용하여 사람들이 가난에서 벗어나 부자가 되는 것과 행복한 생활을 추구하는 소원과 계획출생의 요구를 결합하여 사회경제의 진보를 통하여 인구변화의 완성을 추진하고 양호한 효과를 얻었다. 신세기에 들어선 후 날이 갈수록 복잡해지는 인구문제 앞에서 양에서 질적인 변화를 추구하는 경제발전목표와 호응하여 중국인구조정의 내용은 끊임없이 확장되고 더 이상 인구수의 경제효과만 주시하는 게 아니라 인구변화의 질의 문제와 인구변화가 사회, 문화, 자원 환경에 대한 종합적인 효과를 중시하였다. 인구의 자질이 향상되었는지, 구조가 균형을 이루었는지. 분포가 합리적인지, 자연 환경과의 관계가 조화로운지 등 일련의 문제를 포함했다. 수단이 다양하고 내용이 풍부한 종합적인 다스림과 통합적으로 인구문제를 해결하는 길이 점차적으로 형성되고 있었다.

제3절
중국인구 변화의 기본 경험

오늘 날 60여 년 동안에 걸친 중국의 인구발전의 역사를 되짚어 볼 때, 중국은 이미 인구변화를 완성하였으며 또한 중국특색이 있는 인구변화의 길을 걸어 왔다고 자랑스럽게 선포할 수 있다. 중국은 60년이 안 되는 시간에 사회경제 발전수준이 아직 비교적 낙후한 조건에서 인구변화의 과정을 완성하여 개발도상국에 비해서도 뛰어날 뿐만 아니라 그 속도와 난이도도 선진국과 비교할 수가 없다.

과연 무엇이 수십 년 동안의 지속적이고 빠른 경제발전과 비교할 수 있는 이러한 '중국의 기적'을 만들어 냈는가? 많은 사람들은 이 공로를 강력한 국가정책의 간섭으로 돌렸다. 하지만 국가출생정책의 간섭은 중국에만 국한된 것이 아니고 이렇게 사람들의 주목을 받고 성적을 거둔 나라도 많지 않다. 그러므로 중국인구 변화 길의 성공을 촉진한 요소는 오직 '간섭성'만으로 설명하기에는 간단하지 않다. 관건은 중국이 인구정책을 실시하는 배경, 조치와 과정에도 있다. 이런 요소들에서 중국은 인구변화의 '중국 형식'을 만들어 낸 기본경험을 찾을 수 있다.

1. 사회주의 제도의 특수역량

사회주의 국가의 특성은 국가의 근본적인 이익과 국민의 근본적인 이익의 높은 일치성을 보장하였다. 기타 일부 국가에서는 서로 다른 당파와 정치집단 간에 서로 다른 이익의 호소가 존재한다. 이러한 조건 하에 많은 국가와 국민 모두에게 이로운 정책은 각 당파와 정치집단간의 견제로 인하여 순조롭게 통과할 수 없거나 집행할 수 없었다.

설령 집행이 된다해도 각종 역량이 상호싸움과 타협으로 인하여 정책의 최초목표와 집행효과를 바꾸어 버렸다. 하지만 중국은 이런 상황이 존재하지 않았다. 국가의 근본이익과 국민의 근본이익은 일치하고 장기적인 각도에서 볼 때 국가에 유익한 일은 인민에게도 유익한 것이었다. 계획출생정책은 인구의 과속성장이 사회경제에 초래한 거대한 압력을 완화시키고 국가경제의 신속한 발전을 이루었으며 국민생활수준이 가난에서 소강으로 비약을 실현하게 하고 전체 국가와 민족의 미래발전에 대해서도 틀림없이 유익한 것이었다.

비록 그것은 각 가정이 이를 위하여 일정한 희생이 확실히 필요하고 일부 원했던 출생을 실현할 수가 없고 이런 가정 이후의 양로문제에 어려움을 가져오기도 하지만 그것은 국가의 근본이익에 대한 채산성이 국민의 근본이익에 대한 채산성을 결정하였다. 그러므로 필연코 국민들의 선택을 받은 것이다. 결국 계획출생정책은 중국의 기본국책이 되고 또한 '헌법'에 기재되어 전국 인민의 공통적인 의지의 체현임을 충분히 설명하였다.

비록 서로 다른 의견이 존재하지만 계획출생정책은 결국 전 중국에서 수 십 년을 실행하였다. 만약 전 국민의 지지와 협조가 없었다면 이는 지금까지 견지 할 수 없었을 것이다.

사회주의 국가특성은 인민의 이익이 국가 각항 활동의 첫 번째 목표임을 결정하고 인민생활과 직접적으로 연관되는 각항의 업무는 높은 관심과 우선적인 보장을 받았다. 건국 초기의 옛 중국에 남겨진 각종 전염병과 기생충병은 인민군중의 생명건강과 안전을 심각하게 위협하였다.

그리하여 모든 것이 방치되고 새롭게 시행되기만을 기다리던 배경 아래에서도 이 문제는 여전히 당과 정책의 높은 관심을 받고 각급 당위의 의사일정에 포함되었을 뿐만 아니라 광범위한 사회자원과 사회역량을 동원하여 우선적으로 처리하여 단시간 내에 중국의 사망률의 신속한 하락을 보장하였다. 중국의 현대화 수준이 비교적 낮은 상황에서도 일부 인민의 절실한 이익에 관계되는 사회개혁은 오히려 앞서서 걸었다. 예를 들어 교육보급, 취업범위확대, 여자의 평등지위 보장 등 이런 방면의 진보는 모두 출생률의 하락을 유력하게 촉진하였다.

사회주의제도의 공공자원에 대한 거대하고 효과적인 조절역량과 사회주의 계획경제체제의 사람에 대한 구속과 제한은 정책의 집행력을 크게 강화하여 단기간 내에 사망률과 출생률의 하락실현에 대하여 큰 공헌을 하였다. 인구발전의 목표는 사회주의 조건에서 국민경제계획 에 포함되어 거시적인 차원에서 국가의 기타 방면의 업무와 협조를 얻어 계획성 있게 절차대로 진행되었다.

또한 정부의 통일적인 지도 아래에서 위생, 공안, 민정, 통계, 재정 등 각 부문을 광범위하게 동원하고 공회, 상회, 부녀자연합, 공청단 등 각 사회단체가 협조하고 참여하였다. 사회주의발전 초기계획경제의 체제는 사람들로 하여금 일, 생활, 학업 등 각항 활동과 먹고 입고 쓰고 살고 행하는 등의 각 방면을 모두 국가와 단체에 심각하게 의지하게 하였으며 또 일정한 정도에서 국가가 사람들의 출생행위에 대한 감독능력과 출생정책을 위반하는 행위에 대한 처벌능력을 강화하여 객관적으로 정책집행의 효과를 보장하였다.

2. 완전한 네트워크와 광범위한 홍보교육

중국은 계획출생업무를 전문적으로 책임지는 부서가 있다. 또한 중앙, 성, 지(시), 현, 향(가도), 촌, 촌민소조 등 전국에 많은 단위로 구성한 네트워크 체계를 구축하였다. 중앙기구방면에서 1950년대의 위생부는 벌써 절제출생업무를 관리하고 70년대에 이르러서는 국무원 계획출생영도소조를 설립하여 전국 계획출생업무의 홍보와 지도, 약품공급과 연구교류들을 협조하였다. 1981년에는 국가계획출생위원회를 설립하여 전국의 계획출생업무를 통일적으로 관리하였다(2003년에 국가인구와 계획출생위원회로 개명). 지방기구방면에서 50년대 이래 끊임없는 발전과 개혁을 겪어 이미 완전한 행정관리 네트워크를 형성하여 성급, 지(시), 현(시, 구)급, 향(진)급 가도는 촌, 주민위원회와 기업과 사업단위까지 뻗어나갔다.

전쟁 후 아시아의 많은 국가들은 모두 국가적인 출생하락정책을 취하였지만 많은 곳에서 모두 공통적인 문제가 존재하였다.

그것은 바로 계획출생의 자원분포가 매우 불균형하여 사람들은 이런 자원을 얻을 평등한 기회가 없었으며 정책이 군중을 커버하는 비율이 비교적 낮았다. 그리하여 정책의 효과에 영향을 끼쳤다(United Nations, 1982). 이런 국가의 계획출생정책의 커버 면적이 크지 않은 주요원인은 엄밀하고 완전한 네트워크 체계가 아직 부족하기 때문이었다. 예를 들어 인도는 세계에서 최초로 가정계획을 실행한 나라였다. 하지만 정신이 통일되지 않고 행정관리시스템이 약하여 효과가 아주 미약하였다. 태국의 민간조직은 가정계획실시방면에서 일정한 효과를 보았지만 중국에 훨씬 못 미쳤다. 왜냐하면 민간조직은 행정조직의 역량과 비교할 때 정책실시의 범위와 강도 등의 방면에서 모두 훨씬 뒤떨어져 있기 때문이었다(류홍핑, 1996). 중국에서의 완전한 네트워크는 계획출생정책의 홍보, 계획출생지식의 전파, 무료 도구와 의료서비스의 제공을 빠르고 효과적으로 모든 사람들에게 빠짐없이 전달되게 보장하고 사람들에게 정책목표의 전면적인 이해를 보장하였다. 이는 출생률의 하락에 커다란 추진 작용을 하였다.

홍보교육은 당이 일관적으로 매우 중시한 업무방법으로 군중문화와 사상소질이 아직 보편적으로 낮은 상황에서 그것은 광범위한 인민 군중을 효과적으로 인도하고 단결하여 당의 노선, 방침, 정책을 이해하고 받아들일 수 있도록 하였으며 또한 이를 위하여 함께 노력하고 분투하여 중국 혁명전쟁의 승리를 위해서 혁혁한 공로를 세웠다. 신 중국 건립초기 사람들은 금방 반식민지 반봉건사회를 벗어나 문화자질이 낮고 사상이 비교적 낙후하며 현대위생지식이 부족하고 출생문제를 토론하는데 더욱 부끄러워하였다.

이러한 기초에서 절제출생과 계획출생업무를 전개하는 어려움은 가히 짐작할 수 있었다. 그리하여 홍보교육은 사람들의 자각적인 출생 제한을 재촉하고 출생률 하락을 추진하는 중요한 수단이 되었다. 신중국의 수 십 년 인구발전의 과정에서 홍보교육업무는 시종 끊임 없이 전개하고 홍보담당자는 자신의 간부와 대중매체와 사회 조직을 이용하여 서적, 신문, 전시, 매체, 영화드라마, 공연, 벽보표어, 전문적인 교육, 위문방문 등의 각종 홍보수단을 취하여 중국의 기본국 정, 기본국책, 인구이론, 계획출생정책법률법규와 출생과 관련된 과학 지식에 대하여 광범위한 홍보를 진행하였다.

이런 융단식의 홍보는 전체 국민자질이 세계 선진국과 일정한 거리가 있는 조건 아래에서도 계획출생방면의 소양과 지식수준은 오히려 비교적 보편적으로 높아 이는 오스트리아 국민의 음악소양과 감상수준처럼 세계에서 독보적이었다. 지금의 중국은 계획출생이 이미 귀에 익어 자세히 말할 수 있고 부녀자와 아이가 모두 아는 단어가 되었으며 국가의 출생통제정책은 사람들의 마음에 깊이 박히고 사람들 생활의 각 방면과 각 화제에 확장되어 사람들은 출생과 성에 대한 태도도 더욱 편안하게 개방되었다. 계획출생의 홍보교육업무는 이런 발전과 변화의 과정에서 중요한 추진 작용을 하였다.

3. 엘리트층의 시범작용과 희생정신

중국의 계획출생업무에서 각급 간부, 당원과 단원을 포함한 엘리트층은 항상 제일 앞장섰다. 그들의 실제행동은 계획출생업무의 보급에 양호한 시범작용을 하였다. 이런 시범작용은 세 가지 측면에서 체현되었다.

첫째, 제도설계측면에서 엘리트층이 받은 계획출생정책의 제약은 더욱 많이 컸다. 중국의 출생정책에서 당원과 간부는 줄곧 어떠한 특권과 예외가 없었고 심지어 일반 군중보다 더욱 엄격한 출생정책을 집행해야 했고 정책을 위반 시에 받는 처벌과 지불해야 할 대가도 일반 군중보다 더욱 무거웠다고 말할 수 있다. '고르게 분배되지 않으면 걱정하는' 문화전통의 영향을 깊게 받은 중국이라는 나라에서 엘리트층의 시범작용은 엄격한 출생정책을 실시하는데 있어 그 길을 평탄하게 깔아주었다.

둘째, 정책집행측면에서 엘리트층은 앞서서 계획출생정책을 집행하여야 했다. 1950년대 많은 지도 간부들은 앞서서 피임조치를 하고 산아제한 조치를 받아 피임 산아제한 업무의 전개를 이끌어나갔다. 예를 들어 산둥성 원덩현에서 20여 명의 당원, 간부는 앞서서 남성 임신중절수술을 하여 군중들의 우려를 깨고 전현의 산아제한 업무를 순조롭게 진행하였고 전국에서 앞장섰다(국가인구와 계획출생위원회, 2007). 1980년 중앙은 공산당원과 공청단원에게 공개서신을 쓰는 형식을 취하여 진일보 출생정책을 긴축하였으며 그들을 통하여 출생문제에서 당의 호소에 호응하고 주변 군중에게 사상공작을 잘할 수 있기를 희망하였다.

셋째, 정책보급측면에서 엘리트층은 또 홍보와 군중교육을 책임져야 했다. 계획출생업무에서 홍보교육의 작용은 계속 강조되고 또한 최대한 발휘시켜 계획출생업무가 거대한 성공을 거두게 하였다. 중국에서 이런 홍보교육을 실시하는 주체는 바로 엘리트층이었다.

많은 간부당원의 시범작용을 본 것 외에 중국의 인구변화를 추진하는 과정에서의 당과 정부의 희생은 더욱 살펴보아야 한다. 인구변화를 실현하는 길은 다양하다. 당시 중국 사람들 앞에 놓여 진 길이 다양해도 당과 정부는 제일 어렵고 제일 힘든 길을 선택하였다.

비록 그것이 국가와 민족에게는 제일 유익한 것이지만 국가가 직접적으로 정책을 이용하여 백성의 출생수와 간격에 대하여 규정을 하는 것은 확실히 매우 위험한 행위였다. 노예제사회 이후 출생행위는 중국의 수 천 년 문화전통에서 모두 사적인 일이었다. 비록 많은 농민들이 줄곧 지주의 압박과 착취 아래에 처해있었지만 출생영역의 자유는 간섭을 받지 않았다. 출생통제는 중국의 전통에 부합되지 않을 뿐만 아니라 국제사회의 비난과 압력을 직면해야 했다.

사실 그것은 당과 군중, 간부와 군중의 관계를 긴장시키고 당과 정부가 수 십 년간 피를 흘리며 싸우고 고생하며 구축한 기초에서 양성한 집권기초도 약화되었으며 심지어 당과 정부의 지위가 동요될 수 있는 위험도 감수해야 하는 것을 증명하였다. 반대로 만약 인구를 통제하지 않거나 또는 비교적 완화한 정책을 취하였다면 비록 국가와 민족이 어려움을 겪고 발전이 좀 느리며 국민생활수준이 낮았지만 당과 정부에게는 비평과 책망이 많이 감소했을 것이며 매우 안전한 선택이고 또 세계의 대다수 정당의 선택이었을 것이다.

중국의 선택은 모든 일부 계급의 자체이익을 중심으로 한 자산계급정당을 뒷걸음치게 하는 것이었다. 그러므로 오직 광범위한 인민군중의 이익을 대표로 하는 정당과 매우 견고하고 양호한 군중의 기초를 가진 정권만이 이런 사심 없는 선택을 할 수 있고 이런 선택을 할 수 있는 용기와 박력이 있는 것이다.

4. 군중을 충분히 의지하고 그들의 책임감과 능동성을 불러일으키다

군중노선은 중국공산당이 혁명전쟁승리와 사회주의 개조 및 승리를 거두는 중요한 열쇠이다. 인구변화의 과정에서 당과 정부는 여전히 '군중에서 오고 군중으로 간다'는 업무방침을 견지하고 인민군중의 힘을 충분히 믿고 의지하며 최대한 그들의 적극성과 창조성을 불러일으켜 매우 어려운 조건에서 사망률과 출생률의 빠른 하락을 실현하는데 관건적인 작용을 하였다.

중화민족은 수 천 년의 유구한 역사를 가지고 있어 전통문화에 대한 사람들의 영향은 매우 깊었다. 그중 적극적인 요소가 있을 뿐만 아니라 소극적인 요소도 있었다. 어떻게 전통문화의 적극적인 요소를 발굴하고 이용하여 중국인구 변화의 과정을 추진할 것인가는 매우 중요한 문제가 되었다. 전통유가사상의 영향을 받은 중국 사람은 국가에 충성하고 애국의식이 강하며 또한 단체의 이익이 존중을 받고 충과 효를 모두 할 수 없는 상황에서 충이 격려를 받는다. 중국 사람은 '천하의 흥망에 모두 책임 있다'는 세속에 얽매인 감성과 과감히 담당하는 책임의식이 있다.

중국 사람은 또 비교적 강한 인내력과 내구력이 있어 고생과 어려움을 참을 수 있다(류홍핑, 1996. 로즈. 머피, 2010). 항일전쟁, 해방전쟁시기 및 사회주의 개조와 건설시기에 중국 인민의 그러한 농후한 애국정신과 단체이익에 대한 존중과 국가발전에 대한 책임감과 역경 중에서 분발하는 의지력은 모두 최대한도로 체현되었다. 이것은 적과의 힘이 매우 현저한 상황에서 중국을 도와 전쟁의 승리를 거두고 매우 어려운 조건에서 빠르게 전쟁 후의 전면적인 회복과 사회주의 제도를 설립하게 하였다.

이후 군중의 애국열정과 책임의식을 불러일으키는 업무방식은 신속하게 인구영역에 응용되었다. 군중애국위생운동이나 계획출생업무의 전개나 모두 방법은 다르지만 효과는 같았다. 즉 인구문제를 국가존망, 민족흥망에 관계되는 수준까지 높여 전 국민이 행동하여 자신의 행동으로 국가의 위기상태를 바꾸도록 요구하였다. 실천이 증명하듯이 이런 방법은 확실히 단기간에 광범위한 사회역량을 동원하여 사망률과 출생률의 빠른 하락에 큰 공헌을 하였다.

제4절
중국인구 변화의 발전 규칙

1. 현대화와 현지화는 인구변화 이론의 두 가지 발전추세이다

인구변화 이론은 인구발전과정에서 어떤 단계의 역사 규율과 추세에 대한 과학적인 파악이다. 하지만 그것은 절대로 시간을 넘어 공간을 초월하는 영원불변한 교리가 아니다. 몇 세기 이래 인구변화 이론은 시간과 공간의 변화에 따라 앞으로 발전하였고 현대화와 현지화의 실천에서 끊임없이 자신을 풍부하게 하였다. 이것은 인구변화 이론에 생명력이 존재한다는 것이다.

세계인구 변화의 과정은 어느 하나도 현대화와 현지화 이 두 가지 발전맥락의 흔적을 나타내지 않은 게 없다. 유럽은 인구변화의 선행지역으로써 인구의 변화과정이 겪은 시간이 비교적 길고 전체 과정은 매우 부드러웠으며 사망률이나 출생률이든 자연성장률이든 변화가 모두 매우 느려 이는 바로 시대특징과 구체적인 국정의 체현 이었다.

19세기 중기 영양상황의 개선이든 의료기술의 진보든 그 과정은 모두 매우 느려 유럽의 사망률 하락의 변동성은 점진적으로 초래되었다. 또

유럽인구변화 전에는 결혼률이 비교적 낮아 혼인통제단계 과도작용의 특징 및 18, 19세기 피임기술의 성숙과 확산의 과정을 겪었기에 유럽의 출생률 하락과정은 길고 부드럽게 나타났다. 유럽지역의 해외 식민지국가는 인구의 변화과정에서 강렬한 이민특징을 나타냈다. 열악한 조건의 선택을 통해 생존한 인구는 더욱 높은 신체자질을 가지고 있고 거기에다가 느슨한 사회 환경이 더하여져 이런 지역에서의 인구변화 전의 출생률은 더욱 높았다. 하지만 이런 지역에서의 비슷한 변화시간, 과학수준과 문화배경은 인구의 변화과정에서의 사망률과 출생률이 매우 빠르게 유럽국가와 비슷한 수준까지 도달하게 하였다.

일본과 신흥 공업화국가(지역)는 비록 모두 신흥 선진국(지역)에 속하지만 시대발전의 특징에서 그들의 인구의 변화과정은 전통적인 선진국보다 뚜렷하게 빨랐다.

이는 두 차례 세계전쟁기간 동안의 기술진보와 사회개혁에 도움이 되었높은 사망률과 출생률의 하락속도를 가속화하였다. 이런 지역에서 먹고 마시는 구조, 혼인출생형식과 공업화 쾌속과정 등의 지역특색은 그들의 인구변화의 과정을 유럽보다 빠르게 하였다.

마찬가지로 많은 개발도상국의 인구의 변화과정은 시대특징과 각국의 특색을 나타냈다. 시대배경과 식민경력의 비슷한 점은 그들이 빠르게 서방의 선진기술과 위생지식을 흡수하게 하였기에 선진국보다 더욱 빠르게 순조로운 사망률하락과정을 겪었다. 평화와 발전은 전쟁 후 세계의 주요주제가 되었다. 개발도상국의 경제는 전쟁 후 점차적으로 회복과 발전을 하고 현대화 과정이 가동되었으며 출생률이 먼저 오르고 나중에는 하락하는 공통적인 추세가 나타났다. 출생률에 영향을 끼치는 요소는 복잡하고 다양하다. 사회경제 발전수준, 정책제도와 문화전통의 각 방면을 포함한다. 그들은 보다 큰 수준에서 각 나라의 현지화 특색의 체현이며 이는 또 서로 다른 개발도상국의 출생률의 하락속도와 수준방면에서 큰 차이가 존재하는 원인이기도 하다. 중국의 인구의 변화과정에서 현대화와 현지화의 발전추세는 처음부터 끝까지 연결되어 있어 진일보된 검증을 얻었다.

인구변화 이론은 혁명적인 결과가 아니며 그것의 발생은 유럽의 인구변화실천에 대한 귀납에서 왔으며 이후의 발전과정에서 여전히 매우 강한 실천성을 유지하였다. 출생일부터 그것은 어떤 특수구역의 특징과 역사시대의 특징을 반영하는 구체적인 형식으로 존재하였다.

그것은 어떤 지역의 구체적인 역사문화특징과 경제사회발전수준을 떠나 순수하고 추상적으로 마치 '신기루'의 형태로 독립적으로 존재할 수는 없다. 그리하여 인구변화의 현대화와 현지화를 실천하는 추세는 인구변화 이론도 서로 다른 시대와 서로 다른 국가의 실제 상황과 서로 결합하며 따라서 새로운 형태를 생기게 결정하였다. 중국이 인구변화가 발생한 시대배경과 국정특징은 유럽과 큰 차이가 존재한다. 그리하여 중국인구 변화과정에서 형식과 규율도 전통 인구변화 이론과 구별된 뚜렷한 특징이 있지만 결국은 모두 인구변화 이론의 현대화와 현지화의 체현이다.

2. 인구의 변화과정에 영향을 끼치는 요소의 경제결정성, 모순작용성과 유한한 대체성

사회경제 발전, 제도와 문화 이 세 가지 역량은 중국의 인구의 변화과정에서 모두 함께 큰 작용을 하였다. 하지만 이 세 가지 요소는 상호작용과정에서 매우 복잡한 관계를 나타냈다. 먼저, 사회경제요소는 계속해서 제일 기초적인 결정적인 역량으로 제도와 문화에 깊은 영향을 끼쳤다. 다음, 그들의 작용방향은 완전히 일치되거나 고정불변한 것이 아니었다. 반대로 바로 이런 역량들의 모순작용으로 인하여 비로소 중국의 인구의 변화과정이 선명한 특징을 나타나게 하였다. 셋째, 모든 역량마다 작용의 탄성범위가 있다. 그리하여 서로 대체와 보충을 할 수 있으며 어떤 역량이 비거나 약할 때 기타 역량은 여전히 일정한 수준에서 인구변화의 진행을 계속 추진할 수 있었다. 하지만 각 요소간의 대체는 한도가 있어 이 한도를 초과하면 인구의 변화과정의 추진은 저항을 받고 심지어 정체가 발생할 수 있었다.

중국의 인구의 변화과정에서 국가의 사회경제 발전을 촉진하는 것은 줄곧 인구조정을 진행하는 중요한 목적 중의 하나였다. 그리하여 사회경제의 발전 형세와 목표변화는 상당히 큰 수준에서 인구정책의 발전방향을 좌우했다. 개혁개방 전에 인구 과속성장은 시종일관 사회경제 발전에 대한 압력을 요구하였으며 마침내 사회주의제도의 설립과 사회주의경제의 발전에 따라 순조롭게 문제가 해결되었다. 이런 배경에서 중국은 비로소 출생절제와 계획출생정책을 실시하였으며 주도적으로 인구의 변화과정을 간섭하는 길로 들어섰다.

개혁개방 이후 현대화 실현의 절박한 요구와 목표에 대한압력은 계획출생정책을 점차적으로 긴축하게 하였으며 결국 '한 자녀' 정책의 출범을 초래하였다. 경제체제의 변화는 국가가 개인에 대한 통제능력을 약화하게 하여 계획출생의 업무방식도 이에 상응한 변화를 하게 하였으며 계획출생업무와 경제발전과 국민생활수준향상이 서로 결합하여 종합적으로 인구문제를 다스리는 길이 점진적으로 형성 되었다.

신세기에 들어선 후에는 경제성장의 목표가 총량과 속도에서 질적 향상으로의 발전관의 변화도 인구정책목표의 다원화에 영향을 끼쳤고 더 이상 인구의 규모와 성장속도가 유일한 관심의 초점이 아니고 인구규모, 구조, 분포와 인구자원 환경의 조화적이고 지속적인 발전 가능성이 국가인구조정의 목표 안에 포함되었다.

사회경제의 발전이 문화전통에 끼친 변화도는 더욱 무시할 수 없었다. 많이 낳고 많이 양육하며 남존여비는 중국의 수 천 년간의 전통 출생관념이었다.

신 중국 건립 이후 사람들의 교육수준이 신속하게 향상되어 더 많은 부녀자들이 가정 밖에서 자신의 가치를 찾았지만 너무 많은 자녀는 광범위한 군중의 일, 학업과 생활, 특히 자녀에 대한 교육, 양육방면에 매우 큰 어려움을 가져와 사람들의 다자다복의 관념도 변화가 발생하였다. 개혁개방 이후 시장경제의 배경 하에 시장경쟁에서 이기고 부를 이루려면 의지할 것은 기술과 능력 우세이며 가족의 수가 우세가 아니었다. 사람들은 자연히 정력을 학업과 기술향상과 능력방면에 쏟았고 더 이상 많이 낳고 많이 양육하는 다자다복의 관념도 점차적으로 시장성을 잃었다.

최근 몇 년간 사회경제의 끊임없는 발전은 전통문화 중의 남존 여비 사상이 지켜온 전통도 점차적으로 사라지고: 대체 불가한 남아의 노동력의 우세도 점차적으로 사라져 남녀의 수입방면에서의 차이가 날이 갈수록 좁혀졌고 남아의 양육에 존재하는 비교적 높은 원가문제도 점차적으로 사람들의 출생결정에서 나타나 아들을 키워 노년을 방비하는 작용은 사회보장시스템에 의하여 천천히 대체 되었다(양판, 2010). 이런 사회경제방면의 진보는 전통적인 남존여비의 문화를 변화하게 하고 있다.

이 세 가지 역량 간에는 모순성이 존재하고 있다. 그들의 작용방향은 시종 일치한 것이 아니다. 신 중국 성립초기 화평한 사회 환경, 국민경제의 회복발전과 의료기술의 진보는 모두 사망률 하락에 유리하였다. 사회주의제도의 구축은 발전성과의 혜택을 대중에게 미치는 제도가 현실이 되게 하였고, 전국적인 질병예방과 감독체계를 구축하였고 위생운동을 군중운동과 서로 결합한 정책의 실시는 발병 율과 사망률을 모두 대폭 하락하게 하였다. 중국인은 신체의 건강을 중시하고 장수하고자 하는 문화는 현대위생과 건강지식의 전파에 거대한 추진 작용을 하였다.

이 시기에 세 가지 역량의 작용방향은 일치하였다. 그리하여 사망률 하락은 매우 신속하고 인구변화의 과정은 매우 순조로웠다. 그러나 출 생률의 변화는 이렇게 순조롭고 행운이 따르지는 않았다. 세 가지 역량의 작용방향이 변화가 발생하여 그들의 상호 접촉과 모 순작용은 전체 출생률하락의 과정을 파란만장하게 하였다.

1950, 60년대에 사회경제의 초보적인 회복, 모든 일을 도맡아하는

사회주의 제도의 구축과 사람들의 다자다복의 문화 관념은 모두 출생률 향상에 유리한 것이었다. 그리하여 출생률은 줄곧 비교적 높은 수준을 지속하고 있었으며 초보적인 출생절제와 계획출생업무가 이미 전개되었어도 효과는 여전히 매우 미약하였다.

70, 80년대에 이르러서는 비록 현대화의 진행과정이 이미 가동되어 출생률하락을 초래하는 각종 사회경제요소들도 어느 정도 나타나고 거기에 엄격한 계획출생정책의 실시와 인민군중의 애국의식과 책임감을 크게 불러일으켜 출생수준은 한동안 신속하게 하락하였다. 하지만 결국에는 낙후한 사회경제기초와 이론을 중시하고 법제도를 무시하고 아들을 키워 노후를 방비하는 등 많은 전통문화사상의 방해로 인하여 출생수준의 기복과 반등현상이 나타났다.

90년대 후기에 이르러서야 이 세 가지 역량의 작용방향은 새롭게 통일되어 비로소 저 출생수준의 안정을 유지하였다. 21세기에 들어선 이후 사회경제 발전 속도가 빨라지고 거기에 사회제도와 효과적인 인구정책의 작용이 더해져 중국은 점차적으로 현대화 사회의 초보적인 특징이 나타났고 노령화와 저출생률 그리고 가정소형화의 추세가 어느 정도 모두 나타났다.

이와 상대적인 것은, 문화전통 중에 자녀를 의지하여 양로하고 여전히 남존여비의 사상이 존재하여 현대사회의 특징과는 전혀 어울리지 않아 인구의 변화과정을 완성 후 인구문제는 여전히 많음을 초래하였고 또한 이런 문제는 기타 인구변화를 완성한 국가보다 더욱 복잡하고 첨예하게 표현되었다. 이 세 가지 역량 간에는 모순성이 존재할 뿐만 아니라 교체성도 존재했다. 하지만 이런 교체는 언제나 한계가 있었다. 또 바로 그들의 작용범위에 일정한 공간이 존재하여 어느 한 가지 역량이 부족 시 다른 역량을 의지하여 보충할 수 있어서 비로소 중국의 인구의 변화과정을 줄곧 지속적으로 진행하게 하고 장기간의 정체현상은 발생하지 않게 하였다. 1970년대 중국의 사회경제기초는 여전히 매우 빈약하여 출생률의 대폭하락을 촉진하는 충분한 내적동력이 없었다.

하지만 이때의 중국은 별도로 길을 개척하여 국가정책의 강성규정, 인민생활 방면에 미치는 상벌체계와 광범위한 교육과 군중동원의 업무방법을 통하여 1974-1978년의 짧은 5년 만에 총 출생률이 4.2에서 2.7로의 대폭하락을 실현하였다. 이는 정책요소가 사회경제 발전요소에 대한 교체작용을 충분히 설명하였다. 하지만 이런 교체작용은 한계가 존재한다. 정책수단을 통하여 인구의 변화과정이 일정한 시간 안에 일정한 정도에서 사회경제의 발전을 초월하게 할 수는 있지만 장기적으로 무한대로 지속할 수는 없으며 결국은 사회경제기초의 제약을 받을 것이다.

80년대의 긴축된 출생정책은 강렬한 저항을 받았고 출생수준은 반등과 기복이 발생하였으며 90년대에 이르러서야 저 출생수준은 비로소 안정된 상황이 되었으며 이러한 교체작용은 한계성이 있다는 명백한 증거였다.

3. 인구변화가 가져온 특수한 인구문제 뒷면의 일반적인 규율

중국에서는 인구변화의 과정에서 많은 특수한 인구문제가 나타났다. 그중에 인구의 변화과정을 겪은 기타 국가에서 이미 나타났지만 중국에서는 더욱 심각하고 복잡하게 변한 옛 문제가 있을 뿐만 아니라 오직 중국을 대표로 하는 일부 아시아 국가에서만 나타난 새로운 문제도 있었다. 이러한 특수한 인구문제 뒷면의 사실들은 많은 일반적인 규율이 숨어있었다. 그것들의 특수성은 일부분 중국의 독특한 현대화 과정에서 비롯되었다.

노동력 연령인구의 과잉과 노령화 현상은 사실 인구변화가 초래한 연령구조변화에서 잇따라 발생한 두 개의 발전단계였다. 사망률과 출생률이 잇따라 하락하고 또한 사망률이 출생률보다 앞서 하락하는 공통적인 규율은 인구변화를 겪은 모든 국가는 일정기간에 모두 인구의 신속한 성장을 겪게 하였다. 그것은 인구연령구조가 격렬한 변동을 발생하게 하여 연령구조에서 '돌기'를 형성하였다. 이 '돌기'가 노동력 연령에 들어서면 노동력 과잉의 현상이 나타나고 이 '돌기'가 노년인 연령에 들어서면 노령화 현상이 충분히 나타난다.

노동력 연령인구의 과잉과 노령화 현상은 인구의 변화과정에서의 규율성 현상이라고 말할 수 있다. 그러면 이런 문제는 왜 중국에서 더욱 복잡하고 어렵게 나타났을까? 이는 중국의 현대화 과정의 특수성 때문이다.

전통적인 선진국은 식민이민과 공업화, 도시화 두 가지 수단을 통하여 노동력 과잉문제를 해결하고 사회위험공동부담과 서비스하는 사회화, 산업화의 방법으로 노령화 문제를 해결하였다. 그들은 모두 공통적인 특징이 있다.

즉 뚜렷한 공업화 사회의 특징이다. 하지만 중국에서의 현대화 과정은 서방공업문명의 충격에서 부득이하게 가동된 것이다.

가동시간이 늦을 뿐만 아니라 또한 시작수준과 경험수준도 비교적 낮고 농업사회의 흔적도 아직 뚜렷하였다. 그는 중국은 빠른 공업화를 추구하는 동시에 농업의 발전도 함께 고려할 수밖에 없음을 결정하였고 유럽공업화처럼 농업고도발전의 결과가 아니기에 농촌과잉노동력의 이주에 더욱 큰 어려움을 가져왔다. 그것은 또한 중국의 노령화 문제에 대한 대응의 어려움을 결정하였다. 사회위험공동부담과 서비스 사회화와 산업화는 공업사회의 산물이기 때문에 이런 부득이한 국가추진식과 쾌속적인 중국의 현대화 과정은 중국이 이런 방법을 응용하는 선천적인 경험과 문화전통이 부족하게 하였다.

중국을 대표로 하는 일부 아시아 국가에서의 출생 성별비율 이 비교적 높은 현상은 인구의 변화과정에서 발생한 특수한 현상이다. 이런 현상이 발생한 특수한 원인을 분석해보면, 특수원인은 중국 출생변화과정의 쾌속성 또는 중국전통문화의 강대성이 아니고 중국 현대화 과정의 특수성이다.

더욱 일반적인 시각에서 출생 성별비율 의 높은 현상을 자세히 살펴보면 만약 현대화 과정 중 출생률 하락을 지지하고 전통적인 남아 선호를 지지하는 요소가 함께 존재하면 출생 성별비율 의 높은 현상이 발생할 수 있다. 이외에도 아시아의 일부 국가에서 출생률의 빠른 하락과 출생 성별비율 의 높은 현상이 더욱 두드러지게 나타나는 것은 우연이 아니다. 이러한 현상의 한 가지 해석은 출생 성별비율의 높은 현상도 출생변화과정에 대하여 영향을 끼친다.

중국을 대표로 하는 일부 아시아 국가의 현대화 과정의 뒤처짐과 민족문화의 차이는 그들이 강대한 외부의 힘에 의지하여 이 현대화 과정을 추진해야 했다. 또한 특수한 역사적인 경험으로 인하여 대 부분의 이런 국가들의 경제발전방향은 시종 농업문명의 완벽과 진보였고 공업화에 대하여 일부 보류하는 태도를 가졌다.

이 두 가지 요소가 서로 결합하여 중국의 현대화 과정은 서방과는 완전히 달랐으며 그것은 농업문명이 자연히 해체되어 공업문명의 발전에 충분한 준비를 하는 안에서 밖으로의 과정이 아니라 농업문명의 부득이한 느린 해체와 공업문명의 점차적인 형성이 동시에 진행되는 밖에서 안으로의 변화과정이었다.

이런 특수한 현대화 과정은 인구의 변화과정에서 두 가지 모순이 발전하는 힘이 나타나게 되고 출생률의 신속한 하락과 '남아선호'가 일정한 기간 내에 계속 동시에 존재하게 하였다. 그리하여 출생변화과정의 쾌속성이든 또는 전통문화의 강대성이든 간에 모두 출생 성별비율 의 높은 현상을 초래한 근본적인 원인은 아니었다. 진정한 원인은 현대화 과정의 특수성에 있었다. 출생변화의 쾌속성과 '남아선호'의 병존은 현대화 과정의 특수성의 표현중의 하나일 뿐이다. 더욱 일반적인 의미에서 고려하면, 아시아의 특수한 출생 성별비율 의 높은 현상은 기타지역에서도 매우 강한 참고 가치와 교훈 의미가 있다. 아시아의 이런 출생 성별비율 의 높은 현상이 발생하는 국가는 모두 비슷한 현대화 과정의 특징이 있다. 기타지역에서 출생 성별비율의 높은 현상이 발생하지 않은 것은 현대화 과정이 이런 아시아국가처럼 양극화의 작용역량이 나타나지 않았기 때문이다. 물론 이런 아시아 국가에서 이런 특수한 현대화 과정을 형성한 것은 발전역사와 지역특색이 결정한 것이며 이는 기타지역에서는 없는 것이다. 하지만 만약 미래에 기타국가가 현대화 과정에서 출생률하락에 영향을 끼치는 것과 '남아선호'를 유지하는 요소들이 병존하는 현상이 나타나면 그 형성원인이 무엇이든지를 막론하고 모두 출생 성별비율 의 높은 현상이 발생할 것이다.

중국을 대표로 하는 일부 아시아 국가에서 출생률의 빠른 하락과 출생 성별비율 의 높은 현상은 모두 주목 할 만 하였다. 그리하여 많은 연구가들은 이 두 가지를 연결하여 출생률의 빠른 하락은 '남아선호'의 실현을 위하여 출생하는 공간을 좁히고 그리하여 사람들이 부득이하게 성별 선택을 할 수밖에 없었다고 여겼다. 그들은 이 두 가지 현상이 동시에 나타나는 것을 무시한 또 다른 해석은 그들 간에 반대방향인 인과관계가 존재할 수 있어 출생성별 비율의 높은 현상도 출생변화과정에 영향을 끼치고 출생률 하락을 더욱 빠르고 순조롭게 하였다는 것이다.

앞문장의 논술에서 이미 언급했듯이 '남아 선호'는 세계 대부분 국가와 민족의 전통문화에 존재한다. 그리하여 이런 나라의 출생률의 하락과정에서 먼저 나타나는 것은 여아에 대한 수요의 하락이며 일정한 시간 내에 남아에 대한 수요는 여전히 존재한다. 제일 먼저 인구변화가 발생한 국가에서는 기술수단이 아직 성숙되지 않아 남아의 수요를 실현하는 방법으로 오로지 많이 출생하는 것이었으므로 이것은 국가의 출생률하락이 비교적 느린 원인 중의 하나이다. 하지만 비교적 늦게 인구변화가 발생한 지역에서는 성별감정과 성별선택성 유산의 기술이 이미 보급되어 사람들은 완전히 성별선택을 통하여 남아수요를 실현할 수 있게 되었다. 그리하여 과다한 출생을 할 필요가 없었다.

이는 이미 이런 지역이 출생률의 빠른 하락을 실현할 수 있는 원인 중의 하나였다. 출생은 수량, 시간과 성별 세 가지 특징을 포함한 사회 현상이다(꾸뽀우창, 1992). 성별감정과 선택기술조건이 구비되지 않은 상황에서의 수량과 성별은 서로 밀접하게 유지하는 것으로 성별의 수요에 대한 존재는 수량수요변화에 대한 느림과 어려움을 결정하였다. 기술조건이 성숙되고 또한 보급된 상황에서의 사람들은 비로소 성별 수요를 수량수요에서 분리할 수 있고 수량수요의 변화는 매우 순조롭고 빠르게 변할 것이다.

4. 유럽의 인구변화의 길은 인구변화를 실현하는 유일한 길이 아니다

인구변화가 범람했던 유럽지역의 인구변화형식은 사람들에게 깊은 감명을 주어서 유럽은 자신들의 인구변화의 길을 현대인구발전에서 반드시 겪어야 할 과정이라고 확신하였고 기타 각국들도 이것을 인구변화의 모델로 여겼다(마리, 짱웨이핑, 2010). 하지만 사회경제의 현대화 과정에 따라 자연스럽게 인구변화를 실현하는 것이 유일한 길은 아니었다. 그것은 오로지 인구변화를 실현하는 많은 길 중의 하나였다.

중국의 인구변화실천이 증명하듯이 농후한 중국특색을 가진 '정신선행' 형식은 성공적이었고 이것도 인구변화를 실현하는 길 중의 하나였다.

18세기의 유럽에서 발생한 자산계급혁명, 계몽운동, 농업혁명과 공업혁명 이런 일련의 세계적 의의를 가진 역사적 사건들은 인구변화를 위해 정치, 경제, 문화 등의 방면에 양호한 준비를 하였다.

한 방면으로 농업혁명을 통하여 식품의 종류와 공급량이 크게 증가하고 민중의 영양상황은 보편적으로 개선되었으며 의료기술의 진보는 전염병이 가져오는 인구손실을 하락하였고 문화의 보편성은 건강지식을 광범위하게 전파하였으며 이런 요소의 종합적인 작용은 사망률을 하락시켰다. 다른 한 방면으로 사망률의 하락은 보상형 출생이 더 이상 필요 없게 되고 현대화 과정의 발전에 따라 사람들의 단위시간의 경제가치가 끊임없이 증가하여 자녀양육의 경제원가도 동반하여 높아졌고 생활방식에 커다란 변화가 발생하였으며 사람들의 여가시간에 대한 수요가 끊임없이 증가하여 전통역량이 사람들에 대한 통제능력을 감소하게 되었다. 이런 조건들은 사람들의 출생수요를 감소시키고 출생통제기술의 진보는 이런 수요를 현실로 되게 하여 출생률은 하락의 추세를 나타냈다.

이는 영향력 있는 유럽의 인구변화의 원인과 과정이다. 하지만 중국의 인구변화시의 사회경제상황을 살펴보면 이런 조건이 구비되어 있지 않았다. 사망률의 하락 요소 면에서 계몽운동과 비슷한 문화개혁이 발생하지 않아 문화의 공공성이 구비되어 있지 않았고 선진적인 의료기술과 지식도 자연스럽게 확산된 결과가 아니라 사회주의제도의 건립과 군중애국위생운동을 전개한 것이 직접적인 결과였다. 출생률 하락 면에서 최소한 출생률 하락이 발생하는 초기에는 중국의 자녀 양육의 원가수익과 사람들의 생활방식은 많은 변화가 발생하지 않았다. 출생률의 하락은 이런 요소들의 영향에 의지한 것이 아니었다. 더욱 관건적인 것은 중국에서 사회경제의 현대화는 그 자체가 실현을 기다리고 있는 목표와 노력방향이었다.

이 목표를 실현 후 다시 인구변화를 추진하는 것은 현실적이지 않았다. 역사발전의 과정도 중국에게 충분한 시간을 남겨주지 않았다. 역사에서 증명하듯이 중국에서는 오히려 인구변화가 거둔 성과가 현대화 실현에 힘을 보탰다.

그러면 중국은 어떤 형식을 의지하여 인구변화를 실현하였을까? 답안은 '정신선행' 형식이었다. 즉, 조건이 어렵고 기초가 약한 배경 하에 국가는 홍보와 군중교육을 통하여 인구문제를 국가존망과 민족운명에 관계되는 수준까지 높여 군중의 애국열정과 책임의식을 불러일으켜 정책목표를 실현하였다. 민중에게 사망률과 출생률 하락은 이미 원가-수익분석의 개인의 이익문제에 국한된 것이 아니라 자기의 실제행동으로 조국의 발전을 지지하고 심지어 국가를 위기 중에서 구하여 국가의 위대한 부흥의 전국적인 이익을 실현하는 문제가 되었으며 그들이 의지한 것은 사람들의 정신적인 힘이었다.

중국인구 변화의 실천은 이 형식의 효과와 성공을 증명하였다. 언급할 것은 이런 형식이 중국인구문제에서 운용된 것이 우연이 아니라는 것이다. 그것은 중국이 장기적으로 어려운 조건 아래에서 혁명전쟁을 진행한 경험과 자수성가의 노력으로 사회주의경제건설을 진행한 경험에서 온 것이다. 배경의 유사성과 목표의 원대성은 이런 경제경험들이 인구영역으로의 이식을 성공적으로 시현하게 하였고 또한 거대한 작용을 발휘하였다. 하지만 그것의 성공은 중국의 국가성격, 정당성격, 민족의 우수한 전통 및 당과 인민이 장기적인 혁명 및 건설과정에서 형성한 물과 고기와 같은 밀접한 관계와 연관이 있었다. 그리하여 그것은 농후한 중국 특색의 인구변화 형식을 가지고 있다.

제5절
중국인구 변화에 대한 종합

발전과정, 기본경험과 발전규율의 세 가지 방면의 분석과 개괄을 통하여 중국인구 변화 길의 면모는 이미 형체를 갖추었다. 아래에서 세 가지 문제에 대한 대답을 통하여 이 길에 대하여 체계적인 총결을 하겠다.

먼저, 중국인구 변화 길의 주요 특징은 무엇인가? 답안은 '정신선행'이다. 즉 사회경제조건이 아직 구비되지 않은 상황에서 군중의 정신적인 힘을 불러일으켜 인구사망률과 출생률하락을 촉진하는 목적을 실현하였다. 설명할 필요가 있는 것은 이는 사회경제 발전 요소가 인구의 변화과정에서 발휘한 커다란 작용에 대해 부인하는 것이 아니라 인구변화를 겪은 기타 국가와 비교했을 때 정신선행의 힘이 중국에서 더욱 두드러지게 나타났음을 강조하는 것이다.

다음, 중국은 왜 이런 남다른 인구변화의 길을 선택했을까? 대답은 이는 시대와 국정의 선택이다. 전쟁 전 유럽과 아메리카 국가에서 사회경제 발전에 의지하여 느린 인구변화를 실현한 것과는 다르게 2차대전 후 과학기술수준의 비약적인 발전과 평화와 안정된 세계 환경은 각국의 인구의 변화과정을 가속화하였다. 많은 전쟁 후 인구의 큰 물결은 인구변화를 시작한 국가에서 더욱 직접적이고 효과적인 조치를 위하여 인구의 과속성장을 통제하게 하였다. 중국도 마찬가지였다.

하지만 중국에서는 인구가 많고 기초가 약한 구체적인 국정은 실험과 기다리는 여유를 구비하지 못하게 하여 단기간에 신속한 인구의 출생률하락이 절박하게 필요하게 되어 인구규모를 통제함으로써 사회경제의 발전을 추진하게 하였다. 이런 형식은 시대와 국정의 선택이며 또 중국의 역사경험과 경제발전경험과 관계가 있었다. 장기적으로 중국은 비할 바 없이 어려운 조건에서 혁명전쟁을 진행한 경험과 자수성가로 사회주의경제건설을 진행한 경험이 있어 이러한 형식은 실천 중에서 끊임없이 완벽해지고 점차적으로 성숙하게 하였다. 또한 인구변화 길의 탐구과정에서 계속 커다란 작용을 발휘하였다.

그 다음, 이런 정신선행의 형식은 어떻게 중국에서 실시되었을까? 그것은 국가와 가정측면에서 주요하게 엄격한 정책목표를 제정하고 완벽하고 엄밀한 네트워크 체계구축을 통하여 출생통제의 정책, 기술과 서비스가 효과적이고 신속하게 전체 국민에게 미치도록 하는 홍보교육의 방식으로 진행하게 하였다. 그중에 군중교육, 군중동원의 수단은 이런 형식의 제일 중요한 핵심부분이었다.

홍보교육을 통하여 한 방면으로는 전체 국민의 자질이 아직 낮은 상황에서 신속하게 군중의 의료건강과 피임중절지식의 수준을 향상하고 다른 한 방면으로는 그들의 각오와 사상경계를 향상하고 그들의 정신역량을 불러일으켜 그들이 개인이익의 득실에 국한되지 않고 개인행위를 국가, 민족의 비전운명과 긴밀하게 연결시켜 전국적인 이익수준에서 문제를 생각하고 또한 희생을 하게 하였다.

마지막에 이런 형식은 왜 중국에서 성공했을까? 그것의 성공은 많은 요소들의 종합적인 결과였다. 사회주의제도, 중국의 문화전통과 역사기회를 포함했다. 사회주의제도는 이런 형식의 성공에 제도보장을 제공하였다. 사회주의제도 조건에서 인민이익과 국가이익은 근본적으로 일치하기 때문이다. 엄격한 인구정책은 비록 단기간에 사람들에게 일정한 희생을 하기를 요구하였지만 국가의 유리한 일에 대하여 장기적인 차원에서 볼 때 인민에게도 유리한 것이었다. 그리하여 그것은 결국 군중의 이해와 지지를 얻을 수 있었다. 사회 주의제도는 국가가 공공자원에 대한 커다란 조달능력과 개인에 대한 비교적 높은 통제수준을 가지게 하였다.

따라서 엄격한 인구정책이 관철되고 실시되도록 보장하였다. 중국인민이 가지고 있는 전체이익을 존중하고 국가를 사랑하고 고군분투하는 문화전통은 이런 형식의 성공에 정신적인 동력을 제공하였다. 역사기회는 이런 형식의 성공을 위하여 유리한 사회경제 발전배경을 제공하였다.

이 길의 탐구와 형성 초기에 전국 곳곳에서는 사회주의건설의 큰 물결에 처해있어 정부가 취한 일련의 사망률과 출생률을 하락시키는 조치는 나라와 가정이 모두 부담을 감소하게 하고 사람들이 전쟁의 상처에서 회복되고 새로운 사회제도를 건립하고 견고히 하려는 절박한 요구를 만족시켰다. 1980년대 초 홍보교육의 수단을 최대한 발휘하고 정책실시가 어려움을 겪을 때 짧은 정책조정 후 중국은 또 개혁개방 성과가 처음으로 나타나는 양호한 시기를 맞이하였다. 사회경제 발전이 인구변화에 대한 영향작용은 뚜렷하게 나타나기 시작하였고 이 길의 계속된 실시에 후속적인 동력을 제공하였다. 이 차원에서 볼 때 중국은 매우 행운이었다. 하지만 또 중국이 선택한 이 길은 시종 역사발전의 흐름에 순응한 것임을 설명하였다.

제6절
중국인구 변화의 의의

18, 19세기 유럽은 세계정치, 경제와 문화의 개혁중심으로 인구영역에서도 천지개벽하는 강렬한 개혁이 발생하고 있었다. - 인구변화. 유럽인구변화의 단계, 과정과 원인에 대하여 연구를 진행한 기초에서 인구변화 이론은 점차적으로 형성되었다. 이후 인구변화의 추세는 세계 기타지역에서 잇따라 발생하여 20세기에 이르러 인구변화의 큰 물결은 이미 전 세계를 덮었다.

변화단계, 과정과 원인의 대체적인 유사성은 사람들로 하여금 유럽의 인구변화를 인구의 변화과정의 영향력 있는 모델로 여기게 하였고 유럽인구변화실천에서 개괄해낸 인구변화 이론을 자기 국가의 인구의 변화과정의 일반적인 이론으로 하였다. 하지만 시대의 변천과 인구의 변화과정이 세계의 각종 다른 유형, 다른 발전수준의 국가에서 전개되면서 유럽과 다른 인구의 변화과정과 규율이 점차적으로 나타나고 끊임없이 사람들의 인구변화 이론에 대한 인식을 수정하였다.

20세기 중엽에 중국도 인구변화의 과정을 시작하였다. 60여 년의 시간을 통하여 중국은 인구의 변화과정을 성공적으로 완성하고 또한 이 과정에서 기타 국가와 다른 중국특색을 가진 인구변화의 길을 탐구해냈다. 본 책은 세계인구 변화의 배경에 입각하여 중국인구 변화 길의 형성, 성숙과 발전의 과정에 대하여 연구를 진행하고 또한 이 기초에서 발전단서, 실천과 이론 각도에서 각기 중국인구 변화 길의 기본과정, 기본경험과 발전규율에 대하여 개괄하고 다듬었다.

기본과정방면에서 현대화와 현지화는 중국인구 변화 길의 추세방향이었다. 사회경제요소, 제도요소, 문화요소는 중국인구 변화 길의 추진역량이었다. 세 차례 관건적인 전환과 세 차례 역사적인 비약은 중국인구 변화 길의 단계에서 이정표였다. 하지만 '할 것인가 안할 것인가', '왜', '어떻게' 인구조정 등 문제를 진행할 것인가에 대한 대답은 중국인구 변화 길의 탐구 성과였다.

기본경험방면에서 중국은 완전하고 효과적인 사망률과 출생률의 빠른 하락을 실현하고 인구의 변화과정의 향후 발전을 추진하는 방법 시스템을 형성하였다. 그중에서 사회주의제도는 정치기초이고 완벽한 네트워크는 기구보장이며 광범위한 홍보교육은 방법수단이고 엘리트계층의 시범작용과 희생정신은 이끌어가는 힘이었다. 그러나 광범위한 인민군중의 애국정신, 책임감은 최종적으로 의지하는 힘이었다. 발전규율방면에서 발전추세, 영향요소의 작용과 관계, 변화결과와 보편성가치 등 네 가지 방면은 중국의 인구변화의 규율에 대하여 탐구를 진행하였다. 발전추세방면에서 볼 때 현대화와 현지화는 세계인구 변화 이론의 두 가지 큰 발전추세이다. 중국의 인구의 변화과정도 이 발전추세를 잘 증명하였다.

영향요소의 작용과 관계방면에서 볼 때 중국의 인구의 변화과정에 영향을 끼치는 요소 간에 경제결정성, 모순작용성과 유한교체성의 복잡한 관계가 존재 했다. 변화과정에서 볼 때 현대화 과정의 특수성은 중국이 인구의 변화과정에서 많은 인구문제를 나타나게 하였다. 그중 일부분은 기타 인구변화가 발생한 국가와 공유할 문제였다. 다만 중국에서 비교적 두드러지고 복잡하게 나타났을 뿐 이었다. 보편성가치에서 볼 때 사회경제의 현대화 과정에 따라 자연스럽게 인구변화를 실현한 유럽형식은 유일한 길이 아니었다.

그는 다만 인구변화를 실현하는 많은 길 중의 하나일 뿐이었다. 중국의 인구변화의 실천이 증명하듯이 농후한 중국특색을 지닌 '정신선행'의 형식은 성공적이고 또 인구변화를 실현하는 길 중에 하나였다. 중국인구 변화의 길은 중국에 발생한 억만 인구에 미치는 사회실험의 중대한 성과일 뿐만 아니라 더욱이 세계인구 변화과정에서 전례 없었던 최초의 일이었다. 그것의 성공은 기타 인구변화를 지금 진행하고 있거나 또는 진행하려고 하는 국가에 대하여 중요한 참고작용을 가지고 있으며 세계인구 변화의 자원베이스에 풍부한 정보를 제공하였다. 그리하여 세계인구 변화의 배경 하에 중국인구 변화 길의 보편성 가치에 대하여 연구를 진행하는 것은 더욱 중요하고 깊은 의의를 가지고 있었다. 먼저, 인구변화를 완성한 국가 중의 하나로써 중국의 인구의 변화과 정은 세계인구 변화과정의 중요한 구성부분이었다. 그리하여 중국의 인구변화의 과정이든 기본경험이든 또는 발전규율이든 심지어 실패, 좌절, 교훈 모든 것은 세계인구 변화를 풍부히 하는 사례와 정보에 거대한 공헌을 하였다. 매번의 더욱 깊은 연구는 대량의 실천경험의 지지가 필요했다. 중국의 인구의 변화과정은 전후 60여 년 동안 지속되었다. 인구변화의 과정은 우여곡절이 많았고 기복이 심하였으며 그중에 성공도 있었고 실패도 있었으며 세계인구 변화규율에 부합되는 공유현상도 있었고 지극히 중국특색을 가진 특수한 현상도 있었다. 이것은 세계인구 변화규율의 연구에 풍부한 실천소재를 제공하였다.

다음, 2차 대전 후 인구변화를 시작한 개발도상국의 하나로써 중국은 인구변화의 시대배경, 국가사회경제 발전 수준방면에서 아직 인구의 변화과정 중에 처해있는 광범위한 개발도상국과 더욱 근접하여 중국변화의 길의 성공은 그들의 인구변화의 완성에 양호한 모범답안을 제공하였고 유럽변화의 길보다 더욱 참고할 만한 의의가 있었다.

중국의 인구변화는 2차 대전 이후 발생하였고 민족해방운동의 승리가 가져온 평화독립은 2차 대전이후 인구변화를 시작한 나라가 공유한 특징이었다. 장기적인 식민압박으로 인한 선진국보다 훨씬 뒤떨어진 사회경제 발전수준은 그들의 공통 특징이었다.

이런 배경은 유럽과 아메리카 선진국이 인구변화를 시작할 때보다 멀리 떨어져있어 그들의 인구변화의 길도 거의 비슷함이 정해져 있었다. 그리하여 중국인구 변화의 길은 현재 기타 인구변화를 겪고 있거나 또는 막 진행하려고 하는 개발도상국에게 더욱 좋은 비교와 참고 의의가 있었다. 중국인구 변화의 길이 대표하는 것은 전쟁 후 개발도상국의 인구의 변화과정이며 그 시대특징과 국정특징의 특수성은 이런 상황에서 얻은 인구이론의 특수성을 결정하였다. 그것은 인구변화의 일반적인 이론이 전쟁 후와 개발도상국이 응용한 후의 새로운 발전과 새로운 형태를 나타낼 것이고 전통적인 인구변화 이론을 끊임없이 수정하고 풍부히 하고 발전할 것이다.

마지막으로 세계인구의 제일 대국으로써 중국은 엄격한 인구정책을 통하여 인구규모에 대하여 주동적인 조정을 진행하여 인구변화를 성공적으로 실현한 것이다. 이는 세계인구 변화에 대단히 중요한 이의가 있다. 중국인구 변화의 길이 형성되기 전에 세계에서 인구변화가 발생한 국가는 어떤 국가는 경제사회발전수준이 매우 높은 선진국으로 현대화 과정에서 자연스럽게 인구변화를 실현하였고. 어떤 국가는 빠르고 높은 공업화과정을 의지하여 인구변화를 촉진하였으며. 또 어떤 나라는 주도적으로 출생통제정책을 취하였지만 효과가 뚜렷하지 않았다. 중국은 세계인구의 1/5를 가진 대국으로써 최초로 전에 누구도 해본 적이 없고 모델이 없는 주동적이고 엄격한 인구통제의 사회실험을 진행하였으며 이는 전 인구발전역사에서 겪어본 적이 없는 것이었다. 또한 중국의 이 실험은 결국 승리를 거두었고 인구수는 통제가 되었으며 인구자질은 끊임없이 향상되고 인구가 자원 환경에 대한 압력은 완화되었으며 인구자체의 발전상황도 개선되었다. 이는 20세기 말 이래 중국이 경제쾌속성장과 효과적인 인구통제를 창조한 두 가지의 큰 기적이었다. 세계 제일의 인구규모를 가지고 있는 대국에서 주도적인 출생통제정책을 취하여 인구변화의 신속한 완성을 추진하였고 또한 승리를 거둔 것은 전 세계의 인구의 변화과정에 공백을 메우는 의의가 있다.

후기
참고문헌

후 기

중국인구 변화의 길에 대한 연구는 나의 박사논문에서 시작되었다. 지금까지 나는 여전히 당시의 지도교수와 이 선정 제목을 토론할 때의 두려움과 막연함을 뚜렷하게 기억한다. 한편으로는 이 선정 제목에 대한 거대한 추상에 엄청 걱정스러웠고 다른 한편으로는 이미 '계획출생정책' 딱지를 붙인 중국인구 변화과정에 대하여 아직 깊이 파고들 내용이 있는지에 대해서도 의심을 품었다. 하지만 지도교수의 격려와 지도아래 나는 결국 용기를 내어 이 제목을 선택하여 대량으로 관련영역의 문헌과 자료를 읽기 시작하였다. 연구의 깊이에 따라 한 폭의 중국인구 변화의 그림이 내 눈앞에 점차적으로 펼쳐졌고 이 웅대하고 추상적인 제목은 나의 뇌리 속에서 점차적으로 생동하고 풍부해지기 시작했으며 중국의 남다른 인구변화의 길도 나의 마음속에 기존의 의심도 깨끗이 지워지게 했고 중국인구 변화의 길에 대한 자부심과 세계인에게 중국의 특유한 인구변화의 길을 펼치는 책임감으로 바뀌었다.

중국의 인구변화는 세계에서 하나의 기적이다. 역사를 뒤돌아보면 어떠한 시기에도 어떠한 국가에도 이런 웅대한 인구규모와 이렇게 빠른 인구성장속도를 직면한 적이 없다.

사회경제 발전수준이 비교적 낮은 전제 하에 중국인구의 사망률과 출생률은 잇따라 빠른 하락을 실현하였다. 이는 전 인류발전역사에서 매우 보기 드문 것이었다. 변화의 완성은 세계인구가 끊임없이 신속하게 성장하는 압력을 완화하는데 거대한 공헌을 하였다. 중국을 대표로 하는 인구의 변화과정은 사람들로 하여금 개발도상국의 인구발전의 독특한 규율을 인식하게 하였으며 서방국가와는 다른 인구의 변화과정의 새로운 형식이 점차적으로 형성되고 있었다. 이는 전 세계적으로도 모두 역사적인 의의를 가진 획기적인 사건이었다.

중국의 인구변화는 중화민족의 위대한 역사적인 변화다. 인구가 많은 것은 중국의 제일 기본적인 국정이다. 인구문제는 시종 중국의 사회경제 발전에 관련된 중대한 문제였다. 한 권의 중화문명사이며 또 한 권의 인구변천사이다. 수천 년 이래 자녀번성은 중국가정, 국가, 심지어 전 민족의 기대였었다. 하지만 국가의 현대화를 실현하는 과정에서 전 인류가 공통적으로 인구, 자원, 환경의 보편적인 위기를 직면하는 배경하에 중국인은 기존의 '다자다복'이념을 바꾸고 이성적으로 인구문제를 인식하고 주동적으로 통제하는 방법을 취하여 인구의 과속성장문제를 해결하였다. 이는 거대한 전환점이라고 말하지 않을 수 없었다.

중국의 인구변화는 국가적으로 한 차례 인민, 국가와 민족이 협력한 결과물이었다. 인구의 변화과정에서 현대화와 민족부흥을 실현하는 역사적인 명제 앞에 중국의 각 가정의 운명과 국가 운명은 함께 연결되어 있었다. 생산력이 아직 발달하지 않은 상황에서 중국의 수억 가정은 큰 희생과 공헌을 하였으며 국가가 가난에서 소강으로의 비약을 실현하는데 시간을 단축하고 양호한 사회 환경을 창조하였다. 사회경제 발전수준이 향상된 후 발전의 열매는 각 가정으로 돌아갔다. 중국의 인구의 변화과정에서 집과 나라, 사람과 천하는 시종 긴밀하게 연결되어 있었다.

중국의 인구변화는 인민에게는 한 차례 위대한 사회실천이었다. 그

탐구과정은 어려움과 곡절이 많았고 당과 정부에서부터 보통간부, 민중, 모두 거대한 노력을 하였으며 심지어 눈물과 피의 대가다. 몇 세대의 분투와 노력을 통하여 중국의 특유한 인구변화의 길은 끝내 성공을 거두었고 중화민족의 영광스런 역사에 찬란한 한 획을 더하였다.

미래에 중국은 더욱 견고한 발걸음과 과학적이고 실무적인 태도와 미리 앞을 내다보는 예견성과 개혁과 창의적인 정신으로 사회변화 중에 많은 복잡한 인구문제의 문제에 직면할 것이다. 본 책은 60여 년 동안의 중국인구 변화의 길에 대한 종합적인 결과물로써 이 과정에 일부 경험과 계시를 제공할 수 있기를 희망한다.

본 책의 완성은 나의 9년이라는 긴 인구영역 공부 생애에 원만한 마침표를 찍었다. 수를 헤아릴 수 없을 만큼 완성한 후의 희열을 동경하였지만 진정 완성한 후 내 마음속에 더욱 많이 차지한 것은 그래도 감사였다. 먼저 감사해야 할 분은 나의 지도교사 자이전우 교수님이시다. 그분이 없었다면 이 책은 있을 수 없었을 것이다. 그 분의 앙모하는 학식과 진지하고 엄격한 학문태도와 겸손하고 온화하게 사람을 대하는 태도는 나의 연구와 사람 됨됨이에 모두 본보기가 되어 나에게 평생 득이 되게 하였다. 특히 본 책의 편집과정에서 연구 중에 어려움을 당하거나 혹은 두려움이 생겨 심지어 포기하고 싶은 마음이 들 때도 나는 언제나 그분에게서 지도와 도움과 격려를 받았다.

중국인민대학의 우창핑(邬滄萍) 선생님, 양쥐화(楊菊華) 선생님, 손쥐엔(孫鵑) 선생님, 송젠(宋健) 선생님, 차이린(蔡林) 선생님, 송위에핑(宋月萍) 선생님, 우시웨이(巫錫偉) 선생님, 베이징대학의 루제화(陸杰華) 선생님, 허베이대학의 왕진잉(王金營) 선생님과 수도경제무역대학의 동위펀(童玉芬) 선생님께 감사하고 그분들이 나의 연구에 귀중한 의견과 고견을 주셔서 이 원고를 마칠 수 있게 되었다.

천웨이(陳衛) 선생님, 류솽(劉爽) 선생님, 왕단샤(王丹瑕) 선생님 및 선배님이신 차이페이(蔡菲),밍엔(明艶),타오타오(陶濤) 님이 저의 연구에 제공한 자료와 문헌에 감사를 드린다.

마지막으로 부모님과 남편의 꾸준한 지지와 이해에 감사를 드린다. 편집, 원고수정 기간에는 마침 임신 중이었다. 그분들의 세심한 보살핌으로 내가 걱정 없이 원고에만 집중할 수 있게 되었다. 복중의 아이도 매우 협조를 잘 해주어서 원고를 그 아이에게 읽어주는 것이 편집, 원고수정의 낙이었다. 본 책의 출판이 내가 그 아이에게 주는 첫 번째 선물이 되기를 희망한다.

중국인민대학출판사의 왕홍샤(王宏霞),펑리원(彭理文) 등 이 책의 출판을 위해 노력과 수고를 해주신 편집자분들에게 감사를 드린다.

본 성과는 중국인민대학 '985공정'의 지원을 받았고, 중국인민대학과학연구기금(중앙고등학교 기본과학연구업무비자금 협조) 프로젝트 '중국특색의 인구변화 길의 연구'(13XNF054)의 지원을 받았다.

양판

2014년 2월
베이징에서

참고문헌

[1] AnsleyJ.Coale, Edgar M.Hoover. Population Growthand Economic Developmentin Low-income Countries: A Case Study of Indias Prospects[M]. Princeton: Princeton University Press, 1958: 10-13.

[2] AnsleyJ. Coale, Roy Treadway. A Summary of the Changing Distribution of Over all Fertility, Marital Fertility, and the Proportion Married in the Provinces of Europe[M]. in Ansley J.Coale and Susan Cotts Watkins. The Decline of Fertility in Europe. Princeton: Princet on University Press, 1986: 31, 181.

[3] A.J.Coale, S.C.Watkins. The Decline of Fertility in Europe[M]. Princeton: Princeton University Press, 1986.

[4] Bloom E. David, David Canning, Jaypee Sevilla. Economic Growth and the Demographic Transition[J]. SSRNW or king Paper Series, 2001, 12: 27.

[5] CarlMosk . Demographic Transitionin Japan[J]. The Journal of Economic History, 1977, 37(3): 655-674.

[6] Chesnais. The Demographic Transition[M]. Paris: PUF Press, 1986: 294, 301.

[7] Christophe Z.Guilmoto. The Sex Ratio Transitionin Asia[J]. Population and Development Review, 2009, 35(3): 519-549.

[8] C.P.Blacker. Stages in Population Growth[J]. The Eugenics Review, 1947, 39(3): 81-101.

[9] DavidS. Reher. The Demographic Transition Revisitedas A Global Process[J]. Population, Space and Place, 2004, 10: 19-41.

[10] D.J.VandeKaa. Europe Second Demographic Transition[J]. Population Bulletin, 1987, 42(1).

[11] D.J.Vande Kaa. Europe Second Demographic Transition Revisited: Theoriesand Expectations[M]. in G.C.N.Beets. Population and Family in Low Countries 1993. Zwetsand Zeitlinger, 1994: 91-126.

[12] David Coleman. Immigration and Ethnic Change in Low-fertility Countries: A Third Demographic Transition[J]. Population and Development Review, 2006, 32(3): 401-446.

[13] E.Vande Walle, J.Knode. Demographic Transition and Fertility Decline: the European Case[C] .Contributed Papers of IUSSP Conference, 1967: 47-55.

[14] Frank W.Notestein. Population: the Long View[M]. in Theodore W.Schultz. Foodfor the World. University of Chicago Press, 1945: 36-57.

[15] Frank W.Notestein. Economic Problems of Population Changes[C]. 8th International Conference of Agricutua lEconomists, Oxford University Press, 1953: 13-31.

[16] Frank W.Notestein. Frank Notesteinon Population Growth and Economic Development[J]. Population and Development Review, 1983, 9(2): 345-360.

[17] Gary S.Becker. Family Economics and Macro Behavior[J]. The American Economic Review, 1988, 78(1): 113.

[18] Geoffrey MeNieoll. Community-level Population Policy: An Exploration[J]. Population and Development Review, 1975,1(1): 112.

[19] H. Charbonneau. Essaisurl volution d mographiquedu Qu becde 1534 2034[J]. Cahiersqu b coisde d mographie, 1984, 13: 13.

[20] International Unionfor the Scientific Study of Population. Multilingual Demographic Dictionary(English Section)[M]. United Nations, 1982: 104.

[21] J.Bongaarts. A Frame work for Analyzing the Proximate Determinants of Fertility[J]. Populationand Development Review, 1975, 4(1): 105-132.
[22] J.B.Casterline. The Pace of Fertility Transition: National Patternsin the Second Half of the Twentieth Century[J]. in R.A.Bulatao, J.B.Casterline. Global Fertility Tansition, Supplement to PDR, 2001, 27: 17-53.
[23] J.D.Durand. Historical Estimates of World Population[J]. Population and Development Review, 1977, 3(1): 253-296.
[24] J.M.Guzman, S.Singh, G.Rodriguezetal.. The Fertility Transitionin Latin America[M]. Clarendon Press, 1996.
[25] John Casterline. The Paceof Fertility Transition: National Patterns in the Second Halfof the Twentieth Century[M] .in Rodolfo Bulatao and John Casterline. Global Fertility Transition. New York: Population Council, 2001: 17-52.
[26] John C.Caldwell. Toward A Restatement of Demographic Transition Theory[J]. Populationand DevelopmentReview, 1976, 3: 321-366.
[27] Joseph E.Potter. Effects of Social and Community Institutions on Fertility[M]. in R.A.Bulatao and R.D.Lee. Determinants of Fertility in Developing Countries. Academic Press, 1983: 627-665.
[28] J.Kleinmann. Perinatal and Infant Mortality. Recent Trends in the United States[M]. in Proceedings of the International Collaborative Effort on Perinataland Infant Mortality. Mary land: U.S.Department of Health and Human Services Hyattsville, 1985: 37-55.
[29] Keith O.Mason. Culture and Fertility Transition: Thoughts and Theories of Fertility Decline[J]. Genus, 1992, 3(40).
[30] L.R.Ruzicka, H.Hansluwka. Mortality in Selected Countries of South and East Asia, in Mortality in South and East Asia, A Review of Changing Trends and Patterns, 1950—1975[C]. Report and Selected Papers Presentedat Joint WHO/ESCAP Meeting Held in Manila, 1982: 83-157.

[31] L.Van Nort, B.P.Karon. Demographic Transition Te-examined[J]. American Sociological Review, 1955, 20(5): 23-27.

[32] Mikko Myrskyla, Hans-Peter Kohlel, Francesco C.Billari. Advances in Development Reverse Fertility Declines[J]. Nature, 2009, 460(6): 741-743.

[33] Population Index. Koreain Transition: Demographic Aspects[J]. Population Index, 1944, 10(4): 236-237.

[34] P.M.Hauser, O.D.Duncan. Demography as A Body of Knowledge. in P.M.Hauser, O.D.Duncan. The Study of Population: AnInventory and Appraisal[M]. University of Chicago Press, 1959: 76-105.

[35] P.P.Lele. Application of Ultrasound in Medicine[J]. N.Engl. J.Med., 1972, 286(24): 1317-1318.

[36] P.W.Mauldin, J.A.Ross. Family Planning Programs: Efforts and Results[J]. Studies in Family Planning, 1991, 22(6).

[37] Richard A.Easterl in The Economics and Sociology of Fertility: A Synthesis[M]. in C.Tilly.Historical Studies of Changing Fertility. Princet on University Press, 1978.

[38] Richard A.Easterlin, Eileen M.Crimmins. The Fertility Revolution: A Supply-demand Analysis[M]. The University of Chicago, 1985: 313.

[39] Richard Leete. The Post-demographic Transition in East and South East Asia: Similarities and Contrasts with Europe[J]. Population Studies, 1987, 41(2): 187-206.

[40] R.Leete, I.Alam. The Revolutionin Asian Fertility[M]. Clarendon Press, 1993.

[41] Ron Lesthaeghe, Dominique Meekers. Value Changes and the Dimensions of Families in the European Community[J]. European Journal of Population, 1986, 2(3/4): 225-268.

[42] Ronald Lee. The Demographic Transition: Three Centuries of Fundamental Change[J]. Journal of Economic Perspectives, 2003, 17(4):

167-190.

[43] Rupert B.Vance. Is Theory for Demographers?[J]. Social Forces, 1952, 31(1): 9-13.

[44] Statistics Korea. Vital Satistics of Korea: 1970—2010. Korea Statistical Database[EB/OL]. [2012, 02, 06]. http://kosis.kr/nsieng/view/stat10. do.

[45] T.Locoh, V.Hertrich. The Onset of Fertility Transitionin Sub-Saharan Africa[M]. Derouaux OrdinaEditions, 1994.

[46] United Nations. The Determinants and Consequences of Population Trends[J]. Populati on Studies, 1982, 1(50): 58-61, 653.

[47] United Nations. Population Policies and Programmers: Current Statusand Future Directions[J]. Asian Population Studies, 1987: 28, 3031, 84.

[48] United Nations. World Population Prospects VolumeI: Comprehensive Tables. the 2008 Revision. New York: United Nations Publication, 2009: 62101, 184, 186, 278, 398, 426.

[49] World Bank. Population Ages 65 and above. the Word Bank Open Data[EB/OL] .[2011, 12, 07]. http://data.worldbank.org/indicator/SP.POP.65UP.TO.ZS/countries/Wdisplay=default.

[50] Warren S.Thompson. Population[J]. American Journal of Sociology, 1929, 34(6): 959-975.

[51] William H.Mcneill. Population and Politics since 1750[M]. University Press of Virginia,1, 990.

[52] [미]알바비[美]艾爾 巴比. 社會研究方法[M]. 第10版. 北京: 華夏出版社, 2005: 236 ,276.

[53] 차이팡蔡昉. 人口轉變,人口紅利与經濟增長可持續性——兼論充分就業如何促進經濟增長[J]. 人口研究, 2004(2): 29.

[54] 차이팡蔡昉. 人口轉變,人口紅利与劉易斯轉折点[J]. 經濟研究, 2010(4): 413.

[55] 차이융蔡泳. 教育統計眞的是估計生育水平的黃金標准嗎?—對使用教育

統計數据估計生育水平的探討[J]. 人口研究, 2009(4): 22-33.
[56] 차오밍궈曹明國. 馬克思主義“兩种生產”理論在中國一紀念卡爾 馬克思逝世一百周年[J]. 人口學刊, 1983(2): 27.
[57] 차오수지曹樹基. 中國人口史[M]. 第五卷. 上海: 复旦大學出版社, 2001: 706707.
[58] 천다이윈陳岱云, 자오더주趙德鑄. 人口轉變与社會保障問題的法律思考[J]. 山東大學學報, 2006(6): 122-127.
[59] 천젠陳劍.現代化, 人口轉變与后人口轉變[J]. 市場与人口分析, 2002(6): 813.
[60] 천핑陳萍. 中國農村生育率轉變的研究一生育需求,生育供給和計划生育政策相互作用的微觀仿眞分析[J]. 中國人口科學, 1990(1): 32-38.
[61] 천웨이陳衛. 中國生育率轉變与人口老化[J]. 人口研究, 1993(5): 14-20.
[62] 천웨이陳衛. 中國生育率下降的比較研究:特点,原因与后果[D]. 北京: 中國人民大學, 1996.
[63] 천웨이陳衛, 황샤오옌黃小燕. 人口轉變理論評述[J]. 中國人口科學, 1999(5): 51-56.
[64] 천웨이陳衛, 리민李敏. 亞洲出生性別比失衡對人口轉變理論的擴展[J]. 南京社會科學, 2010(8): 69-75.
[65] 천여우화陳友華. 從分化到趨同——世界生育率轉變及對中國的啓示[J]. 學海, 2010(1): 26-34.
[66] 『천윈문선陳云文選』 [M]. 第2版. 第三卷. 北京: 人民出版社, 1995: 287.
[67] 췌이훙옌崔紅艷, 쉬란徐嵐, 리루이李睿. 對2010年人口普查數据准确性的估計[J]. 人口研究, 2013(1): 10-21.
[68] [法]德尼慈 加亞爾,貝爾納代特 德尙, J. 阿爾德伯特,等.歐洲史[M]. 北京: 人民出版社, 2010: 103, 209, 429, 451, 453.
[69] 덩지싱鄧季惺. 計划生育符合社會主義利益[N]. 人民日報, 1957, 03, 19.

[70] 『덩샤오핑문선鄧小平文選』 [M]. 第2版. 第二卷. 北京: 人民出版社, 1994: 163-164.

[71] 『덩샤오핑문선鄧小平文選』 [M]. 第1版. 第三卷. 北京: 人民出版社, 1993: 226-227.

[72] 덩즈창鄧志强, 리원옌李文艶.
社會流動机制的轉變對農村生育率的影響[J]. 西北人口, 2007(2): 20-23.

[73] 더우양都陽. 人口轉變,勞動力市場轉折与經濟發展[J].國際經濟評論, 2010(6): 136-149.

[74] 뚜원전杜聞貞. 論經濟發展与現代人口轉變[J]. 南京大學學報, 1994(3): 6266, 89.

[75] 펑진封進. 人口轉變,社會保障和經濟發展[M]. 上海: 上海人民出版社, 2005.

[76] 펑샤오톈風笑天. 社會學研究方法[M]. 第2版. 北京: 中國人民大學出版社, 2005: 3, 156, 247.

[77] 뷔위닝傅玉能. 台湾人口的現狀分析[J]. 人口与經濟, 2005(3): 14-18.

[78] [한]고려대학한국사연구실[韓]高麗大學校韓國史研究室. 新編韓國史[M]. 濟南: 山東大學出版社, 2010: 288-289.

[79] 꺼샤오한葛小寒. 人口轉變的含義,判別標准及模式[J]. 西北人口, 1999(2): 14-16.

[80] 꾸바오창顧宝昌. 論生育和生育轉變:數量時間和性別[J]. 人口研究, 1992(6): 27.

[81] 꿔선양郭申陽. 諾特斯坦人口思想的一个重大變化—"人口轉變論"札記[J]. 人口与經濟, 1985(3): 57-58.

[82] 꿔즈깡郭志剛. 中國的低生育水平及相關人口問題研究[J]. 學海, 2010(1): 525.

[83] 국가인구와계획출산위원회國家人口和計划生育委員會. 中國人口和計划生育史[M]. 北京: 中國人口出版社, 2007: 46, 67, 127, 129, 367, 436.

[84] 국가통계국국민경제평형사國家統計局國民經濟平衡司. 國民收入統計,資料匯編(1949—1985)[M]. 北京: 中國統計出版社, 1987: 49.

[85] 국가통계국사회통계사國家統計局社會統計司. 中國勞動工資統計資料1949—1985[M]. 北京: 中國統計出版社, 1987: 109.

[86] 국가통계국인구와취업통계사國家統計局人口和就業統計司. 中國人口主要數据(1949—2008)[M]. 北京: 中國人口出版社, 2009: 7, 9, 18.

[87] 허징시, 리아이린何景熙,李艾琳. 西藏人口轉變中的"人口紅利"問題探討—從人口發展態勢看西藏的机遇与挑戰(上)[J]. 西藏研究, 2006(3): 112-117.

[88] 허자오성賀交生. 香港人口死亡率的分析[J]. 南方人口, 1986(4): 40-45.

[89] 홍잉팡洪英芳. 論現代人口轉變及其兩种基本形態[J]. 人口与經濟, 1985(6): 53-57.

[90] 허우둥민侯東民. 試論中國人口轉變特殊的社會經濟机理——人口控制自我穩定的經濟學作用[J]. 市場与人口分析, 2003(7): 24-31.

[91] [미]게리스피드[美]加里 S 貝克爾. 家庭經濟分析[M] .北京: 華夏出版社, 1987: 104-126.

[92] 러샤우이,리수쥐靳小怡,李樹茁,費爾德曼. 婚姻形式与"男孩偏好":對中國農村三个縣的考察[J]. 人口研究, 2004(5): 55.

[93] [영]콜린패럴, 리처드존스[英]科林 麥克伊韋迪,理查德 琼斯. 世界人口歷史圖集[M]. 北京: 東方出版社, 1992: 15.

[94] 레이안雷安. 中國人口轉變時間考[J]. 人口研究, 1993(6): 37-40.

[95] 리훼이李輝, 유친카이于欽凱. 中國人口轉變研究綜述[J]. 人口學刊, 2005(4): 16-20.

[96] 리젠민李建民. 中國的人口轉變完成了嗎?[J]. 南方人口, 2000(4): 49.
[97] 리젠민李建民. 人口轉變論的古典問題和新古典問題[J]. 中國人口科學, 2001(4):68-72.
[98] 리젠민李建民. 中國的生育革命[J]. 人口研究, 2009(1): 19.
[99] 리젠신李建新. 人口轉變新論[J]. 人口學刊, 1994(6): 38.
[100] 리젠신李建新. 現代化与中國生育率轉變特点[J]. 科技文萃, 1995(4): 912.
[101] 리젠신李建新. 世界人口格局中的中國人口轉變及其特点[J]. 人口學刊, 2000(5): 38.
[102] 리젠신李建新, 투자오칭涂肇慶. 滯后与壓縮:中國人口生育轉變的特征[J]. 人口研究, 2005(3): 18-24.
[103] 리푸李普. 不許右派利用人口問題進行政治陰謀[N]. 人民日報, 1957, 10, 04.
[104] 리수줘李樹茁. 生育政策,"男孩偏好"与女孩生存:公共政策的取向与選擇 [J]. 人口与發展, 2008(2): 23-27.
[105] 리수줘李樹茁, 옌사오화閆紹華, 리웨이둥李衛東. 性別偏好視角下的中國人口轉變模式分析[J]. 中國人口科學, 2011(1): 16-25.
[106] 리통핑李通屏, 궈지웬郭繼遠. 中國人口轉變与人口政策的演變[J]. 市場与人口分析, 2007(1): 42-48.
[107] 리종숑李仲生. 中國生育率轉變的因素分析[J]. 西北人口, 2003(4): 13-16.
[108] 리줘李卓. 日本近現代社會史[M]. 北京: 世界知識出版社, 2010: 210,334, 341.[109] 량홍梁宏. 西部人口轉變探析[J]. 南方人口, 2002(3): 32-37.
[110] 량찌중梁繼宗. 馬爾薩斯主義者關于旧中國人口轡徹云霄的謬論[J]. 新建設, 1957(12).
[111] 량잉밍(梁英明). 東南亞史[M]. 北京: 人民出版社, 2010: 251, 256, 312, 318.
[112] 린바오林宝. 人口轉變完成后的中國人口老齡化[J]. 西北人口, 2009(4): 19-22.
[113] 린푸더林富德. 我國生育率轉變的因素分析[J]. 人口研究, 1987(1): 15-21.
[114] 류촨쟝劉傳江. 西方人口轉變的描述与解釋[J]. 國外財經, 2000(1): 13-16.
[115] 류촨쟝, 쩡링윈劉傳江,鄭凌云. 現代化進程中的人口轉變:一个广義視野的考察[J]. 南方人口, 2002(4): 17.

[116] 류관하이劉觀海. 福州人口轉變与發展問題探析[J]. 福建党校學報, 2010(2): 61-63.
[117] 류홍광劉洪光. 蘇南模式与人口轉變[J]. 人口与經濟, 1992(4): 11-16.
[118] 류솽劉爽. 對中國人口轉變的再思考[J]. 人口研究, 2010(1): 86-93.
[119] 류솽劉爽. 中國的出生性別比与性別偏好——現象,原因及后果[D]. 北京: 中國人民大學, 2005: 80.
[120] 류타이홍劉泰洪. 中國人口轉變的模式和特点[J]. 內蒙古社會科學(漢文版), 2001(6): 95-97.
[121] 류중타오劉忠濤,劉合光. 世界粮食貿易現狀与趨勢[J]. 農業展望, 2011(5): 44.
[122] 루제화陸杰華, 민쉐원閔學文. 人口轉變模式新探与遼宁省人口控制政策[J]. 遼宁大學學報(哲學社會科學版), 1993(4): 59-69.
[123] 루위路遇, 훠전우翟振武. 新中國人口六十年[M]. 北京: 中國人口出版社, 2009: 53, 68, 75, 77, 88, 133, 137, 141.
[124] [미]로빈판페르스[美]羅賓 W 溫克,R.J.Q.亞当斯. 牛津歐洲史[M]. 第三卷. 長春: 吉林出版集團有限責任公司, 2009.
[125] 뤄춘羅淳. 人口轉變進程中的人口老齡化一兼以中國爲例[J]. 人口与經濟, 2002(2): 38-43.
[126] 뤄춘羅淳, 허융和勇. 0試論云南各民族人口再生産与人口轉變一基于民族人口普查數据的實証分析[J], 民族研究, 2004(1): 27, 37, 107.
[127] 뤄춘羅淳. 東西部人口再生産与人口轉變差距的影響因素探析[J]. 人口与發展, 2008(5): 59-66.
[128] 뤄리옌羅麗艷. 孩子成本效用的拓展分析及其對中國人口轉變的解釋[J]. 人口研究, 2003(2): 47-54.
[129] [미]로즈머피[美]羅兹 墨菲. 亞洲史[M]. 上册. 北京: 人民出版社, 2010a: 25.
[130] [미]로즈머피[美]羅兹 墨菲. 亞洲史[M]. 下册. 北京: 人民出版社, 2010b: 697-699.
[131] 뤼홍핑呂紅平. 論傳統文化對中國人口轉變的影響[J] .中國人口科學, 1996(4): 34-39.

[132] 뤼룽칸呂榮侃. 論世界人口轉變下的中國道路[J]. 山東教育學院學報, 1999(2): 28-31.

[133] 『마르크스 · 엥겔스선집馬克思恩格斯選集』 [M]. 第2版. 第二卷. 北京: 人民出版社, 1995: 43, 112, 227.

[134] 『마르크스주의 중국화의 역사과정과 기본경험과 제조馬克思主義中國化的歷史進程和基本經驗課題組. 마르크스주의 중국화 연구馬克思主義中國化研究—歷史進程和基本經驗[M]. 上册. 北京: 北京出版集團公司, 人民出版社, 2009: 5.

[135] 마리馬力, 쟝웨이핑姜衛平. 生命支持系統大百科全書[M]. 人口學分卷. 北京: 中國人口出版社, 2010: 57, 80.

[136] [意]馬西姆 利維巴茨. 繁衍: 世界人口簡史[M]. 第3版. 北京: 北京大學出版社, 2005: 28, 67, 123, 132, 163.

[137] 마옌추馬寅初. 新人口論[N]. 人民日報, 1957, 07, 05.

[138] 마용환馬永歡, 牛文元. 基于粮食安全的中國粮食需求預測与耕地資源配置研究[J]. 中國軟科學, 2009(3): 15.

[139] 미국인구자문국美國人口咨詢局. 2009年世界人口數据表[DB]. 中國人口与發展研究中心, 編譯. 2010.

[140] 미셸푸코米歇爾 斯 泰特爾鮑姆. 人口轉變理論及其對發展中國家的意義//顧宝昌. 社會人口學的視野[M]. 北京: 商務印書館 ,1992: 144.

[141] 무광종穆光宗. 現代人口轉變的蘇南模式[J]. 農村經濟与社會, 1993(2): 47-55.

[142] 무광종穆光宗, 천웨이陳衛. 中國的人口轉變:歷程,特点和成因[J]. 開放時代, 2001(1): 92-101.

[143] 무광종穆光宗. 中國人口轉變的風險前瞻[J]. 浙江大學學報(人文社會科學版), 2006(6): 25-33.

[144] 난중지南忠吉. 展望90年代中國的生育轉變[J]. 人口研究, 1993(3): 15-19.

[145] [영]노먼데이비스[英]諾曼 戴維斯. 歐洲史[M]. 北京: 世界知識出版社, 2007: 108.

[146] 펑페이윈彭珮云. 中國計划生育全書[M]. 北京: 中國人口出版社, 1997: 141, 617, 131, 149, 293, 295.

[147] 펑시저彭希哲, 황　黃娟. 試論經濟發展在中國生育率轉變中的作用[J]. 人口与經濟, 1993(1): 25-50.

[148] 펑시저彭希哲, 황　黃娟. 中國生育率轉變与經濟發展[J]. 人口与計划生育, 1993(2): 19-23.

[149] 치펑페이齊鵬飛, 원러췬溫樂群. 20世紀的中國——走向現代化的歷程[M]. 政治卷1949—2000. 北京: 人民出版社, 2010: 113.

[150] 첸청단錢乘旦, 양위楊豫, 천샤오뤼陳曉律. 世界現代化進程[M]. 南京: 南京大學出版社, 1997: 24.

[151] 첸청단錢乘旦. 世界現代化歷程[M]. 總論卷. 南京:江蘇人民出版社, 2010: 255, 256, 260, 261.

[152] 타이위이秦偉, 우쥔吳軍. 社會科學研究方法[M]. 成都: 四川人民出版社, 2000: 197.

[153] 췐웨이텐全慰天. 社會主義經濟規律与人口問題[N]. 大公報, 1957, 03, 22.

[154] [일]일본국립사회보장, 인구문제연구소[日], 日本國立社會保障,人口問題研究所. 第13次出生動向基本調查: 關于結婚和生育的全國調查 夫婦調查結果概要[EB/OL]. 2005, 10, 28[2011, 12, 25]. http://www.ipss.go.jp/ps-doukou/j/doukou13/chapter1.htm.

[155] [일]일본국립사회보장, 인구문제연구소[日]日本國立社會保障,人口問題研究所. 第14次出生動向基本調查: 關于結婚和生育的全國調查 夫婦調查結果概要[EB/OL].2011, 10, 21[2011, 12, 25]. http://www.ipss.go.jp/ps-doukou/j/doukou14/chapter3.html#33.

[156] [일]일본문부성조사국, [日]日本文部省調查局. 日本的成長与教育[M]. 東京: 帝國地方行政學會, 1963: 180.

[157] 스하이룽石海龍. 生育文化在中國人口轉變中的作用[J]. 人口研究, 2001(4): 27-29.

[158] 송제宋杰, 류시우롄劉秀蓮. 論人口轉變的條件与中國人口的轉變特点[J].

理論探討, 1992(1): 23-29.
[159] 송루이라이宋瑞來. 試論自發性与誘導性人口轉變[J]. 中國人口科學, 1991(2): 24-28.
[160] 송루이라이宋瑞來. 中國生育率轉變的特征和原因[J]. 中國人口科學, 1992(5): 42-48.
[161] 소련과학원경제연구소蘇聯科學院經濟研究所.政治經濟學教科書[M]. 北京: 人民出版社, 1955: 151, 152.
[162] 쑨창민孙常敏. 上海人口转变中的劳动与经济[J]. 上海社会科学院学术季刊, 1997(3): 149-157.
[163] 쑨창민孫常敏. 世紀轉變中的全球人口与發展[M]. 上海: 上海社會科學院出版社, 1999.
[164] 쑨광더孫光德, 둥커융,董克用. 社會保障概論[M]. 第3版. 北京: 中國人民大學出版社, 2008: 147, 148.
[165] 쑨화이양孫怀陽, 우차오武超. 中國,印度人口轉變:過程的比較[J].中國人口科學,1994(6): 49-61.
[166] 쑨젠孫健. 20世紀的中國——走向現代化的歷程[M].經濟卷1949—2000. 北京: 人民出版社, 2010: 425, 426.
[167] 쑨치샹孫祁祥, 주쥔성朱俊生. 人口轉變,老齡化及其對中國養老保險制度的挑戰[J]. 財貿經濟, 2008(4): 69-73.
[168] 탕샹쥔湯向俊, 런빠오핑任保平. 勞動力有限供給,人口轉變与中國經濟增長可持續性[J]. 南開經濟研究, 2010(5): 84-94.
[169] 야오타오陶濤, 양판楊凡. 計划生育的人口效應[J]. 人口研究, 2011(1): 103-112.
[170] 탕성밍唐盛明. 社會科學研究方法新解[M]. 上海: 上海社會科學院出版社, 2003: 98, 200.
[171] 탄샤오칭譚曉青. 我國生育率轉變的因素分析[J]. 中國人口科學, 1988(3): 26-34.
[172] 탄샤오칭譚曉青. 中國的生育革命[J]. 中國人口科學,1989(4): 20-26.

[173] 톈징田景, 황헝궤이黃亨奎, 츠푸수池福淑 等. 韓國文化論[M]. 广州: 中山大學出版社, 2010: 119.
[174] 톈신웬田心源. 生育率的誘催轉變——論中國人口規划和社會經濟改變的影響[J]. 科技導報, 1996(1): 69-73.
[175] 톈쉐웬田雪原. 人口學[M]. 杭州: 浙江人民出版社, 2004: 302-306.
[176] 톈쉐웬田雪原. 西部開發戰略中的人口轉變[J]. 人口与計划生育, 2000(3): 30-31.
[177] 왕안리우王岸柳. 人口轉變論的進一步思考[J]. 人口研究, 2002(6): 69-73.
[178] 왕비다王必達. 中國西部地區人口轉變若干問題解析[J]. 复旦學報(社會科學版), 2002(5): 94-105.
[179] 왕더원王德文, 차이팡蔡昉, 장쉐훼이張學輝. 人口轉變的儲蓄效應和增長效應——論中國增長可持續性的人口因素[J]. 人口研究, 2004(5): 211.
[180] 왕디王滌. 中西方兩种人口轉變方式的探析[J]. 杭州師范學院學報, 2000(5): 37-42.
[181] 왕궤이신王桂新. 中日兩國的人口轉變和人口增長[J]. 人口与計划生育, 2002(4): 29-34.
[182] 왕진잉王金營, 양레이楊磊. 中國人口轉變,人口紅利与經濟增長的實証[J]. 人口學刊, 2010(5): 15-24.
[183] 왕녠이王年一. 大動亂的年代[M]. 鄭州: 河南人民出版社, 1989: 3.
[184] 왕성진王胜今. 人口社會學[M]. 長春: 吉林大學出版社, 1998: 117-135.
[185] 왕수신王樹新. 現代生育文化与中國人口[J]. 人口研究, 2001(4): 30-33.
[186] 왕쉐이王學義. 世界各國人口現代化的推進模式——基于人口轉變論的闡釋[N]. 中國人口報, 2006, 06, 07(3).
[187] 왕쉐이王學義. 人口轉變后果研究——西方視野,价值意義,主要缺陷与分析框架构建[J]. 人口學刊, 2007(5): 914.
[188] 왕엔王艷. 經典人口轉變理論的再探索——現代人口轉變理論研究評介[J]. 西北人口, 2008(4): 109-110.
[189] 왕위안밍王渊明. 現代化与人口转变理论[J]. 东方论坛(青岛大学学

报),1995(1): 19.

[190] 왕전동王振東,밍리췬明立群, . 中國人口轉變的經濟學分析[J]. 南昌大學學報(人文社會科學版), 2003(3): 68-72.

[191] [미]윌리엄뉴먼, [美]威廉 勞倫斯 紐曼. 社會學研究方法:定性研究与定量研究[M]. 英文版. 北京: 人民郵電出版社, 2010: 419.

[192] 웨이진성魏津生, 왕성진王胜今. 改革開放中出現的最新人口問題[M]. 北京: 高等教育出版社, 1996.

[193] 우창핑邬滄萍. 中國生育率下降的理論解釋[J]. 人口研究, 1986(1): 10-16.

[194] 우창핑邬滄萍, 두야쥔杜亞軍. 我國人口轉變与人口政策之間的關系[J]. 南方人口, 1986(1): 14.

[195] 우창핑邬滄萍, 종송鐘聲. 社會經濟發展和計划生育工作的完善是我國農村生育率下降的前提和必要條件 — 蘇南農村人口轉變的啓示 - [J]. 人口研究, 1992(5): 612.

[196] 우창핑邬滄萍, 무광종穆光宗. 低生育研究——人口轉變論的補充和發展[J]. 中國社會科學, 1995(1): 83-98.

[197] 우창핑邬滄萍. 改革開放中出現的最新人口問題[M]. 北京: 高等教育出版社, 1996.

[198] 우징차오吳景超. 中國人口問題新論[J]. 新建設, 1957(3).

[199] 우종관吳忠觀. 關于人口老齡化和人口轉變[J]. 南方人口, 1988(2): 15-18.

[200] 샤이란夏怡然. 当代台湾人口轉變及其原因分析[J]. 市場与人口分析, 2004(2): 50-55.

[201] 쉬즈창向志强. 試論人口轉變完成的標准[J]. 人口學刊, 2002(1): 37.

[202] [法]謝奈. 人口轉型[M]. 巴黎:法蘭西大學出版社, 1986: 294.

[203] 쉬즈밍徐志明. 社會科學研究方法論[M]. 北京: 当代中國出版社, 1995: 458-461.

[204] 쉬페이許非, 천옌陳琰. 快速人口轉變后的中國長期經濟增長——從預期壽命,人力資本投資角度考察[J]. 西北人口, 2008(4): 16.

[205] 옌펑顔峰, 후원건胡文根. 中國生育革命非常規性背景下的老年人精神問題探析[J]. 貴州社會科學, 2009: 85-89.

[206] 양판楊凡. 出生性別比升高趨勢轉變与經濟社會發展[N]. 中國人口報, 2010, 08, 29(3).

[207] 양판楊凡. 中國人口轉變道路的探索和選擇[J]. 人口研究, 2012(1): 25-33.

[208] 양쥐화楊菊華. 人口轉變与老年貧困問題的理論思考[J]. 中國人口科學, 2007(5): 88-96.

[209] 양퀘이푸楊魁孚. 建設有中國特色的社會主義生育文化[J]. 人口研究, 2001(4): 24-27.

[210] 양즈훼이楊子慧. 兩种生育率轉變模式的撞擊——北京市順義縣創辦"獨生子女父母養老基金會"的調查及經驗的理論內含[J]. 人口与經濟, 1992(5): 311.

[211] 양즈훼이楊子慧. "三結合":人口轉變的第三种途徑[J]. 人口研究, 1998(9): 63-68.

[212] 양즈훼이楊子慧. 新型生育文化建設:中國人口轉變的動力源[J]. 人口研究, 2001(4): 29-30.

[213] 양종궤이楊宗貴. 論貴州人口的轉變[J]. 貴州財經學院學報, 2004(1): 73-76.

[214] 야오신우姚新武. 中國人口轉變歷程的深入探討[J]. 人口研究, 1992(6): 815.

[215] 이에밍더叶明德. 低生育穩定期:中國特色的人口轉變階段[J]. 人口与經濟, 2008(6): 47-52.

[216] 이에위안룽叶元龍. 論最适当的人口數目[N]. 文匯報,1957, 4, 27.

[217] 인친尹勤, 까오주신高祖新. 我國人口轉變進程探討[J]. 南京人口干部管理學院學報, 1998: 41-43.

[218] 위쉐쥔于學軍. 中國人口轉變与"戰略机遇期"[J]. 中國人口科學, 2003(1): 914.

[219] 웬페이袁蓓, 궈시바오郭熙保. 人口轉變類型對人口年齡結构的影響——兼論我國人口老齡化的原因[J]. 海南大學學報(人文社會科學版), 2009: 645-650.

[220] 위안신原新. 我國西部人口轉變及未來人口控制方略[J]. 市場与人口分析,

2000(6): 18-23.
[221] 위안신原新. 歐盟人口轉變与中國之比較[J]. 人口學刊, 2001(2): 39-43.
[222] 차루이촨査瑞傳. 再論中國生育率轉變的特征[J]. 中國人口科學, 1996(2): 111.
[223] 차루이촨査瑞傳. 人口學百年[M]. 北京: 北京出版社, 1999: 104-106.
[224] 훠전우翟振武, 천웨이陳衛. 1990年代中國生育水平研究[J]. 人口研究, 2007(1): 19-32.
[225] 훠전우翟振武, 양판楊凡. 解決人口問題本質上是追求人口均衡發展[J]. 人口研究, 2010(5): 40-45.
[226] 훠전우,양판翟振武,楊凡. 中國人口均衡發展的狀況与分析[J]. 人口与計划生育, 2010(8): 11-12.
[227] 훠전우翟振武, 장완쥔張浣珺. 普査數据質量与調査方法[J]. 人口研究, 2013(1): 78-83.
[228] 장춴위안張純元. 人口經濟學[M]. 北京: 北京大學出版社, 19-83.
[229] 장처웨이張車偉. 中國人口轉變的城鄉差异及其政策選擇[J]. 中國人口科學, 2000(4): 46-50.
[230] 장옌張硏. 17~19世紀中國的人口与生存环境[M]. 合肥: 黃山書社, 2008: 38-41.
[231] 자오청신趙承信. 我國過渡時期人口再生産与國民經濟再生産相适應的問題[J]. 教學与研究, 1957(3).
[232] 자오징趙靖. 對近代中國的反動人口理論的批判[J]. 新建設, 1955(12).
[233] 주궈훙朱國宏. 人口轉變論——中國模式的描述和比較[J]. 人口与經濟, 1989(2): 31-38.
[234] 주궈훙朱國宏. 現代化進程中的人口轉變及其社會經濟含義[J]. 复旦學報(社會科學版), 1997(4): 24, 29, 109.
[235] 주한궈朱漢國, 겅샹둥耿向東. 20世紀的中國——走向現代化的歷程[M]. 社會生活卷1949—2000. 北京: 人民出版社, 2010: 308.

[236] 중화인민공화국통계국中華人民共和國國家統計局. 中國統計年鑒 1983[M]. 北京: 中國統計出版社, 1983: 13, 17, 162, 323, 343, 375, 377, 490.
[237] 중화인민공화국통계국中華人民共和國國家統計局. 中國統計年鑒 1984[M]. 北京: 中國統計出版社, 1984: 20-21, 23-25.
[238] 중화인민공화국통계국中華人民共和國國家統計局. 中國統計年鑒 2011[M]. 北京: 中國統計出版社, 2011.
[239] 중화인민공화국통계국中華人民共和國國家統計局. 中華人民共和國 2000年國民經濟和社會發展統計公報[EB/OL]. 2001, 02, 28[2011,11, 24]. http://www.stats.gov.cn/tjgb/ndtjgb/qgndtjgb/t 2002,03, 31_15395.htm.
[240] 중화인민공화국통계국中華人民共和國國家統計局. 中華人民共和國 2001年國民經濟和社會發展統計公報[EB/OL]. 2002, 02, 28[2011, 11, 24]. http://www.stats.gov.cn/tjgb/ndtjgb/qgndtjgb/t 2003,02,28_69102.htm.
[241] 중화인민공화국통계국中華人民共和國國家統計局. 中華人民共和國 2010年國民經濟和社會發展統計公報[EB/OL]. 2011, 02, 28[2011, 11, 24]. http://www.stats.gov.cn/tjgb/ndtjgb/qgndtjgb/t 2011,02, 28_402705692. htm.
[242] 중공중앙선전부이론국中共中央宣傳部理論局. 從怎么看到怎么辦 理論熱点面對面2011[M]. 北京: 學習出版社, 人民出版社, 2011: 55.

NEC